思维导图话科学史

图说化学

陶子文 主编

U0230696

化学工业出版社

·北京·

内 容 提 要

　　本书从化学发展的历史长卷中剪裁出一些比较重要的片段，沿着时间的脉络重温了人类化学发展的伟大历程，对化学萌芽时期、古代化学时期、近代化学时期、现代化学时期中的重要事件、重要概念和基本理论的形成、著名化学家对化学发展所做的贡献以及未来化学的发展，结合思维导图的编写方式为读者一一讲述。人物小史与趣事中穿插的知识链接，有助于读者在了解化学发展史的同时掌握相关知识点。

　　本书内容丰富，脉络清晰，作为基础科普读物，适合青少年、中小学教师阅读，也可作为提高公众科学素养之读本。

图书在版编目（CIP）数据

图说化学 / 陶子文主编. — 北京：化学工业出版社，2020.3

（思维导图话科学史）

ISBN 978-7-122-35918-6

Ⅰ．①图… Ⅱ．①陶… Ⅲ．①化学史 – 青少年读物

Ⅳ．①O6-09

中国版本图书馆 CIP 数据核字（2020）第 013062 号

责任编辑：曾　越　张兴辉　　文字编辑：陈　雨　　　　美术编辑：王晓宇
责任校对：王佳伟　　　　　　装帧设计：水长流文化

出版发行：化学工业出版社（北京市东城区青年湖南街 13 号　邮政编码 100011）
印　　装：三河市延风印装有限公司
710mm×1000mm　1/16　印张 18½　字数 397 千字　2020 年 9 月北京第 1 版第 1 次印刷

购书咨询：010-64518888　　　　　　　　　　售后服务：010-64518899
网　　址：http://www.cip.com.cn
凡购买本书，如有缺损质量问题，本社销售中心负责调换。

定　　价：59.80 元

我国胶体化学奠基人傅鹰教授说过："一门科学的历史是那门科学最宝贵的一部分，科学只能给我们知识，而历史却能给我们智慧。"化学作为自然科学中的一门重要学科，是人类认识自然、征服自然、改造自然的重要武器。本书从化学发展的历史长卷中剪裁出一些较为重要的片段，对化学萌芽时期、古代化学时期、近代化学时期和现代化学时期发展历程中的重要事件、重要化学概念和基本理论的形成、著名化学家对化学科学发展所做的贡献以及未来化学的发展，结合思维导图的编写方式，为读者一一讲述。此外，本书在人物小史与趣事中穿插知识链接，使读者对相关时期的主要知识点有所了解。

本书内容丰富、脉络清晰，作为基础学科读物，适合青少年、中小学教师阅读，同时也可作为提高公众科学素养之读本。

本书由陶子文主编，由刘艳君、何影、张黎黎、董慧、王红微、齐丽娜、李瑞、于涛、孙时春、李东、付那仁图雅、李香香、罗娜、白雅君等共同协助完成。

由于编者的经验和学识有限，内容难免有疏漏之处，敬请广大专家、学者批评指正。

目录

1

化学萌芽和
古代化学时期

这一时期历史较长，有数十万年的历史（50万年前～17世纪中叶），但化学萌芽主要发展期还是公元前2世纪～公元17世纪中叶。

🔍导图

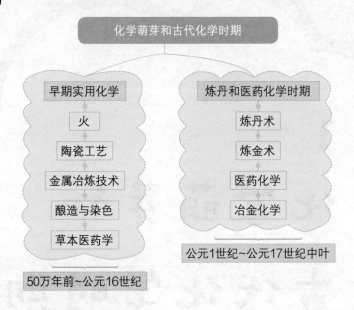

1.1💡 早期实用化学

1.1.1 火

一般认为，人类学会用火是化学史的开端。人类生活在一个运动、变化的自然世界之中，其中有许多现象都属于化学现象。而在众多的化学现象中，物质燃烧所发出的火是最引人注目的。人类在长期的观察、实践以及思索之中认识到火，并有意识地控制火、利用火。

古代化学技艺可以说是以学会用火为中心的。火使人类可以实现许多有用物质的变化，在烈火中，可将黏土、砂土、瓷土烧制成可用的陶瓷和玻璃，也可以从矿石中炼出有用的金属，通过火还可使天然能源煤、石油、天然气得以利用。

人类用火的历史最早可以追溯到一百多万年前，大量考古工作发现了距今一百多万年前，生活在我国云南的元谋人和非洲肯尼亚的切苏瓦尼亚人用火的遗迹。

距今五十万年前，"北京人"用火已十分普遍。考古工作者在北京周口店龙骨山北坡猿人洞穴中发现了最厚近两米的灰烬层，说明篝火连续燃烧时间很长，而且灰烬是一堆堆分布，表明不是野火，而是有意识用火的结果。

人类经过漫长艰难的探索和经验总结，找到了人工取火的方法——摩擦取火。

不过究竟是什么时候发明的人工取火，这个问题无从考证，很可能与在工具和武器的制造过程中对木、石的加工有关。敲打石块时会溅出火星，钻木时木头会发热，甚至产生烟火等，有了这些启示，又经过长期的经验积累，人类终于发明了人工取火的方法。

（1）火

🔍 **导图**

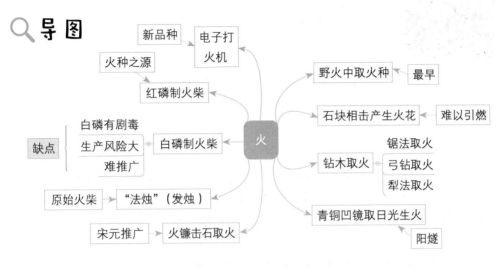

（2）能源

🔍 **导图**

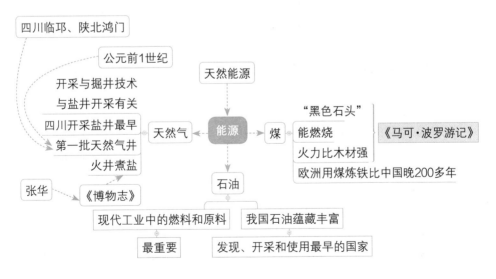

⬡ **人物小史与趣事**

沈括是北宋进士，杭州钱塘人，我国历史上一位卓越的科学家，晚年退居江苏

镇江梦溪园。他写的《梦溪笔谈》是世界科技史上一本重要著作，反映了我国北宋时期自然科学达到的高度。为了纪念他，1979年，国际上曾以沈括的名字命名了一颗新星。沈括在《梦溪笔谈》中最早记载了石油的用途，并预言："此物后必大行于世。"

石油

"石油"一词的提出

沈括第一个提出了"石油"的命名，后来一直采用"石油"这一名称，沿用至今。

知识链接

石　油

石油是一种黏稠的、深褐色液体，是各种烷烃、环烷烃、芳香烃的混合物。石油主要被用作燃油，也是许多化学工业产品，如化肥、杀虫剂和塑料等的原料。石油是一种不可再生能源。

1.1.2　中国上古时代制陶工艺的产生和发展

人类继燃起启明之火以后，首先进行的化学实践活动是烧制陶器，并由此发展形成了传至今日的陶瓷工艺技术。掌握制陶技术标志着人类蒙昧时代的结束。制陶技术的产生是人类制造技术的一个重要突破，当然也是化学科学的一个光辉起点，因为它让人们感知到，物质性质的变化会带来物体性能的优化。

（1）陶瓷与早期实用化学

多种矿物和各种砂土——化学物质。

矿物在高温中的变化——化学变化。

实现物质化学变化的重要手段——高温技术。

（2）仰韶文化时期制陶

仰韶文化距今五六千年，这个时期的陶器以红陶为主，灰陶、黑陶次之。

红陶分细泥红陶与夹砂红陶两种。主要原料是黏土，原料中经常有意识地掺杂少量的砂粒，以便改变陶土的成形性能及成品的耐热急变性能。砂粒的这些作用，相当于现代陶瓷工业中应用的"熟料"，这说明当时对原料的性能已有一定程度的认识。

在仰韶文化的陶器中，以细泥彩陶最为著名，它具有独特的造型，表面呈红色，表里磨光，还有美丽的图案，它反映了当时高超的制陶工艺水平，具有一定的代表性。

（3）龙山文化时期制陶

龙山文化时期出现了白陶，白陶的原料为高岭土，在制陶用料上是一次重要的突破。

最能反映龙山文化制陶工艺水平的为黑陶系的薄胎黑陶，又称蛋壳陶，这种艺珍品是用细泥黏土经精细加工烧造的。

（4）商代制陶

印纹硬陶大量生产，它不同于普通的灰陶，在原料成分上，所含的酸性氧化物成分（SiO_2）相对增多，而碱性氧化物（CaO、MgO、Na_2O等）相对减少。

酸性氧化物的熔点较高，使得印纹硬陶的烧制温度高达1180℃，坯胎的烧结程度较好，吸水率明显下降，硬度增高，都表明陶器品质的提高。

釉陶问世。商代釉陶质地坚实，敲击时有铿锵之声。其坯胎在原料上和硬陶十分接近，即含有较多的SiO_2之类的酸性氧化物，烧制温度约在1200℃。釉陶比硬陶在技术上更加进步，主要是釉陶外表那极薄的绿黄色或青灰色的一层釉。

商代使用的釉为石灰釉，它是由石灰石或方解石等碳酸盐加上一定量的黏土或其他物质配制成的，其中氧化钙是釉的助熔剂，含量约为20%，硅是釉的主体，铁与铜是釉料的着色剂，釉的发明是制陶工艺的一项重大成果，是发展成瓷器的重要一步。

商代已经出现原始瓷器，目前在中国国家博物馆收藏的1952年在郑州二里岗出土的商代中期的印纹瓷罐肩片和瓷尊就属于这类原始瓷器。湖北黄陂盘龙城、河北藁城、江西吴城等商代遗址中，也出土了大量的原始瓷器。

🔍导图

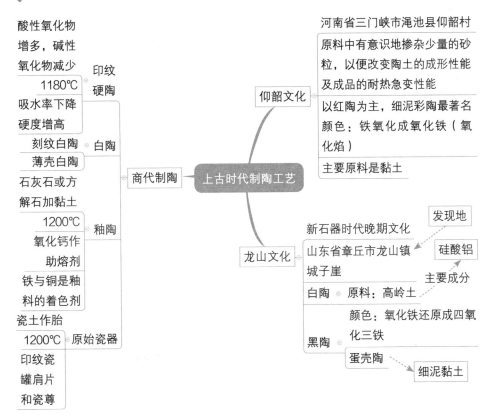

人物小史与趣事

陶瓷——china

　　12世纪后期，埃及王国与大马色国一度失和，两国边境形势严峻。大马色国陈兵数万，虎视眈眈，眼看一场战争不可避免。埃及国王萨拉定立即召来谋士，商谈如何化解这场战争，其中一位谋士献出了一条锦囊妙计，获得埃及国王的赞许。国王立即派人

带上一个神秘的箱子出使大马色国。大马色国王奴尔爱定看到埃及国王送的礼物极为高兴。面对埃及王国的和平诚意，奴尔爱定决定撤兵回城，一场战争就此平息了。究竟是什么礼物使大马色国偃旗息鼓，收兵回国的呢？原来，埃及国王萨拉定送上的是一箱中国陶瓷工艺品。一箱陶瓷使两国化干戈为玉帛，可见中国陶瓷的身价之高，乃至被视为无价之宝。所以，欧洲人把瓷器叫作"china"，久而久之，"China"成了中国的英文名称。

啤酒陶瓷

　　美国的化学家哈纳·克劳斯在研究一种用于宇航容器的材料配方时，无意中错把身旁的一杯啤酒当作蒸馏水倒入了一个盛有石膏粉、黏土以及几种其他化学药品的烧杯中，结果出现了意想不到的奇特现象，烧杯中的那些混合物立即产生了很多泡沫，体积突然膨胀了约2倍，不到30秒就变成了硬块，这使克劳斯大吃一惊。他在回忆当时的情况时说："这一过程如此之快，以致我都想不起来我到底做了些什么。"这种后来被人称为"啤酒石"的陶瓷具有釉光、质量轻、无毒、防火性能好等特点。

小口尖底陶瓶

　　小口尖底陶瓶是新石器时代仰韶文化最重要的代表性器物，是一种汲水工具。

　　它通常为小口细颈、斜肩鼓腹、瘦长尖底、腹部有对称双耳，叫作小口尖底瓶。其分布范围西至甘青地区，东至河南腹地，南至鄂西北汉水中游，北至内蒙古中南部、晋北、冀西北地区。

　　在其腹部两侧的环耳处系绳，打水时手提绳子将瓶置于水中，由于瓶腹是空的，重心在瓶的中上部，瓶就倒置于水中；注满水后，重心移至瓶的中下部，瓶口就朝上直立起来。

蛋壳黑陶高柄杯

　　蛋壳黑陶高柄杯是新石器时代山东龙山文化的代表性器物之一，是一种高级饮酒器。

　　它通常为腹杯身，细管形高柄，圈足底座；杯腹中部装饰六道凹弦纹；细柄中部鼓出部位中空并且装饰细密的镂孔，貌似笼状，里面放置一粒陶

丸，将杯子拿在手中晃动时，陶丸碰撞笼壁会发出清脆的响声，杯子不动时，陶丸落定能够起到稳定重心的作用。

1.1.3　古代青铜冶铸技术时期的化学知识

冶炼金属是人类继烧制陶器以后，又一项应用火来征服和改造自然的伟大成就。

人类的冶金史开始于铜的冶炼，第一次炼铜的实践很可能是偶然将含铜的矿石掉入火中而获得了铜。此后人们便逐步认识到不仅可以利用天然铜，还可以从某些石块中获得铜。当时炼得的是纯态铜——红铜。后来人们把锡掺进铜里得到合金——青铜，青铜时代是人类生产工具发展史上的一个重要阶段。

（1）红铜时代

自然铜在自然界中可以存在，即纯净的铜。它呈紫红色，所以称为红铜。

人类最早加工成工具的金属即为红铜。

铜可以用锤敲打的方式加工，由于人们有了制陶的经验，可以用高温将铜熔化，然后倒入特制的容器中进行铸造。

我国于1957年、1959年两次在甘肃省武威市凉州区皇娘娘台至今4000多年的墓葬中，先后出土了铜器20多件，有铜刀、铜锥、铜环等，说明我们祖先不但认识了铜，还能加工铜、冶炼铜。

（2）青铜时代

青铜是劳动人民有意识地将铜与锡或者铜与铅相互配合铸就的合金。因为以铜为主，锡、铅为次，合金颜色呈青色，所以称为青铜。

青铜是合金，熔点比纯铜要低。纯铜熔点是1083℃，而含有15%锡的青铜熔点则是960℃；含25%锡的青铜熔点为800℃。熔点降低容易熔化铸造。

青铜的硬度比纯铜高，所以青铜铸造的工具比纯铜的工具坚硬、锋利。

青铜器渐渐代替了石器、木器、骨器、红铜器。

青铜生产工具的出现，对生产力的发展起到了巨大作用。

我国的青铜器时代起始于夏、商、周。到商代中期，我国铸造青铜器的技术水平已经非常高。1939年在河南安阳出土的商代后母戊鼎，重达875公斤，带耳，高133厘米，长110厘米，宽78厘米，是迄今为止世界上最大的青铜器。

1974年9月在郑州张寨南街出土的两件商代大铜鼎，其中一件重84.25公斤，另一件重62.25公斤，经过分析，其中含17%的铅与3.5%的锡。

青铜的冶炼需要经过采矿、冶炼、制范、熔铸四个主要工序。

当时用的矿石主要为孔雀石[$Cu(OH)_2CuCO_3$]，制造方法主要是铸造。

我国青铜的冶炼与铸造技术世界领先，这是举世公认的。西安出土的秦始皇的铜车马及兵马俑并称为"世界奇迹"。

古埃及大约在公元前3000年进入青铜器时代。在古埃及第一王朝的墓中，曾经发现青铜制作的刀、锯、斧、锄、锥等工具。

导图

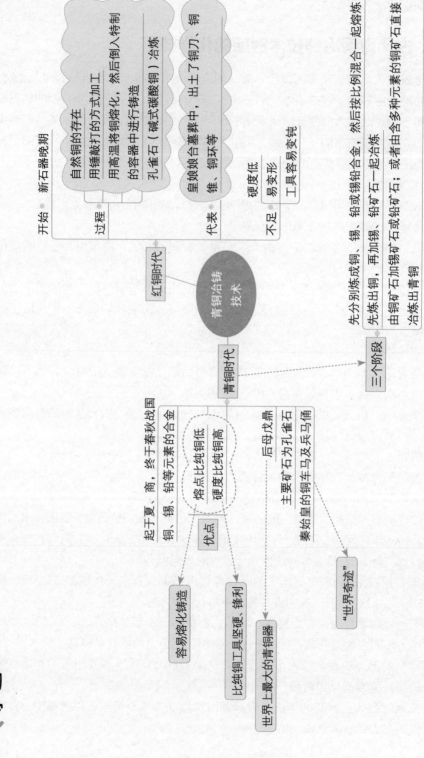

红铜时代

开始：新石器晚期

过程
- 自然铜的存在
- 用锤敲打的方式加工
- 用高温将铜熔化，然后倒入特制的容器中进行铸造
- 孔雀石（碱式碳酸铜）冶炼

代表
- 皇娘娘台遗址墓葬中，出土了铜刀、铜锥、铜环等

不足
- 硬度低
- 易变形
- 工具容易变钝

青铜冶铸技术

青铜时代

三个阶段
- 先分别炼成铜、锡、铅或铅合金，然后按比例混合一起熔炼
- 先炼出铜，再加锡、铅或锡石或铅矿石一起冶炼
- 由铜矿石加锡矿石或铅矿石；或者由含有多种元素的铜矿石直接冶炼出青铜

起于夏、商，终于春秋战国

铜、锡、铅等元素的合金

优点
- 熔点比纯铜低
- 硬度比纯铜高

后母戊鼎
- 世界上最大的青铜器

主要矿石为孔雀石

秦始皇陵的铜车马及兵马俑

容易熔化铸造

比纯铜工具坚硬、锋利

"世界奇迹"

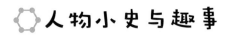

人物小史与趣事

《周礼·考工记》关于合金工艺调剂经验的记载

先秦古籍《周礼·考工记》里记载了世界上最早的合金工艺调剂经验："金有六齐（jì）。六分其金而锡居一，谓之钟鼎之齐；五分其金而锡居一，谓之斧斤之齐；四分其金而锡居一，谓之戈戟之齐；三分其金而锡居一，谓之大刃之齐；五分其金而锡居二，谓之削杀矢之齐；金锡半，谓之鉴燧之齐。"虽然后人对其中一些关键概念的含义有争议，如对"金"的含义有"青铜"与"铜"之说、对"金锡半"的含义有"金锡各半"和"金一锡半"之说等，同时，对文物实物的分析发现，其锡量又大部分比"六齐"规定数低，但上述比例大体上正确地反映了青铜合金配比和性能的关系规律（表1-1）。这在当时的历史条件下是十分难能可贵的。

表1-1 《考工记》中"六齐"成分范围

合金名称	铜和锡的比例	合金含铜量/%	合金含锡量/%
钟鼎之齐	5∶1～6∶1	83.3～86	16.7～14
斧斤之齐	4∶1～5∶1	80～83	20～17
戈戟之齐	3∶1～4∶1	75～80	25～20
大刃之齐	2∶1～3∶1	66.7～75	33.3～25
削杀失之齐	3∶2～5∶2	60～71	40～29
鉴燧之齐	约1∶1	约50	约50

知识链接

铜

铜（Cu）是一种金属化学元素，原子序数是29，是人体所必需的一种微量元素。

铜是人类最早发现的金属，是人类广泛使用的一种金属，属于重金属。

铜的氧化态有0、+1、+2、+3、+4，其中+1和+2是常见氧化态。

铜在自然界中存在形态：

（1）自然铜——铜含量99%以上，储量极少。

（2）氧化铜矿——为数不多。

（3）硫化铜矿——含铜量极低，一般在2%～3%，世界上80%以上的铜从硫化铜矿精炼出来。

主要合金成分分类：

（1）黄铜——铜锌合金。

（2）青铜——铜锡合金等（除锌镍之外，加入其他元素的合金均称为青铜）。

（3）白铜——铜镍合金。

《周礼·考工记》中记载了根据对冶铜火焰情况的观察判定冶炼进程的经验："凡铸金之状，金与锡黑浊之气竭，黄白次之。黄白之气竭，青白次之。青白之气竭，青气次之。然后可铸也。"这段文字用今天的化学观点解释是：开始时，因为金属中夹杂木炭（当时用木炭冶炼），所以先有黑烟（碳燃烧不充分），然后有黄烟，随着温度的升高，铜开始熔化，形成青色气焰，与锡相混故呈青白色；温度再升高，铜完全熔化，因为铜量大于锡量，所以只呈现青色，这表明两种金属已完全熔化混合，于是便可以浇铸了。

铜的化合物
常见铜化合物的名称、化学式、俗称及主要物理性质：

名称	化学式	俗称	主要物理性质
硫酸铜	$CuSO_4$	—	白色粉末状固体，溶于水，其水溶液为蓝色
硫酸铜晶体	$CuSO_4 \cdot 5H_2O$	蓝矾、胆矾	蓝色晶体
碱式碳酸铜	$Cu_2(OH)_2CO_3$	铜绿、孔雀石	绿色粉末状固体，不溶于水
氢氧化铜	$Cu(OH)_2$		新制得的为蓝色沉淀

在河南安阳出土了商代晚期的后母戊鼎。

由于鼎腹内壁铸有"司母戊"三字而一直被称为司母戊鼎，2011年被正式改名为"后母戊鼎"。

其造型庄严雄伟；长方形腹，每面四边以及足上部饰兽面纹；双耳，外侧饰双虎噬人首纹，是迄今已发现的中国古代形体最大、最重的青铜器，世界上也只此一件。现代技术对其成分分析的结果是：含铜84.77%、锡11.64%、铅2.79%，与战国时期成书的《考工记·筑氏》所记鼎的铜、锡比例大致相符，从中可见中国古代青铜文明的内在传承。

1.1.4　钢铁冶炼技术时期的化学知识

（1）铁的认知

铁是人类继金、银、铜、锡、铅之后认识的第六种金属。

伴随着冶铜工艺的逐渐完善，人们逐渐认识了铁。不过，最初发现的铁是来源于天空落下的陨铁。河北藁城区台西村商代遗址出土的一件镶有陨铁锻成铁刃的铜钺证明，那时人们已经认识并且利用了天然铁。

人工冶铁技术在我国始于何时尚无法确定，但在春秋时期已经开始，江苏六合程桥春秋晚期吴国墓出土的铁条、铁丸是极好的佐证。

1978年，洛阳战国早期灰坑中出土的铁锛是至今为止发现的最早的生铁铸件。

（2）生铁冶铸技术

在冶铁初期，因为鼓风设备落后，炉温不高，铁无法熔化，只能得到海绵体状的熟铁。其性质柔软，可锻不可铸，称为块炼铁。

块炼铁虽然生产效率低，但工艺与设备简单，又具有优良的锻造性能，在炭火中进行渗碳即可成钢，所以在炒钢发明以前是唯一的炼钢原料。

我国只用较短的时间就完成了由块炼铁向生铁冶炼技术的转变过程。

（3）块炼渗碳钢技术

在春秋后期开始出现了低温炼钢法，其过程是将块炼铁放在炭炉中加热到900℃以上，使碳渗于铁的表面，取出锻打使部分碳渗到铁质中，杂质则成为火星飞溅出去。如此反复加热锻打，铁中含碳量就逐渐增加，杂质不断被排除，最后铸成钢。

《吴越春秋·阖闾内传》中有吴王阖闾请铸剑高手干将炼制钢剑的记载。

（4）铸铁柔化术

这种工艺是指通过一定的热处理，使生铁脱碳，克服其性脆、易断裂等弱点，增加其强度和韧性的工艺过程。这一过程又称为退火。

当时人们已经较熟练地掌握了比较完善的热处理脱碳技术。正是这一技术的出现，产生了高强度和韧性的韧性铸铁，使得生铁可以广泛地用于生产工具的制造，延长了生铁的使用寿命，进而加速了铁器时代的到来。

（5）百炼钢技术

百炼钢是在战国晚期块炼渗碳钢的基础上直接发展得来的。

块炼渗碳钢中有较多的大块氧化铁-碳酸铁共晶夹杂物，使获得的钢品质较差。百炼钢工艺就是通过对块炼渗碳钢增加热锻次数，使其夹杂物减少、细化及均匀化的过程。所谓"百炼"是反复热锻多次的意思。

百炼钢中晶粒的细化明显提高了钢的品质。

（6）炒钢技术

这项工艺是将生铁加热到半液半固态，进行搅拌，利用铁矿粉或空气中的氧达到脱碳的目的，然后反复热锻成钢制品。

炒钢工艺既省略了烦琐的渗碳工序，又能使钢的结构更均匀，从而使钢的产量明显提高，品质也更进一步提升。

（7）灌钢技术

随着钢铁冶炼不断发展，到了西晋、南北朝时期，形成了灌钢技术，又称团钢。这种工艺效率较高。

灌钢技术是将熟铁和生铁一起加热，由于生铁熔点低，先熔化，灌入熟铁中，进而使熟铁增碳而得到钢。

灌钢技术易于掌握，只要配好生、熟铁的比例就可以较准确地控制钢中含碳量，经过反复锻打就能得到质地均匀的钢材。

南北朝后灌钢技术成为主要炼钢方法。

大约在16世纪欧洲才出现灌钢技术。

🔍 导图

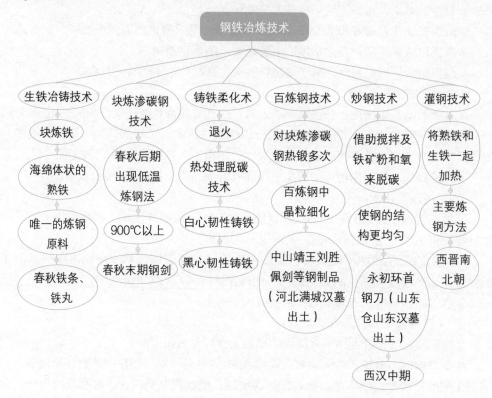

知识链接

铁

铁（Fe）是一种化学元素，原子序数是26，是铁族元素的代表。

铁是最常用的金属，生铁一般分为三种：白口铁、灰口铁、球墨铸铁。铁属于比较活泼的金属，在金属活动顺序表里排在氢的前面。

知识链接

铁的化合物

铁的氧化物有三种，其化学式为 FeO、Fe_2O_3、Fe_3O_4。

常用于炼铁的铁矿石有三种：赤铁矿（主要成分为 Fe_2O_3）；磁铁矿（Fe_3O_4）；菱铁矿（$FeCO_3$）。

1.1.5 有色金属冶炼工艺时期的化学知识

古代的金属冶炼是随着工农业生产和生活中工具及材料的需求不断发展的。自进入铁器时代以来，在钢铁冶炼技术不断发展完善的同时，人们对其他金属的认识及冶炼工艺的探究也先后在不同程度上得到了发展。

（1）其他铜合金的认识及冶炼

黄铜是铜与锌的合金。锌在自然界中主要是以闪锌矿（ZnS）和菱锌矿（$ZnCO_3$）存在的，我国古代叫炉甘石。黄铜是将红铜与炉甘石、木炭一起烧炼时，还原出的锌铜合金。

黄铜之后，又出现了白铜即铜镍合金，我国白铜冶炼最迟出现于宋代。

北宋末的文献中已有用铜和砒石炼白铜的记载，这里的砒石是指镍砒（砷）矿（NiAs）或辉砒（砷）镍矿（NiAsS）。所以，白铜可能在宋代以前就有了。

砷白铜炼制困难（砷含量要求严格），本身有毒，又没有镍白铜稳定，放置日久会因砷逐渐挥发而变黄，因此至今还没有找到物证。现今发现的古白铜器具都是镍白铜。

我国化学家、化学史学家王琎（1888—1966）曾分析过一个古白铜器具，其成分是含铜62.5%、锌22.1%、镍6.14%，不含砷。

🔍 导图

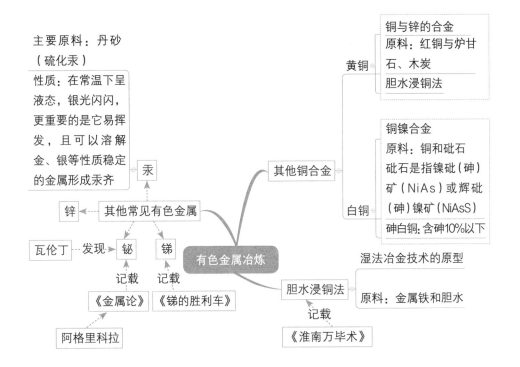

（2）胆水浸铜法

我国古代有色金属冶炼的另一项重大发明是胆水浸铜法。它是湿法冶金技术的原型，是对世界化学史的一项重大贡献。这种方法是在炼丹过程中发现的。

胆水浸铜法在宋代生产规模已非常宏大。北宋时期，每年产胆铜达一百七八十万斤，约为铜总产量的15%～20%。

胆水浸铜法经千余年延续到今天，现在在我国湖北黄石等地仍用这种方法生产铜。

（3）其他常见有色金属的发现及冶炼

继金、银、铜、锡、铅、铁之后，人类最早认识的另外一种金属就是汞。

铋和锑可能是欧洲人最早发现并且制得的两种有色金属。

人物小史与趣事

我国史上关于炼汞的记载

据司马迁所著《史记·秦始皇本纪第六》记载，秦始皇墓内"以水银为百川江河大海，机相灌输，上具天文，下具地理"。1982年经过有关部门对秦始皇墓详细测试，在封土中间部位125000平方米的范围内圈出12000平方米的强汞异常区，因此证实了司马迁的记载，也反映了我国当时汞的生产规模。

汞

汞（Hg）俗称水银，元素周期表第80位元素，位于第6周期、第ⅡB族，是常温常压下唯一以液态存在的金属。

汞是银白色闪亮的重质液体，化学性质稳定，不溶于酸也不溶于碱。汞常温下即可蒸发，汞蒸气和汞的化合物多有剧毒（慢性）。使用汞的历史很悠久，用途很广泛。在中世纪炼金术中与硫黄、盐共称炼金术神圣三元素。

关于炼锌最早的记载

英国化学史家柏廷顿根据现存6世纪出版的古印度梵文著作中提到似乎是锌的物质，认为对金属锌的认识以及炼锌技术可能最早起源于古印度。但目前世界科学史界普遍认为，《天工开物》（1637年，明崇祯十年初刻本，刊行）是现存最早的关于炼锌工艺的文献。宋应星在《天工开物·五金》中详细记载了炼锌过程，并将其命名为倭铅。他写道："凡倭铅，古书本无之，乃近世所立名色。其质用炉甘石熬炼而成……此物无铜收伏，入火即成烟飞去。以其似铅而性猛，故名之曰倭云"。

这不过是有关炼锌的最早记录，而锌实际制得的年代肯定是在此之前。根据考证，我国在汉初（公元前1世纪）已知道用锌，最早的有关锌的文献记载出现于明宣德三年（公元1428年）工部尚书吕震所编《宣德鼎彝谱》一书中。欧洲虽然在16世纪已经认识到锌是一种金属，但一直没能解决锌的冶炼问题，长期从我国进口。直至18世纪30年代，英国人才到中国学会了炼锌方法，1743年在布里斯托尔建立了第一座炼锌厂。

> **知识链接**
>
> **锌**
>
> 锌（Zn），原子序数是30，是一种浅灰色的过渡金属。锌是第四常见的金属，仅次于铁、铝及铜，不过不是地壳中含量最丰富的元素。其密度比铁略小，呈六边形晶体结构。
>
> 在常温下锌是硬而易碎的，但在100～150℃下会变得有韧性，当温度超过210℃时，锌又重新变脆，可以用敲打的方法来粉碎它。锌能够在空气中燃烧，产生氧化锌。

1.1.6　酿造与染色

酿造和染色是中国古老的化学工艺。因为这两种工艺跟人们日常生活中的衣食有密切的关系，所以在4000多年前就发展起来了。

（1）酿造

原始社会末期，社会逐渐出现贫富差距，一部分上层的富有者就利用谷物酿酒作为享乐之用，或者作为祭品向天地和祖先求福。

中国古代酿酒技术不断发展，酒曲的品种逐渐增多。

蒸馏酒始自宋代，到明代已很普遍，同时积累了专门的酿酒化学知识。

酿酒的过程是一项古老而又复杂的微生物化学过程，实际上是利用微生物在某种特定条件下，将含淀粉或糖分的物质转化为含酒精等多种化学成分的物质。

酒的起源由水果发酵开始，它比粮谷发酵容易得多。

利用发酵作用不仅可以酿酒，还可以酿造醋、酱油等。

汉代时我国已有食醋，最初制法是用麦曲使小麦发酵，生成酒精，再利用醋酸菌的作用将酒精氧化成醋酸。

导图

始于汉代

过程：麦曲使小麦发酵，生成酒精，利用醋酸菌将酒精氧化成醋酸

方法：熏制和发酵

山西老陈醋

熏制：将发酵醋糟在火旁熏烤，然后倒入缸中，新醋经过日晒、露凝、捞水等过程继续发酵、浓缩

镇江香醋

发酵：将糯米蒸熟，经糖化、酒化再发酵，最后入缸

醋　←　酿造　→　酒

微生物将含淀粉或糖分的物质转化为含酒精的物质

（2）染色

早在六七千年前的新石器时代，我们的祖先就能用赤铁矿粉末将麻布染成红色。

居住在青海柴达木盆地诺木洪地区的原始部落，能把毛线染成黄、红、褐、蓝等色，织出带有彩色条纹的毛布。

商代养蚕造丝已相当发达，染丝技术也相应发展。

周代，已把青、黄、红、白、黑五种颜色作为主要颜色，并用其染丝制衣，同时把染色工序概括为煮、暴、染几个步骤，并设有"染人"掌染丝帛。

秦汉时期，染色技术进一步发展，成为一种单独的手工业，当时的染色已达到较高水平。

唐代的印染相当发达，除数量和品质都有提高之外，还出现了一些新的印染工艺，特别是在甘肃敦煌出土的唐代用凸版拓印的对禽纹绢，这是自东汉以后隐没了的凸版印花技术的再现。

宋代时期，我国的印染技术已经比较全面，色谱较齐备。

明清时期，我国的染料应用技术达到相当高的水平，染坊有很大发展，比较复杂的印花技术也有了发展。

至1834年法国的佩罗印花机发明以前，我国一直拥有世界上最发达的手工印染技术。

🔍 导图

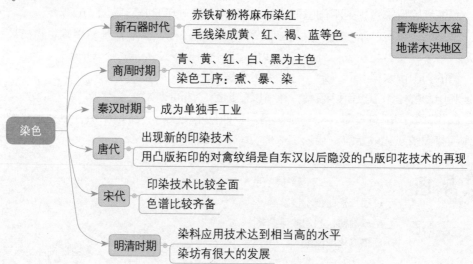

⬡ 人物小史与趣事

酒的起源——猿猴造酒说

山林中的野果是猿猴的重要食物，猿猴在水果成熟的季节，收

储大量水果在石洼中，堆积的水果受到自然界中酵母菌的作用而发酵，在石洼中将一种被后人称为酒的液体析出，所以，猿猴在不自觉中造出酒来。依据不同时代人的记载，都证明在猿猴的聚居处，通常会发现有类似酒的东西。

知识链接

酒

酒的化学成分是乙醇，通常含有微量的杂醇和酯类物质，食用白酒的浓度通常在60度（即60%）以下（少数有60度以上），白酒经分馏提纯至75%以上称为医用酒精，提纯到99.5%以上称为无水乙醇。医用酒精用于伤口消毒，食用酒精用于配制内服药物，无水乙醇用作化学试剂，用于化学分析及科学试验。工业酒精用作燃料及化工行业生产各种化工产品的原料。酒是以粮食为原料经过发酵酿造而成的。

人类捕捉猿猴趣闻

猿猴是非常机敏的动物，它们深居于深山野林中，出没无常，极难捉到，经过细致观察，人们发现猿猴嗜酒。于是，人们就在猿猴出没的地方，摆上香甜浓郁的美酒，猿猴闻香而至，先是在酒缸前流连不前，接着便小心翼翼地蘸酒吮尝。时间一久，就会因为经受不住美酒的诱惑，而畅饮起来，直到酩酊大醉而被人捉住。这种捕捉猿猴的方法并不是中国独

有，东南亚一带的人和非洲的土著人捕捉猿猴或大猩猩，也采用类似的方法。

1.1.7　我国本草医药学中的化学知识

本草医药学中的化学知识很丰富，是古代化学的一个重要分支。遗憾的是，由于历史文化传统、政治经济发展状况等复杂因素，我国的本草医药学最终没有发展成为近代化学。

（1）一些无机物及其化学性质

最开始的本草医药学中所涉及的化学知识主要是认识一些无机物。例如，《神农本草经》中已记载的无机药物有46种。除了铁石、硫黄、汞等单质外，还有许多矿石。

到了唐代《新修本草》中，不但无机药物增至109种，而且对一些物质性质的认识也更加深入。当时已经认识到硇砂（NH_4Cl）不但可以入药，还可以作为"焊药"用于金属焊接。

《本草纲目》对无机物的认识已达到非常高的水平。李时珍按当时的化学知识，开创性地将无机药由玉石部一类分为火、水、土、金石四部七类。

　　清代《本草纲目拾遗》将无机药物增加到335种，所涉及的已有相当数量是人工合成的无机物，比较突出的是对硝酸和氨水的记载。

　　本草医药学涉及金属单质、氧化物、硫化物、氯化物、硫酸盐、硝酸盐、碳酸盐等多种化学物质。

　　（2）一些元素及其化合物相互转化规律及制备方法

　　唐代《新修本草》中对化合物的制备方法介绍得比较详细。其中制银粉的方法是：将银片和汞制成汞齐，再合硝石及盐，研为粉，烧去汞，洗去盐粉，就成了极细的银粉。

　　《本草纲目》中关于人造无机药物的制备更加丰富和翔实，充分表明了当时对复杂的无机化学反应的认识已达到非常高的水平。

　　（3）一些化学物质的鉴别方法

　　陶弘景在《神农本草经集注》中已掌握了依据煅烧时的火焰颜色来鉴别硝石（KNO_3）的方法，指出"强烧之紫青烟起……，如朴硝，云是真硝石"。这是世界化学史上钾盐鉴定的最早记载，亦为焰色反应的先声。

　　宋代《大观本草》介绍了加热使绿矾石（$FeSO_4 \cdot 7H_2O$）分解成为赤色氧化铁（Fe_2O_3）以达到鉴别绿矾石目的的方法。这极有可能是最早的定性分析方法。

　　李时珍还在《本草纲目》中记录了使用"试金石"鉴定合金中含金量的划痕试验法："金有山金、沙金二种。其色七青八黄九紫十赤，以赤为足色。和银青性柔，试石则色青，和铜者性硬，试石则有声"。

　　（4）一些有机化合物的制取

　　本草医药学中除了含有大量的无机化学知识外，还通过对一些有机药物的制备、配伍、炮炙等长期实践过程总结了许多关于生物碱、甾、有机酸、脂肪、维生素、激素、芳香油、醇类及蛋白质等有机化合物的性质和制备方法等方面的知识。

　　《本草纲目拾遗》中转引一部17世纪的作品《百猿经》中有关"射罔膏"即乌头碱的制法，比19世纪初欧洲出现的吗啡碱大约早了两百年。

　　明代万历三年的《医学入门》中有关从五倍子中提取较纯的没食子酸的方法比瑞典化学家舍勒的同类工作早二百多年。

⬡ 人物小史与趣事

李时珍解开"仙果"之谜

　　明朝嘉靖年间，均州的太和山上有一座道观叫作五龙宫，五龙宫的后院有一种奇特的果树，每年长出像梅子大小的"仙果"，道士们说，果树乃真武大帝所种，人吃了这"仙果"能够长生不老。皇帝闻信，降旨下令五龙宫道士每年在"仙果"成熟之际采摘，作为贡品送到京城，供皇家享用，并且不许百姓进五龙宫后院，谁要是偷看、偷采"仙果"，就是"欺君罔上"，有杀身之罪。

　　当时，医药学家李时珍为了编写中药学巨著——《本草纲目》，正带着弟子庞宪

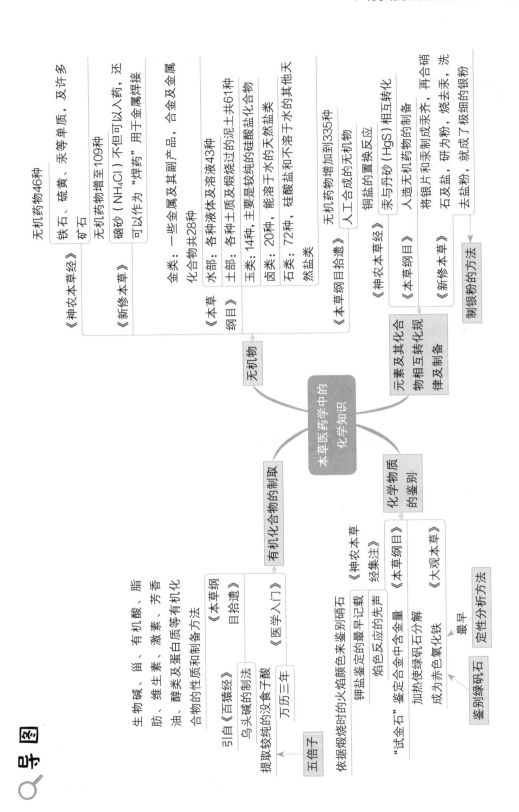

导图

本草医药学中的化学知识

无机物

《神农本草经》　无机药物46种
铁石、硫黄、汞等单质，及许多矿石

《新修本草》　无机药物增至109种
硇砂（NH₄Cl）不但可以入药，还可以作为"焊药"用于金属焊接

《本草纲目》
金类：一些金属及其副产品，合金及金属化合物共28种
水部：各种液体及水溶液43种
土部：各种土质及水煅烧过的泥土共61种
玉类：14种，主要是较纯的硅酸盐化合物
卤类：20种，能溶于水的天然盐类
石类：72种，硅酸盐和不溶于水的其他天然盐类

《本草纲目拾遗》
无机药物增加到335种
人工合成的无机物

元素及其化合物相互转化规律及制备

《神农本草经》　铜盐的置换反应

《本草纲目》
汞与丹砂（HgS）相互转化
人造无机药物的制备
将银片和汞制成汞齐，再合销石及盐、研为粉、烧去汞、洗去盐粉，就成了极细的银粉

《新修本草》

制银粉的方法

有机化合物的制取

生物碱、甾、有机酸、脂肪、维生素、激素、芳香油、醇类及蛋白质等有机化合物的性质和制备方法

《本草纲目拾遗》
引自《百猿经》
乌头碱的没食子酸

《医学入门》
提取较纯的没食子酸
万历三年

五倍子

化学物质的鉴别

《神农本草经集注》
依据煅烧时的火焰颜色来鉴别硝石
钾盐鉴定的最早记载
焰色反应的先声

《本草纲目》
"试金石"鉴定合金中含金量

《大观本草》
加热使绿矾分解成为赤色氧化铁
最早定性分析方法

鉴别绿矾

在各地名山大川采集中药。一天，他们来到太和山下，听说山上有"仙果"，就想弄明白"仙果"究竟是何物及其药用功效，于是就在山下找客栈住下。

次日，李时珍来到五龙宫，对道长说："我是从蕲州来的大夫，专门采集药材，研究药效的，听说这里有仙果，能否给我看一看？"白发苍髯的老道长将李时珍认真打量一番后说："念你是个大夫，不懂这里的规矩，我不想找你什么麻烦，但我要告诉你，这里是皇家禁地，仙果是皇家的御用之品，你还是快快离去为好，不然当心遭受皮肉之苦。"李时珍只好无奈地下山了。

怎么办？难道让这"仙果"永远成为一个谜？为了编写《本草纲目》，李时珍苦思冥想，茶饭不思，突然展颜而笑，弟子庞宪问他怎么了，李时珍只是笑而不答。夜深人静，李时珍从一条小道摸上山，这时五龙宫里一片寂静，道士们早已酣然入睡，他轻步绕到后院外，翻墙进入院内，捷步来到果树下，迅速采摘了几枚"仙果"与几片树叶，然后翻墙出观，连夜赶下山去。

回到客栈，李时珍与弟子亲口尝了尝"仙果"，之后又仔细对其进行研究，终于解开了太和山"仙果"之谜。原来它只不过是一种榆树果子的变种，叫作榔梅，其药用功效与梅子差不多。李时珍后来在《本草纲目》第二十九卷五果类记载："榔梅出均州太和山，杏形桃核。气味甘、酸、平，无毒，主治生津止渴，清神下气，消酒。"

1.2 炼丹和医药化学时期

1.2.1　中国炼丹术

炼丹术是古代炼制丹药的一种传统技术，是近代化学的先驱。我国自周秦以来就创始和应用了将药物加温升华的这种制药方法，为世界各国之最早者。公元9～10世纪我国炼丹术传入阿拉伯地区，12世纪传入欧洲。

由于炼丹术所企求的长生不老欲望不断破灭，因此炼丹术由胜至衰，作为一门伪科学，最终走向衰亡。但是，在无数次失败的过程中，积累了不少有关化学的知识和操作经验。

（1）战国、秦汉时期

中国古代炼丹术最早可追溯到战国、秦汉。

封建帝王为了使骄奢淫逸的腐朽生活无限地继续下去，永享荣华富贵，不惜重金招纳方士，修房祠灶，炼丹术由此发展起来。

司马迁《史记·封禅书第六》中生动地记述了当时的方士李少君请求汉武帝支持其炼丹活动的情况。

与其同时代的淮南王刘安及其门客——称为八公的左吴、李尚等八人也从事炼丹活动。

从现在所能看到的《淮南子》和《淮南万毕术》辑本中，可以找到一些关于炼丹原料及性能的记载。

东汉顺帝年间，张道陵创立了道教。修道成仙是道教的根本目的。修炼就要有相应的方术，而炼丹是方术的重要内容，因此道教从产生的那天起就与炼丹结下了不解之缘。

道家需要炼丹术，炼丹家也需要道教，炼丹术与道教的结合使其更加神秘化。

（2）东晋时期

东晋时期，我国出现了一位承前启后的大炼丹家，他就是被英国著名科学史学家李约瑟先生誉为"不寻常的、才华出众的实际化学家"——葛洪。

葛洪的炼丹成就后来经过南北朝刘宋时代的陶弘景和隋代的孙思邈等人的充实，更加完善。

（3）隋代

自隋代以后，中国的炼丹术除继承下来的主张炼制丹药，以外来的药理强身健体外，逐渐又产生了主张心肾交会、精气搬运、存神闭息、吐故纳新，认为气能存生的派别。

由于内丹派实际上是对中国传统气功的继承和发扬，特别是后来宋元时期被全真道将儒学融入其中，已经不再涉及物质变化，也就与化学科学无关了。

（4）唐代

在唐代，皇帝对丹药的崇信达到了空前的地步。

鉴于炼丹术士虽年复一年、代复一代孜孜不倦地炼丹，结果都是得丹长生者未有，饵丹毙命者屡见，于是使得人们对炼丹这种虚伪的骗术有所觉悟，甚至炼丹家自己也有人对丹药表示怀疑。

（5）宋元明时期

炼丹术由于所企求的长生不老欲望不断破灭，到了宋元已逐步走下坡路，而强调修身养性的内丹派逐渐兴盛起来。

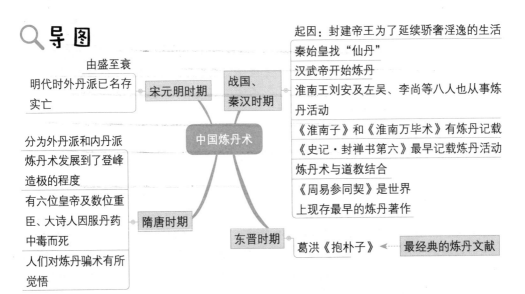

人物小史与趣事

著名的炼丹家

魏伯阳

魏伯阳（约151—221），东汉会稽上虞（今属浙江）人，我国早期著名的炼丹家，所著《周易参同契》是流传至今的最早的炼丹理论著作。

陶弘景

葛洪（284—364），东晋丹阳句容（今江苏句容）人，字稚川，自号抱朴子，意思是说，他是一个朴实的人。葛洪是我国古代最著名的大炼丹家，他精通医学，著有《肘后备急方》传世，但一生主要从事炼丹活动。葛洪继承了他之前早期的炼丹理论和实践，亲自从事炼丹数十年，积累了丰富的物质变化的经验性知识，为后世历代丹家所推崇。其著作《抱朴子》是继《周易参同契》之后更加完善的重要炼丹著作，也可以视为我国古代化学萌芽时期的一部重要的化学著作。

陶弘景（456—536），南北朝时期梁朝丹阳秣陵（今江苏南京）人，字通明，号华阳隐居，与葛洪是同乡。他是继葛洪之后又一位大炼丹家，兼通医药，在炼丹和医药方面都有显著贡献。其著作虽不少，但传下来的却不多，现存的有列入《道藏》的《真诰》和《养性延命录》，此外还有《神农本草经集注》，其余均已散失。陶弘景除对葛洪的炼丹思想和方法加以发展完善外，较为突出的成就是用火焰法鉴别硝石（硝酸钾）。

葛洪

孙思邈

孙思邈，隋唐时代京兆华原（今陕西铜川）人，与陶弘景一样兼通医药，著有《千金方》和《丹房诀要》。其"丹经内伏硫黄法"曾被认为是第一个火药配方，不过已有人对此提出疑义。尽管如此，孙思邈对古代炼丹术乃至古代化学发展的贡献还是毋庸置疑的。

知识链接

焰色反应

焰色反应，也叫作焰色测试及焰色试验，是某些金属或它们的化合物在无色火焰中灼烧时使得火焰呈现特征颜色的反应。其原理是每种元素都有其特有的光谱。样本通常是粉或小块的形式，以一条清洁并且对化学惰性的金属线（例如铂或镍铬合金）盛载样本，再放到无光焰（蓝色火焰）中。在化学上，焰色反应往往用来测试某种金属是否存于化合物中。同时根据焰色反应，人们在烟花中有意识地加入特定金属元素，使得焰火更加绚丽多彩。

中国炼丹术中的实验设备

中国炼丹术中炼制神丹的基本化学过程是把金石药物按方士们设想出的某些配方混合起来，或按一定顺序放入反应器中加热，而把升华反应产物用适当的方法冷凝，然后收集起来。

中国炼丹术中使用最早、应用最久的反应器是丹釜，它是由上、下两个用黄土泥烧制的土釜组成，药物置于下釜中，再倒扣上釜，缝际用泥封住，然后加热下釜，升华的丹药就冷凝在上釜的内壁上，也就是采用空气冷凝的方式。这种上下土釜的反应器一直沿用到隋代。

到了隋唐之际，开始出现金属制造的丹釜。图1-1是按照隋代丹经《太清石壁记》的描述绘制的上瓦下铁的丹釜。唐初时医药和炼丹大师孙思邈所推荐的丹釜也是这样的。但需明确，下釜虽然是铁制的，只是为了坚固耐用，但应用时内壁上需敷一层厚厚的黄泥，干燥后才使用。显然，他们通过炼丹试验已经掌握，金属铁往往与炼丹药物在加热时会发生化学反应，改变升炼的

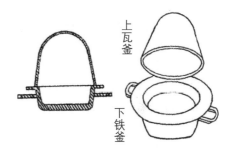

图1-1　中国炼丹术中的上瓦下铁丹釜

产物，达不到预期的效果。例如孙思邈就用这种设备升炼"赤雪流珠丹"，即制取金黄色晶亮的精制雄黄，若铁下釜内壁不敷上泥，则得到乌黑的团块（金属砷）。炼丹家是不会将这种"晦恶"的物质视为神丹妙药的。

唐代后，升炼反应器改称为鼎。放置金石原料以备加热的鼎称为火鼎，储放冷水来冷凝升华物（即丹药）的鼎叫水鼎，因此合起来叫水火鼎。初时的水火鼎很简单，是分别制造，组装而成的，如图1-2所示。根据火鼎和水鼎的相对位置，水火鼎可分为既济式和未济式两种。因为六十四卦中，既济卦为坤上乾下（或上水下火），所以既济炉因此得名；又因未济卦是乾上坤下（即上火下水），未济炉也因此而得名。有时为了长时间慢慢加热火鼎，又往往将全套水火鼎置于一个大罐（又被称作匮）中，以热灰来加热（图1-3）。到了宋代，已出现定型的、结构复杂的未济炉和既济炉（图1-4）。在未济炉上安装流水冷凝管来冷却下部的水鼎。设计如此精巧，可以说已经接近现代化学实验仪器了。

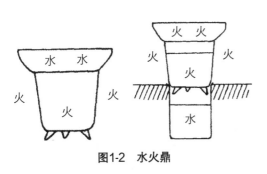

图1-2　水火鼎

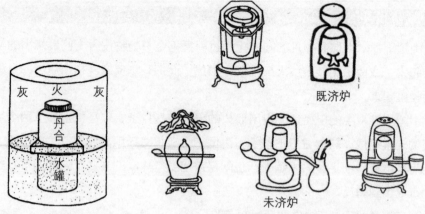

图1-3　水火鼎置于罐中　　　　图1-4　中国炼丹术中的既济炉与未济炉

　　唐宋时期，丹鼎通常要放置在一座坛台上，这种台叫丹台。在神秘主义与迷信色彩笼罩下的古代炼丹术中，丹台的设计也颇有讲究，典型的丹台如图1-5所示，这种丹台叫作"龙虎丹台"，见于唐人孟要甫所撰《金丹秘要参同录》中。其设计思想非常有趣，"炉（丹鼎）下有坛，坛高三层，各分四方，而有八门（每方二门，图中仅绘一门）。"三层坛是与天、地、人相合，八门即象征八风。"南面去坛一尺，埋生朱（丹砂）一斤，线一寸，醋拌之；北面埋石灰一斤；东面埋生铁一斤；西面埋白银一斤。上去药鼎三尺，垂古镜一

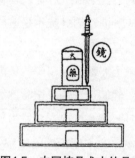

图1-5　中国炼丹术中的丹台

面，布二十八宿五星灯，前用纯钢剑一口。炉前添不食井水一盆，七日一添。用桃木板一片，上安香炉，各处置，昼夜添。"在坛上置剑，目的是镇伏鬼魅邪魔，称为"大要宝金之器"；挂一面镜子，目的大概是驱赶荒郊野岭（古人炼丹都得寻人迹难到的名山海岛）的精怪老魅，作用和后世的"照妖镜"相同。

图1-6　中国炼丹术中的飞汞炉

　　还有值得记上一笔的炼丹设备为宋人设计、制造的一种专门抽炼水银的飞汞炉（见《丹房须知》），外貌如图1-6所示。遗憾的是讲解文字不清晰，图中也似乎有遗漏部分（如作为水鼎的盖）。

　　在丹鼎中，除加热的鼎外，还有一种称为悬胎鼎。它实际上就是一个大罐，罐中放水，有时放醋。将药物用帛、布包扎起来，上端用棉线扎紧后悬挂在鼎内，同时浸入水中，加热煮。通过热水将药物中的某些成分浸取出来，而又避免药料渣滓混进溶液。因此这是一种水法炼丹的设备。后世某些中药汤剂也是采取这种方法熬制的。这种操作可以省去过滤的过程，设计得相当巧妙。有的悬胎鼎制作得非常精美，如图1-7所示，这是丹经《上阳子金丹大要》中记载的。

图1-7　悬胎鼎

炼丹术中也用到研磨的操作。先将各种药物分别加以机械碾碎，然后混合，这样显然能够加大不同药物间的接触，加快反应速率。在古代的药房中大概很早就有了乳钵以及现在仍可见到的船形轮式研磨器。而在宋代丹经《丹房须知》中记载了一种非常讲究的乳钵，如图1-8所示，但可惜未作任何说明，不知怎样操作，似乎有一定程度的自动化，而它的名字称为"沐浴"。

图1-8
中国炼丹术中的
"沐浴"（采自
《丹房须知》）

在我国古代炼制人造黄金、白银的方术（通常叫黄白术）中还另有一些设备，相关的神秘说教更多，但并不复杂。

在中国古代炼丹术中没有玻璃仪器，没有蒸馏设备，这是比阿拉伯和西欧炼金术逊色的方面。

知识链接

雄 黄

雄黄是砷硫化物矿物之一，含砷70.1%，单斜晶系，单晶体呈细小的柱状、针状，但是少见；通常为致密粒状或土状块体。雄黄呈橘红色，条痕呈浅橘红色，呈金刚光泽，断口呈树脂光泽，硬度为1.5～2，密度为3.5～3.6克/厘米^3，性脆，熔点低，用炭火加热，会冒出有大蒜臭味的白烟，放在阳光下曝晒，会变为黄色的雌黄（As_2S_3）和砷华，不溶于水和盐酸，可溶于硝酸，溶液呈黄色。

雄黄主要产自低温热液矿床中，常与雌黄、辉锑矿、辰砂共生。产于温泉沉积物及硫质火山喷气孔内沉积物的雄黄，常与雌黄共生。

1.2.2 西方炼金术

炼金术是中世纪的一种化学哲学的思想和始祖，是当时化学的雏形。其目标是通过化学方法将一些基本金属转变为黄金，制造万灵药及制备长生不老药。现在的科学表明这种方法是行不通的。但是直到19世纪之前，炼金术尚未被科学证据所否定。包括艾萨克·牛顿在内的一些著名科学家都曾进行过炼金术尝试。现代化学的出现才使人们对炼金术的可能性产生了怀疑。炼金术在一个复杂网络之下跨越至少2500年，曾存在于美索不达米亚、古埃及、波斯、印度、中国、日本、朝鲜、古希腊和罗马，在欧洲存至19世纪。

（1）古希腊的炼金术

最初的炼金术士是一批古希腊后期注重实际的工艺家，他们都掌握着很好的实验技艺。

初期，炼金术士并不相信真能炼出贵金属，后来，当他们开始接受当时占统治地位的亚里士多德哲学思想后，便认为自己制造出来的酷似黄金的产物确实是真正的黄金了。

古希腊的炼金家展示了他们的聪颖才智，发明了蒸馏器、熔炉、加热锅、烧杯、过滤器及其他一些装置仪器。

由于伪造黄金的活动泛滥成灾，罗马帝国的皇帝戴克里先在公元296年命令将炼金术书籍全部烧毁，古希腊的炼金活动也就终结了。

（2）阿拉伯的炼金术

西罗马帝国衰败后，阿拉伯人在不到100年的时间里建立起一个包括埃及、西班牙、波斯及阿拉伯半岛的宏大帝国，从而为传承古希腊炼金术创造了条件。

公元7～9世纪，中国炼丹术传到了阿拉伯，从而促进了阿拉伯炼金术的发展。

首先，阿拉伯炼金术和中国炼丹术都认为物质可以通过某种媒介实现相互转变，进而达到化贱金属为贵金属的目的；其次，所用药品基本相同，主要是硫、汞、丹砂、硝石、雄黄、矾石等无机物及醋等少数几种有机物；再次，所用装置也大体一致。另外，在一些阿拉伯炼金文献中常提到"中国""中国的""中国产"字样。

不同的是，中国的炼丹家主要是炼制长生不老的"仙丹"；而阿拉伯的炼金术士则以变贱金属为贵金属为主要目的。

🔍 导图

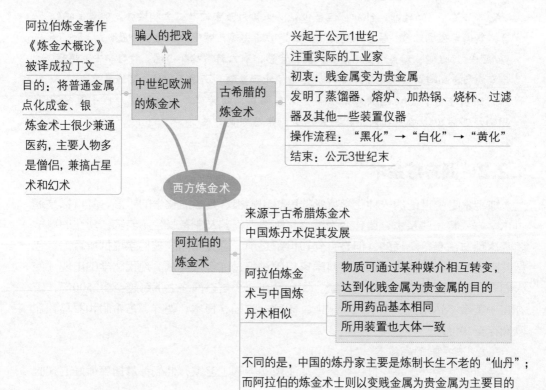

（3）中世纪欧洲的炼金术

十一二世纪以来，一些欧洲学者从阿拉伯文化遗产中看到了值得学习的科学知识，把一些阿拉伯作品译成了拉丁文。于是，阿拉伯人的医学、哲学、数学、天文学等方面的学术成就成为欧洲人的研究对象。阿拉伯的炼金术也因此而传入欧洲。

由于炼金术符合封建统治者企求富贵的愿望，因此一经传入便很快得到欧洲各国统治者的赏识和利用。

一时宫廷和教堂内炉火升腾，烟雾缭绕，从事炼金的人与日俱增，使得寻找所谓"哲人石"将普通金属点化成金、银成为炼金术士的主导目的。

12 ~ 14世纪，在欧洲，炼金术不仅甚嚣尘上，而且日益神秘隐喻。

欧洲的炼金术士很少兼通医药，主要人物多是僧侣，兼搞占星术和幻术。

欧洲的炼金术在数百年的历史中没有多少超前的化学成就，成绩显著的炼金术士和著作也极少。

👤 人物小史与趣事

罗杰·培根

罗杰·培根（R.Bacon，约1214—1294），英国哲学家、科学家、教育改革家，生于萨默塞特的伊尔切斯特。其研究领域包括语言学、光学、天文和数学，被西方誉为"那个时代最富有学问的人"。

1242 ~ 1257年，他将全部精力投入到光学和炼金术等实践性研究领域，有一个完整的炼金术实验室。在他的《第三著作》中有一节专门讲炼金术。他还认为化学是物理学和生物学中间的科学。培根介绍的火药组成是硝石、木炭、硫黄的比例为7∶5∶5，由于其中硝石太少而效果不好。培根还因灯在密闭器内必灭，证明空气为燃烧所必需。这一点多少为后来燃素说的出现提供了初步的实验基础。

知识链接

硝　石

硝石，是一种天然矿物，主要成分为硝酸钾。其他来源的硝酸钾，以及其他的硝酸盐矿物如智利硝石（硝酸钠）、挪威硝石（硝酸钙）有的时候也被称作硝石。

芒硝不是硝酸盐，而是含结晶水的硫酸钠。

硝石为透明或白色晶体，属斜方晶系。

硝石易溶于水。天然硝石主要见于碱土地区的干燥土壤、矿泉和洞穴壁上，由富含硝酸钾的水常年浸润生成。硝石用于制火药、玻璃、火柴，并用作肥料和分析试剂等。

1.2.3　欧洲医药化学

虽然欧洲的医药化学家以制药、治病为目的，但仍然没有彻底摆脱炼金术的影响，提出的一些化学理论中常留有炼金术士唯心论的成分。但是他们所做的一系列实验研究工作还是大大丰富了近代化学科学的内容，积累了更多的科学材料，为后来近代化学的产生和发展做了必要的准备工作。

（1）帕拉切尔苏斯

帕拉切尔苏斯是第一个明确主张把化学知识应用于医疗实践中的人。

帕拉切尔苏斯极力批驳炼金术，认为不应把研究的目的放在点金上，而应当是制药。

帕拉切尔苏斯描述了铁粉与硫酸作用析出气体的现象。

帕拉切尔苏斯第一个用"al-cohol"表示酒精，并在欧洲最先提到锌，称之为"劣等金属"。

帕拉切尔苏斯将炼金术定义为"将不纯净物质变为纯净物的技艺"，并主张炼金术的主要目的在于制取满足人们需要的东西，特别是用于医疗事业。

（2）利巴维尤斯

利巴维尤斯有许多重要的化学发现，但主要以第一部近代化学教科书的作者而闻名。

《炼金术》中总结了中世纪在炼金术方面取得的成就，详尽地介绍了当时的化学设备，并设计了一个理想的炼金术实验室大楼。

利巴维尤斯倡导分析探讨化学现象，对化学知识的积累做出许多开创性的贡献。

利巴维尤斯给出了一种分析矿质水的方法，即使矿质水蒸发，再比较含盐残渣的质量和蒸发掉的水的质量。

（3）范·海耳蒙特

范·海耳蒙特是承认存在不同于大气的气体的第一人。

范·海耳蒙特于1620年左右创造了"气体"这个词，是"混沌"的含义。

范·海耳蒙特把木炭在封闭容器中燃烧而产生的气体定义为"野精气"。

范·海耳蒙特观察到蜡烛在倒置水面上的玻璃杯内燃烧时，火焰燃烧一段时间就会熄灭，而杯内水面会上升一段。这个实验与我们今天证明空气中含有氧气的演示实验是相同的。

范·海耳蒙特认为空气和水是真正的元素。

（4）格劳伯

格劳伯的研究成果集中于其1651年用德文出版的《蒸馏术解说》。

格劳伯清楚地解释了一些复分解反应的实例，还提出了亲和力的概念。

人物小史与趣事

帕拉切尔苏斯（1493—1541），瑞士医学家。

帕拉切尔苏斯儿时经常随父出诊，曾学习冶金及化学。

1507年离家到巴塞尔、蒂宾根、维也纳、维滕贝格、莱比锡、海德堡、科隆、费拉拉等多所大学求学。

帕拉切尔苏斯1510年在维也纳大学获医学学士学位，1516年获有革新精神的费拉拉大学医学博士学位。毕业后在欧洲及中东游历行医10年，他自己取名帕拉切尔苏斯（意为赛过切尔苏斯）。

帕拉切尔苏斯

🔍 导图

欧洲医药化学

帕拉切尔苏斯
- 医生要注意研究药物的化学性质
- 第一个明确主张把化学知识应用于医疗实践中的人
- 极力批驳炼金术
- 完成许多无机物之间的转化
- 描述了铁粉与硫酸作用析出气体的现象
- 二氧化硫的漂白作用
- 第一个用 "al-cohol" 表示酒精，并在欧洲最先提到锌，称之为 "劣等金属"
- 扩展炼金术的领域，使其包括一切化学过程
- 将炼金术定义为 "将不纯净物质变为纯净物的技艺"

利巴维尤斯
- 第一部近代化学教科书的作者
- 《炼金术》
  - "第一部真正的化学教科书"
  - 详尽地介绍了当时的化学设备
  - 设计了一个理想的炼金术实验室大楼
- 倡导分析探讨化学现象
- 制造人造宝石
- 铜在氨中发出蓝光
- 四氯化锡、硫化锑、酒石酸锑钾、盐酸等的制备方法
- 分析矿泉水的方法
- **萤石是金属及其氧化物的助熔剂**

格劳伯
- 当时制造盐酸最方便的方法
- 硫酸与食盐作用能生成盐酸　贡献
- 制取了王水
- 对蒸馏水的研究
- 《蒸馏术解说》　作品
- 解释了一些复分解反应的实例
- 提出了亲和力的概念

范·海耳蒙特
- 承认存在不同于大气的气体的第一人
- 创造了 "气体" 这个词
- 木炭燃烧逸出的物质（二氧化碳）与果汁或葡萄汁发酵的产物相同
- 把木炭在封闭容器中燃烧而产生的气体定义为 "野精气"
- 蜡烛在倒置水面上的玻璃杯内燃烧时，火焰燃烧一段时间后就会熄灭，而杯内水面会上升一段
- 空气和水是真正炼金术的元素

柳树实验
- "沟通了炼金术和化学"

　　1527年，帕拉切尔苏斯因治好巴塞尔城一著名出版商的足部坏疽而医名大振，被推荐为巴塞尔大学医学教授，吸引了来自欧洲各地的学生。

　　帕拉切尔苏斯1541年死于萨尔茨堡的客栈，原因不明。他别致的医学思想在当时和对后世有一定的影响。

1.2.4　欧洲冶金化学

　　在十五六世纪的欧洲，除医药化学外，新兴资产阶级出于发展社会物质生产的需要，积极推进采矿、冶金、制酸等有关化学的工业发展，从而促使化学科学脱离炼金术的束缚，迅速走向生产实际。尤其是冶金化学和矿物化学得到了进一步的发展，涌现了一些卓有成效的冶金化学家。

　　（1）毕林古乔

　　与帕拉切尔苏斯同期的意大利实践化学家毕林古乔（V.Biringuccio，1480—约1539）在另一个新领域——冶金化学方面开辟了化学近代发展的希望之路。

　　毕林古乔的著作叙述清楚而实用，与当时用词隐晦的炼金术著作形成鲜明的对比。其中提到一种炼钢方法，与我国的灌钢炼制原理基本相同。

　　（2）阿格里科拉

　　阿格里科拉的著作《论金属》分十二卷，详细叙述了从找矿、采矿一直到矿山设备、矿石处理、金属分离等整个金属冶炼过程。

　　《论金属》中分离金、银的强水法是将明矾、硝石等一起蒸馏制得硝酸，进而将银溶解；分离金、铜是将二者混合物与硫黄共烧，把生成的硫化铜与金分开；分离银、铜是将铅与铜制成铅铜合金，进而实现分离。

　　阿格里科拉在另一部著作《矿物学》（1546年）中首次提出根据矿物的物理特性（几何构型）进行矿物分类。

　　（3）埃克尔

　　1567年后，埃克尔在布拉格附近任铸币控制检验师。

　　埃克尔的著作《重要矿石论》系统总结了金、银、铜、锑、铋、汞、铅等矿物和金属的检验、制取和精炼技术，介绍了酸、碱、盐的制造，实验室的设备和操作等。

　　埃克尔曾指出，从溶液中用铁沉积铜是由于置换作用，被誉为欧洲湿法冶金的先驱。

⬡ 人 物 小 史 与 趣 事

▶ 阿格里科拉

　　格奥尔格乌斯·阿格里科拉（1494—1555），德国学者，被誉为"矿物学之父"。

　　阿格里科拉早年在莱比锡学习古典语文，后到意大利学医，回国后将兴趣转到矿物学，1530年移居到采矿业发达的开姆尼茨作研究，曾担任当地的市医、市长。

导图

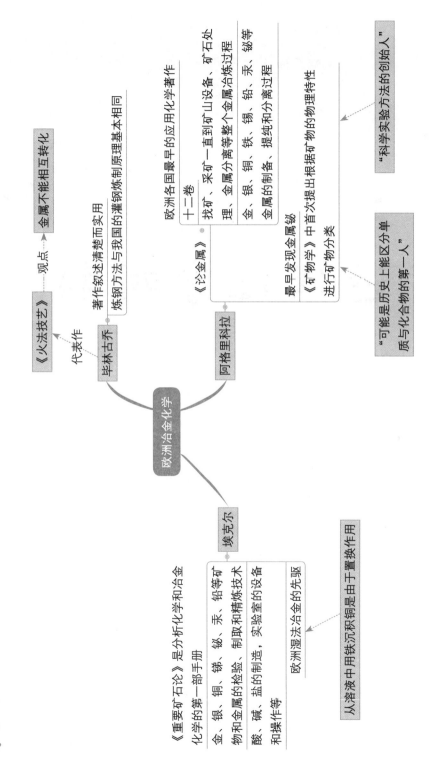

2
近代化学时期

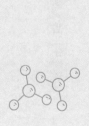
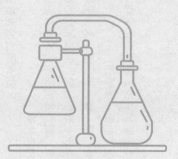

导图

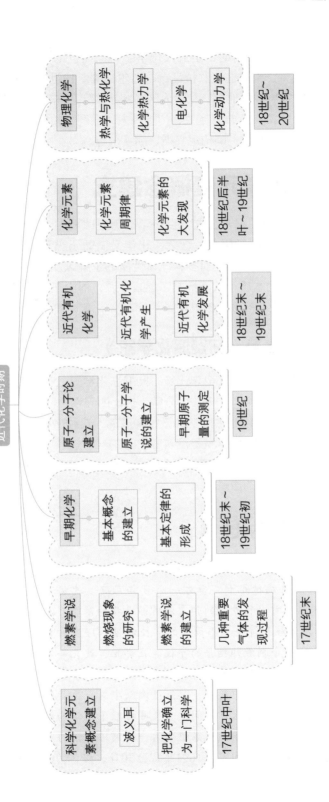

近代化学时期

物理化学
- 热学与热化学
- 化学热力学
- 电化学
- 化学动力学

18世纪~20世纪

化学元素
- 化学元素周期律
- 化学元素的大发现

18世纪后半叶~19世纪

近代有机化学
- 近代有机化学产生
- 近代有机化学发展

18世纪末~19世纪末

原子–分子论建立
- 原子–分子学说的建立
- 早期原子量的测定

19世纪

早期化学
- 基本概念的建立
- 基本定律的形成

18世纪末~19世纪初

燃素学说
- 燃烧现象的研究
- 燃素学说的建立
- 几种重要气体的发现过程

17世纪末

科学化学元素概念建立
- 波义耳
- 把化学确立为一门科学

17世纪中叶

17世纪后半叶～20世纪初期是近代化学建立与发展时期，可分为前后两个时期。17世纪末～19世纪中期是前期，是近代化学孕育与建立时期，代表人物有波义耳、胡克、梅奥、布莱克、卡文迪许、拉瓦锡、道尔顿等。19世纪中期～20世纪初期是后期，是近代化学的发展成熟时期，代表人物有盖-吕萨克、李比希、杜马、维勒、布特列洛夫、肖莱马、范霍夫、弗兰克兰、门捷列夫、瑞利、拉姆塞、奥斯特瓦尔德、迈尔、能斯特、贝特罗、戴维、阿伦尼乌斯、朗缪尔等。

2.1 科学化学元素概念建立

17世纪后半叶～18世纪末，这一百多年的历史时期中，开始是波义耳批判炼金术，为化学元素提出了科学概念，继之，化学又借助于燃素学说从炼金术中解放出来，成为一门科学，之后，人们对多种气体性质的了解以及对空气复杂性的认识，使人们弄清了燃烧现象的本质，从而批判了燃素学说，提出正确的氧化理论，为近代化学的产生做好了思想上与实践上的准备。

2.1.1 波义耳名著《怀疑派化学家》

《怀疑派化学家》一书，1661年出版，此书在化学史上有着极其重要的意义。

波义耳认为元素用化学方法无法再分解，这比四元素说法高明得多。

波义耳认为每种元素都是由同一种微粒构成的，这种微粒的性质是不可改变的，在化学反应过程中，这种微粒本身是没有变化的。

波义耳不认为微粒具有"质量"这个特性，这是他的致命伤，这个问题后来由道尔顿提出，并建立了科学的原子论。

人物小史与趣事

波义耳（1627—1691），英国化学家。1627年1月25日波义耳出生在爱尔兰沃特福德郡利斯莫尔一个贵族家庭。其父理查德·波义耳是爱尔兰首府科克郡的伯爵及首屈一指的富翁。波义耳8岁进入专门为贵族和绅士子弟设立的学校学习，12岁时和哥哥一同到另外一所有个别教师指导的学校。在那里，波义耳学习了自然科学并开始接触伽利略的著作。之后不久，他父亲在一次共和派与保皇派之间的战斗中死去，其家道渐渐中落，于是他转而学习医学和农业。在学习医学期间，波义耳接触了化学知识与化学实验。通过制备各种药物，他很快成为一位训练有素的实验化学家以及有创造能力的思想家。1691年12月30日，这位为17世纪的化学科学奠定基础的杰出化学家在英国伦敦逝世，享年64岁。

波义耳

导图

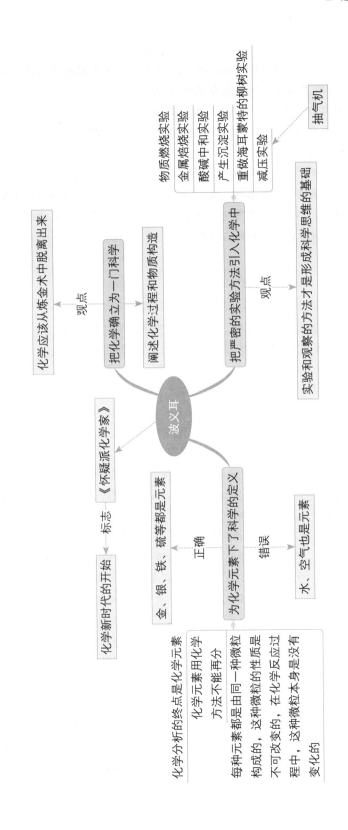

化学元素

化学元素（chemical element）就是具有相同的核电荷数（即核内质子数）的一类原子的总称。

化学元素指自然界中一百多种基本的金属与非金属物质，它们只由一种原子组成，其原子中的每一核子包含同样数量的质子，用一般的化学方法不能使其分解，并且能构成一切物质。

一些常见元素有氢、氦和碳。原子序数大于83的元素（即铋之后的元素）均为不稳定元素，并会进行放射衰变。第43号和第61号元素（即锝和钷）无稳定的同位素，会进行衰变。可是，即使是原子序数高达95，没有稳定原子核的元素也一样能在自然中找到，这就是铀和钍的自然衰变。

▶ 波义耳的金属焙烧实验

1673年，波义耳发表了《使火与焰稳定并可称重的新实验》一书，书中描述在空气中焙烧金属，其质量增加的实验。波义耳将400克的一块锡在敞口烧瓶中加热，质量增加到500克。他将锡放在曲颈甑中后，称重，封住口后再加热，但因为空气膨胀甑爆裂了（可能那个曲颈甑品质比较差），发出炮鸣般的声音。

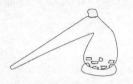

接着，他换了另一个曲颈甑，在敞口曲颈甑中放入400克锡，加热一会，想尽量把里面的空气赶出来以后，再封瓶口，继续加热焙烧锡。直至锡变成灰时停止加热，然后冷却，拔去封口，再称重，增加100克。他得出结论说："质量增加100克是火对金属作用而得到的。"他推测火有质量。波义耳认为火是由一种叫"火微粒"的物质组成的，火微粒透过玻璃壁被金属吸收，所以煅灰比金属重。波义耳在这个实验中使用了天平，将定量实验手段带进了化学。

波义耳这个将金属放在曲颈甑中焙烧的实验做得非常好，可惜的是这个好的实验没能得到好的结果。若波义耳能在焙烧前称量，在焙烧后没有去掉封口前再称量一次，就可能有重大的发现。当时有一个化学家谢吕宾写信给波义耳，问他在打开瓶之前称量没有，波义耳在回信中给了一个惊人的答案，说他曾经在打开瓶之前称量了，也得到了质量增加的结果。这是怎么回事？我们现在认为可能是这样造成的：波义耳先将锡放在冷瓶中称量，之后又敞口加热赶空气，因为他担心瓶会破裂，想尽量多赶出空气，因为加热时间比较长，部分锡已经和空气中氧气化合成氧化锡，再封口煅烧，后来就是在打开封口前称量，自然也会比开始的质量有所增加。

这个金属焙烧实验对后来拉瓦锡发现科学燃烧理论及发现物质不灭定律，都有很大的启示作用。

锡

锡是一种略带蓝白色光泽的低熔点金属元素，在化合物内通常是二价或四价，不会被空气氧化，主要以二氧化物（锡石）以及各种硫化物（例如硫锡石）的形式存在，元素符号为Sn。锡是大名鼎鼎的"五金"（即金、银、铜、铁、锡）之一。锡包括14种同位素，其中有10种是稳定同位素。

知识链接　物质燃烧时的影响因素

①氧气的浓度不同，生成物也不同。如碳在氧气充足时生成二氧化碳，不充足时生成一氧化碳。

②氧气的浓度不同，现象也不同。如硫在空气中燃烧是淡蓝色火焰，在纯氧中是蓝色火焰。

③氧气的浓度不同，反应程度也不同。如铁能在纯氧中燃烧，在空气中不燃烧。

④物质的接触面积不同，燃烧程度也不同。如煤球的燃烧与蜂窝煤的燃烧。

2.1.2　波义耳的其他科学成就

波义耳对化学有三大贡献：把化学确立为一门科学；将严密的实验方法引入化学；给化学元素下了一个科学的定义。因此，波义耳被称为"近代化学的奠基者"。

波义耳通过精密的实验证明了"空气的性能与外界气压有关"，并在1662年得出了"一定量气体在一定温度下其体积与压力成反比"的定量关系。

波义耳得出结论：在大气的其他部分可能散布有某种来自太阳的、恒星的或其他球外世界的奇特物质，空气正是因为它们才成为维持燃烧所必不可少的东西。

波义耳通过实验得出一个结论：空气中包含维生物质即精华，它帮助动物呼吸、维持生命并且与动物的血液相混合。

传统的炼金术一直以为，火是万能的化学分析工具，所有的元素都是事先混合在物质之中，火可以将它们分离开来。波义耳根据火无法使金、银两种不同物质的混合物分离，却能使沙子与灰碱两种不同物质的混合物质结合形成玻璃等事实，否定了上述传统观点。

波义耳把"混合"称为"机械混合"，把"化合"称为"完全混合"。在单纯的"混合物"中，每个组分都保持其性质，能够同其他部分分离开来；在一个"化合物质"中，每个组分都失去其特性，很难把它同其余部分分离开来。

波义耳发现指示剂的颜色变化能够用来检验酸、碱。

酸除了具有酸味以外，还是一种强有力的溶剂，能使指示剂变色；碱则具有滑腻的感觉及除垢的性质，还具有与酸对抗、破坏酸的能力，它也能使指示剂变色。

波义耳的发现为此后将硝酸银、氯化银、溴化银用于照相术方面，做出了贡献。

导图

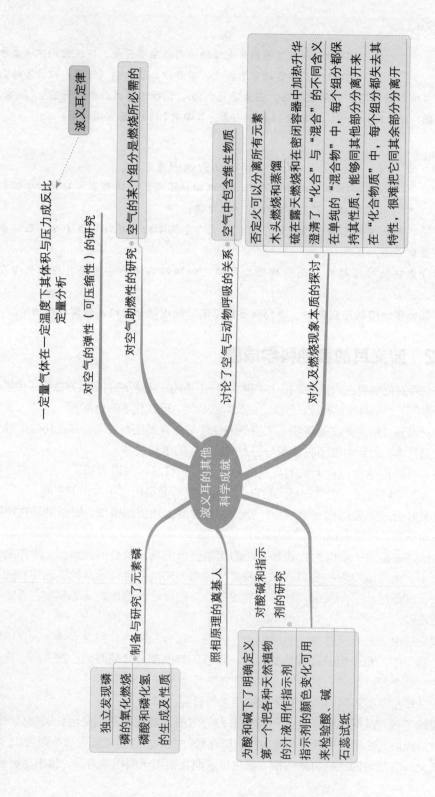

波义耳发现了化学元素磷，这是他独立做出来的。

波义耳经过自己独立研究，把磷制备出来了，而且研究了磷的重要性质。

人物小史与趣事

波义耳使紫罗兰变色了

波义耳一次偶然的机会发现了酸碱指示剂。

一天清晨，园丁送来一篮盛开的紫罗兰花，波义耳随手摘了一束向实验室走去。

助手威廉汇报了前夜拿到两瓶盐酸的经过，波义耳说："我想看看这种盐酸，请往烧杯里倒一些。"

知识链接

盐　酸

盐酸（HCl）是氯化氢气体的水溶液，为无色透明的一元强酸。

盐酸具有极强的挥发性，打开盛有浓盐酸的容器后能在其上方看到白雾，实际上是氯化氢挥发后与空气中的水蒸气结合产生的盐酸小液滴。

盐酸有刺激性气味和强腐蚀性，易溶于水、乙醇、乙醚和油等。

盐酸与酸碱指示剂反应：盐酸遇紫色石蕊试液变红色，遇无色酚酞无明显现象（不变色）。

波义耳将紫罗兰花放在实验桌上，帮威廉倒盐酸。威廉在倒盐酸时，不小心把盐酸溅到了紫罗兰花上。波义耳看见这束紫罗兰花在微微冒烟。他把花束浸泡在清水杯子里，想将酸沫洗掉，但奇妙的现象出现了：紫蓝色的紫罗兰花变成了鲜红色！波义耳高兴地喊："威廉，快准备几个烧杯、一瓶盐酸和其他的酸。"

威廉虽然莫名其妙，但快速地做好了准备工作。波义耳在每个烧杯里都倒大半杯清水，然后将各种酸分别倒入杯中稀释，把紫罗兰花分别泡入，发现不只盐酸，其他酸也能够使紫罗兰变成红色。"那么只要把从紫罗兰花瓣中提取的汁液放进一种溶液里，就可以判断它是不是酸性溶液了。"威廉试探地说："或许碱性溶液也可以使紫罗兰改变颜色吧？"通过试验证明，碱性溶液确实可使紫罗兰变色，从紫蓝色变为蓝绿色。

波义耳和助手们又试验了石蕊地衣、矢车菊、五倍子、胭脂虫等一些动植物浸液对酸、碱的颜色反应，从中选出的某些酸碱指示剂沿用至今。波义耳把浸有这些汁液的纸烘干后就制成测试溶液酸碱性的试纸了。

波义耳发现的酸碱指示剂，对科学的发展有重大贡献。

酸碱指示剂

用于酸碱滴定的指示剂，称为酸碱指示剂。酸碱指示剂是一类结构较复杂的有机弱酸或有机弱碱，它们在溶液中能部分解离成指示剂的离子和氢离子（或氢氧根离子），并且由于结构上的变化，它们的分子和离子具有不同的颜色，因而在pH不同的溶液中呈现不同的颜色。

指示剂	pH值变色范围	酸性	碱性
甲基橙	橙色 3.1 → 4.4	红色（pH<3.1）	黄色（pH>4.4）
甲基红	橙色 4.4 → 6.2	红色（pH<4.4）	黄色（pH>6.2）
石蕊	紫色 5.0 → 8.0	红色（pH<5.0）	蓝色（pH>8.0）
酚酞	粉红色 8.2 → 10.0	无色（pH<8.2）	红色（pH>10.0）

波义耳墨水

有一次，波义耳在他的实验室中进行植物色素的试验：他先用水将捣碎的五倍子长时间浸泡，提取浸液，然后把这种浸液与铁盐作用，得到深黑色的液体，这种液体非常稳定，长期不变色、不沉淀、不怕热、不怕光，波义耳就将这种液体用作书写墨水。后来，人们就把这种墨水称为"波义耳墨水"，这种墨水用了一个多世纪。

2.2 燃素学说兴衰

2.2.1 燃素学说建立前关于燃烧现象的研究

在波义耳提出科学元素概念的同时期，关于燃烧本质和机理的讨论也在欧洲展开，吸引了许多学者。这是因为生产实践一次又一次证明，炼金术的神话和经院哲学的空谈根本无法解答与燃烧现象有关的问题，而迅速发展的冶金和化工工业又促使人们迫切想要彻底弄清火及燃烧现象的本质。

人们对于燃烧现象的实践经验由来已久，在波义耳时代及以后的一段时间里，很多人对燃烧现象特别是金属焙烧现象进行了认真研究，提出了各种观点。然而，由于波义耳的上述先进思想尚未被人们接受，这些研究成果最终导致了一种建立在传统的"四元素说"或"三元素说"唯心主义基础上，具有一定进步意义却十分错误的学说——燃素学说的诞生。尽管如此，这些研究工作仍为后来的近代化学革命打下了一定的基础。

早在15世纪，意大利著名艺术家达·芬奇（L. Da Vinci, 1452—1519）就曾注意到，没有新鲜空气补充，燃烧就无法继续下去，这表明空气与燃烧有密切的关系。

1630年，法国医生雷伊（J. Rey, 约1583—1630）在其《医学博士让·雷伊关于焙烧时锡和铅质量增加原因的研究论文》中指出："这个质量增加起因于空气。……空气同粉末最微细的颗粒黏合在一起。这种情形恰如你把砂子抛入水中搅拌，使水把砂粒弄湿，同最细小的砂粒相黏合，结果使水变重"。

波义耳和胡克先将木炭或硫黄放在一个器皿中，然后用抽气机把其中的空气抽干净，再将该器皿强烈加热，木炭或硫黄并不能燃烧。但如果把木炭或硫黄与硝石混合，即使在抽空的条件下，仍会猛烈燃烧。

波义耳在1673年仔细研究了密闭容器内煅烧金属铜、铁、铅、锡后出现的增重现象，1674年在题为《使火与焰稳定并可称重的新实验》的论文中提出了公式：金属+火微粒=金属煅灰。

胡克通过1664年所做的一系列实验表明，火焰或火是由一种"空气所固有的和混合的亚硝物质"所组成的。

胡克还通过实验指出："动物只有不断获得新鲜空气进行呼吸才能生存，呼吸可以说是在吹起生命之火；因为一旦这种供给告缺，这火也就死去。"

英国医生梅奥在1674年对燃烧现象作出了更为新颖和进步的结论。

梅奥认为空气中含有两种不同的粒子。其中一种为"硝气精"，在燃烧过程中被燃烧的物质吸收并破坏掉；另一种在这些过程后，仍在一小块体积中剩下来。他认为空气被动物呼吸而丧失作用力和燃烧过程中被破坏是一样的。

🔍 导图

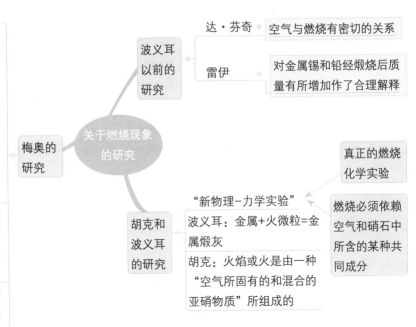

人物小史与趣事

胡克

罗伯特·胡克（1635—1703）出生在怀特岛。他因在1660年发现胡克定律而出名，这个定律首先在1676年以字谜形式表述出来，1678年发表了一个明确陈述。

1665年（也有称1667年），胡克发表了他的《显微术——用放大镜观察的微小物体的生理描述，附有关的观察及探究》（后文简称"显微术"）。这本书是献给查理二世的，其中有有趣的序言以及显微镜下所见东西的大量插图，也有一些木炭和打火石的火星的观察，还包括燃烧学说。

胡克在"显微术"中没有叙述任何实验细节，但他根据未发表的观察提出了包括12个命题的燃烧学说，尤其是他在其中说道："空气是所有硫素物体的万用溶剂；进行溶解作用时产生大量的热，我们称之为火；溶解作用由一种固有的、同空气混合的物质产生，这种物质与固定在硝石中的东西即使不完全相同，也是极其类似的；在这种空气溶解物体的过程中，有一部分被化合和混合或被溶解并转变为空气，与空气共浮沉"。胡克没能离析出空气和硝石所共有的组分——他在1682年称之为"亚硝空气"。波义耳也含糊地叫它空气中的"挥发硝石"。

胡克在1678~1679年间做了一些实验：他将一块质量为8.2944克的木炭放在盛满砂子的铁箱中，保持红热2小时，只减少0.0972克；将含有木炭的箱子中的空气用风箱使之流通，过一会儿火就熄灭了，空气"饱足"了。胡克还看到木炭与硫黄落在熔化硝石的表面上就亮晃晃地燃烧起来。

空 气

空气是指地球大气层中的混合气体，在自然状态下透明且无色无味，它主要由氮气和氧气组成。

空气是由78%的氮气、21%的氧气、0.93%的稀有气体（氦、氖、氩、氪、氙），0.04%的二氧化碳，0.03%的其他物质（如水蒸气、杂质等）组成的混合物。空气的成分不是固定的，随着高度的改变、气压的改变，空气的组成比例也会改变。

胡克在另一本著作《灯》中，对他在"显微术"中提到的烛焰结构的描述予以扩充。他说："所谓火焰这种短促的一时发亮的物体""不是别的，只是受热变成稀薄的、形成蒸气或烟的形状的油的一部分"，空气作用于其上，它"由于其溶解作用，吞掉其外面的部分……产生我们所见到的光；但从中间的烛心一直到焰锥顶端那部分并不变成亮焰，到了焰锥顶端，自由的空气才能达到并能溶解它们（形成亮焰）"。拿一薄玻璃片或云母片横过火焰，可看到"焰锥中部既不发亮也不燃烧，只有火焰的最外层表面才和自由的、未饱足的空气接触"。

因此胡克假定，因为空气中存在一些硝石中也存在的东西，所以它能够溶解可燃的物体自身，而放出的热就是溶解热，它近似于碳酸钾和硫酸这样一些物质溶解于水放出来的热。胡克的实验被梅奥所推进。

硫　酸

硫酸（H_2SO_4）是硫最重要的含氧酸。无水硫酸为无色油状液体，10.36℃时结晶。

硫酸是一种最活泼的二元无机强酸，能和许多金属发生反应。高浓度的硫酸有强烈吸水性，可用作脱水剂，炭化木材、纸张、棉麻织物及生物皮肉等含碳水化合物的物质。硫酸与水混合时，会放出大量热。具有强烈的腐蚀性和氧化性，需谨慎使用。常用作化学试剂，在有机合成中可用作脱水剂和磺化剂。

约翰·梅奥（1641—1679），英国化学家和生理学家。1658年进入牛津瓦德翰学院学习，1660年被选为万灵学院的研究员，1670年在牛津得到民法博士学位，但后来在巴斯和伦敦成为执业医生。他大部分的化学研究工作是在牛津进行的。1673年，他完成著作《医学哲学五论》，该书在1674年在牛津出版。他在这本书里面提出了由精巧和新创的实验作根据的燃烧与呼吸的学说。

梅奥

2.2.2　燃素学说的建立

就在波义耳等致力于探讨燃烧现象的本质的同时，欧洲大陆却逐渐形成了解释燃烧现象本质的另外一种不同的观点——燃素学说，这种被后来的化学理论证明是本末倒置的学说主宰了近代化学一个多世纪。

贝歇尔继承了"三要素说"，并将其应用于对燃烧现象的解释，从而初步形成了燃素学说的思想基础。

贝歇尔将燃烧看成是一种分解作用，认为不能分解的物质是不会燃烧的。

施塔尔是贝歇尔的学生，1703年，他重印了老师的著述，同时还亲自书写了一个长长的评注，对贝歇尔的观点备加推崇。

在此之后，施塔尔在使用的教科书《化学基础》中继承并发展了贝歇尔的观点，使之发展成为一个解释燃烧现象甚至所有化学现象的完整和系统的学说。

施塔尔对燃素学说内涵进行了系统阐述：燃素是"火质和火素而非火本身"，在燃烧的物体中进行一种快速转动逸出，燃素包含在所有可燃烧物体中，也包含在能燃烧成烧渣的金属里面。

🔍 导图

- **燃素学说**
  - **主要代表人物**
    - **贝歇尔**
      - 初步形成了燃素学说的思想基础
      - 《土质物理学》
      - 物体的组成部分为空气、水及三种土质
      - 三种土
        - 油状土
        - 汞状土
        - 玻璃状土
      - 不能分解的物质是不会燃烧的
      - 燃素学说是以物质燃烧时放出"油状土"的观点为基础
    - **施塔尔**
      - 《化学基础》
        - 继承并发展了贝歇尔的观点
        - 发展成为一个完整和系统的学说
        - 解释燃烧现象甚至所有化学现象
      - 燃素是"火质和火素而非火本身"
      - 在燃烧的物体中进行一种快速转动逸出
      - 存在
        - 包含在所有可燃烧物体中
        - 包含在能燃烧成烧渣的金属里面
      - "燃素"代替"油状土"
  - **主要观点**
    - 构成火的微粒称为燃素,它快速移动,能够穿透稠密的物体。其本身不燃烧、不发光、不可见
    - 燃素既能与其他元素结合,又可游离存在
    - 一切可燃性物质及金属中含有燃素,一切与燃烧相关的化学变化都可归结为物体吸收和释放燃素的过程
    - 凡是与氧结合的反应,都认为是燃素被分离出来的反应
    - 燃素学说用统一的观点诠释表面看来完全不同的各种化学变化,这是化学发展史上前所未有的,不得不说是一个理论认识上的伟大飞跃

人物小史与趣事

燃素学说的危机

　　燃素学说最早遇到的麻烦，也最令其难堪的是如何解释金属焙烧后产生的金属会比原来的金属重。因为按照燃素学说，金属焙烧后是燃素损失了，这种观点对于解释像木炭之类燃烧后质量会减少的物质是可以接受的，但对于金属之类燃烧后质量会增加的物质来说就令人无法接受了。于是便产生了许多牵强的甚至是荒唐滑稽的辩解：

　　①芬涅尔认为燃素有负质量（1750年左右）。

　　②舍费尔认为金属质量增加还是减少要看燃素从其中除去还是添加于其中，言外之意，金属焙烧后也可能是添加燃素（1757年）。

　　③查登农认为应该区别相对密度和绝对质量（质量），当化合物中有比空气轻的元素时就力图上升（质量减少）（1764年）。

　　④莫尔渥认为燃素比空气或最稀薄的介质轻，在这种介质中，物体的质量减少（1772年）。

　　⑤马凯则提出了另一种比较简单的解释：这种质量的增加可能是被焙烧的物质密度增加或者它吸收了空气微粒的缘故（1778）。

　　然而，由于燃素学说把化学变化的公式颠倒了，把化学现象的映像当作了原形，结果只能是越辩越乱，最后几乎达到有多少种燃烧现象就有多少种相应的燃素学说的变形解释。

　　化合物

　　化合物是由两种以上的元素以固定的摩尔比通过化学键结合在一起的化学物质。化合物可以由化学反应分解为更简单的化学物质。

　　化合物主要分为有机化合物和无机化合物。

　　有机化合物含有碳氢化合物，如甲烷（CH_4），分为：糖类、核酸、脂质和蛋白质。

　　无机化合物不含碳氢化合物，如硫酸铜（$CuSO_4$），分为：酸、碱、盐和氧化物。

　　离子化合物一般含有金属元素，如氧化钠（Na_2O）。

　　共价化合物如水（H_2O）。

2.2.3　燃素学说时期几种重要气体的发现过程

　　直到17世纪中叶为止，人们对气体、空气的认识一直很模糊，多数人仍然认为空气是唯一的气体元素。到了18世纪，对燃烧现象和呼吸现象研究的深入，使人们逐步认识到气体的多样性和空气的复杂性。于是许多著名的化学家纷纷把精力投入到气体的制取和研究上，从而发现、认识和制得了很多种对化学理论形成具有重要意义的气体。

（1）碳酸气（二氧化碳）的发现

布莱克在1755年的毕业论文中通过石灰石煅烧前后的质量改变，判断反应中释放出一种气体，称之为"固定空气"。

布莱克通过生石灰不吸收普通空气，却吸收这种"固定空气"的实验认为，它异于大气中的空气。

由于理论和实验条件的限制，布莱克一直未能制得纯净的碳酸气，更没有证明它的组成元素。

1766年，卡文迪许用汞槽法成功收集了纯净的二氧化碳气体。1774年，拉瓦锡证实它是碳的氧化物。

（2）氢气的发现

1766年，卡文迪许发现，这种气体具有下列性质：

①易燃。

②和空气混合后点燃会发生爆炸。

卡文迪许还发现不管用哪种酸也不管酸的浓度高低，只要金属量一定，产生这种气体的量就是一定的。

1781年，卡文迪许与普里斯特利分别独自在这种气体与空气混合爆炸实验中发现了产物——水。这一实验结果意味着水是氢与氧的化合物而并不是一种元素。

因为卡文迪许和普里斯特利都是燃素论的虔诚信徒，所以他们只能用燃素学说的观点，把这种气体解释为燃素与水的化合物或是含有过多燃素的水，并坚持认为水是一种元素。

1787年，拉瓦锡将这种元素命名为"hydrogen"，意思是"成水元素"。

（3）氮气的发现

1774年，舍勒用"硫酐"溶液（硫的石灰水溶液）来吸收空气中的氧而取得氮气。经研究后他指出："这种气体较空气轻，能灭火，性质颇似固定空气"。舍勒称之为"浊空气"。

大约在1779年，舍勒又发现空气通过电火花时体积会减少，生成的气体具有酸性，他误以为是碳酸气；后来被卡文迪许证实是硝酸气。拉瓦锡给了它一个名字"azote"，意思是"无益于生命"。

（4）氧气的发现

舍勒是最早取得氧气并研究的人。舍勒在1775年年底将《论火与空气》一书送交印刷所，但被出版商积压，直至1777年才和读者见面。

1774年，普里斯特利得到氧气，并证明氧气具有下列性质：

①实际上不溶于水。

②助燃，使蜡烛发出耀眼的光。

舍勒与普里斯特利对氧的发现是他们发现真理的一次极好机会。在此基础上更进一步，就可以揭示燃烧现象的真谛，从而推翻燃素学说，取得具有划时代意义的伟大成就。

因为二人都是燃素学说的忠实信徒，不肯对燃素学说有一丝一毫的怀疑，所以"从歪曲的、片面的、错误的前提出发，循着错误的、弯曲的、不可靠的途径进行探索"，从而使碰到鼻尖上的真理溜掉了，成为化学发展道路上唯心主义造成的一个科学悲剧。

人物小史与趣事

布莱克

约瑟夫·布莱克出生在波尔多，1750年（或1751年），布莱克移居爱丁堡，1754年6月他的博士学位论文题为《论胃中食物产生的酸，兼论白镁氧》。文章附有有趣的附录：弱性碱和苛性碱的关系的化学实验及其解释。1755年6月，他在爱丁堡哲学会宣读了它的扩充的英文本，此英文本在1756年出版，题目是《关于白镁氧、生石灰和其他碱性物质的实验》。1756年，布莱克继卡伦任格拉斯哥大学的解剖学教授和化学讲师职位，但这工作开始于1750年。1766年，他继卡伦任爱丁堡大学的化学教授，直至1799年他坐在椅子上平静地死去为止。他最后一次任教是在1796～1797年度。布莱克讲课非常受欢迎，他备课和准备讲课实验很认真。他有一个学生叫本杰明·拉什，后来成为美国第一位化学教授。

知识链接

苛性碱

苛性碱属强碱物质，为氢氧化物，化学通式R—OH，R可以是金属或碱土金属离子，也可以是铵。常见的有氢氧化钠、氢氧化钾、氢氧化铷等，苛性钠和苛性钾，即氢氧化钠与氢氧化钾，由于它们的水溶液或其他溶液对皮毛、皮肤、纸张等具有强烈腐蚀作用（如氢氧化钠水溶液可以强烈腐蚀纸张），因此有"苛性"之名。

氢氧化钠化学式为NaOH，俗称烧碱、火碱、苛性钠，常温下是一种白色晶体，具有强腐蚀性。易溶于水，其水溶液呈强碱性，可以使酚酞变红，使石蕊溶液变蓝，实验中可用于除二氧化碳（CO_2）。

氢氧化钾化学式为KOH，俗称苛性钾，白色固体，溶于水、醇，但不溶于醚，在空气中极易吸湿而潮解，可以与二氧化碳反应生成碳酸钾，所以它会被用于吸收二氧化碳。

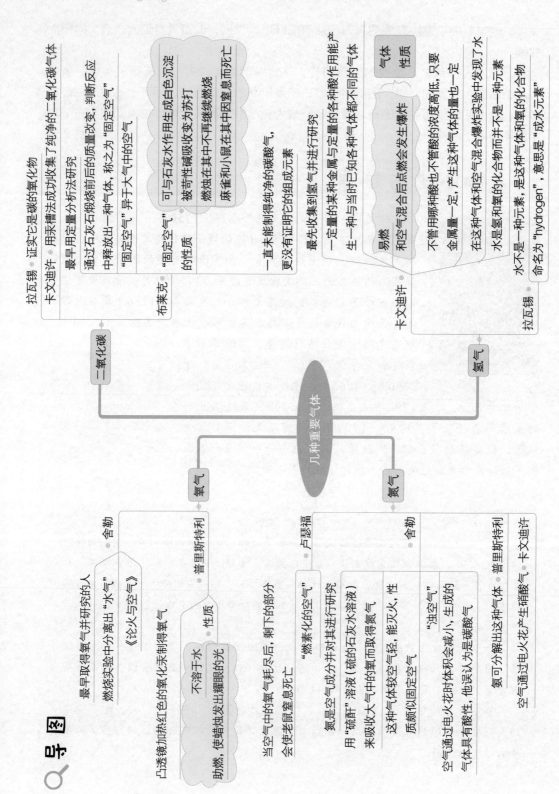

1731年10月10日，卡文迪许出生在英国一个贵族家庭。

1766年，卡文迪许发表了他的第一篇论文《论人工空气的实验》。

以后他又陆续发表了一些关于化学、物理学的富有成果的报告，逐渐引起英国甚至欧洲科学界的震惊。

卡文迪许的生活一直非常有规律，所以很少生病，直至1810年3月10日才以79岁高龄与世永别。

卡文迪许

卡文迪许对于金钱的概念淡薄

卡文迪许的父亲是德文郡公爵二世的第五个儿子，母亲是肯特郡公爵的第四个女儿。早年，卡文迪许从叔伯那里得到了大宗遗赠。1783年父亲逝世，又给他留下大批遗产。这样他的资产超过了130万英镑，成为英国的巨富之一。虽然家资万贯，他的生活却非常俭朴。他身上穿的，永远是几套过时陈旧的绅士服。他吃得也非常简单，就是在家待客，照样是羊腿一只。这些钱该怎么用，卡文迪许从没想过。

有一次，经朋友介绍，一老翁前来帮助他整理书籍。此老翁穷困可怜，朋友本希望卡文迪许给他较优厚的酬金。哪知工作完后，酬金一事卡文迪许一字未提。事后那朋友告诉卡文迪许，这老翁非常可怜，请他帮助。卡文迪许惊奇地问："我能帮助他什么？"朋友说："给他一点生活费用。"卡文迪许连忙从口袋中掏出支票，边写边问："2万镑够吗？"朋友吃惊地叫起来："太多，太多了！"可是支票已写好。由此可见，钱的概念在卡文迪许的头脑中是非常淡薄的。

第一只享用氧气的老鼠

有一次，布莱克将一只老鼠放在"脱燃烧素"的气体里，他发现这只老鼠过得非常舒服，这使得布莱克非常好奇。正是在这种好奇心的驱使下，他又进行了实验。这次他用自己做实验，他用玻璃吸管从盛装这种气体的大瓶里吸气，当时他的肺部所得到的感觉，跟平常吸入普通空气一样；但经过一段时间，身心一直觉得非常轻快舒畅。

"有谁能说这种气体将来不会变成时髦的奢侈品呢？不过现在只有我与这只老鼠，才有享受呼吸这种气体的权利啊！"布莱克幽默地说。

之后，布莱克将这个实验过程记录到他的一本书《几种气体的实验与观察》中，成为了许多讨论氧气学的著作中最权威的一本。这本书在1766年出版。在这本书中，他向科学界首次详细描述了氧气的各种性质，他当时把氧气称为"脱燃烧素"。

因为在制取出氧气之前，他就制得了氨、二氧化硫、二氧化氮等，与同时代的其他化学家相比，他还采用了许多新的实验技术，所以，他被称为"气体化学之父"。

1783年，拉瓦锡的"氧化说"已经普遍被人们接受。虽然布莱克只相信"燃素学"，但是他所发现的氧气，却是导致化学后来蓬勃发展的一个重要因素。

知识链接

氧 气

氧气（O_2）是无色无味的气体，氧元素最常见的单质形态，常温下不很活泼，与很多物质都不易作用，但在高温下则很活泼，可以与多种元素直接化合，这与氧原子的电负性仅次于氟有关。

氧气的化学性质比较活泼。除了稀有气体、活性小的金属元素如金、铂、银以外，大部分的元素都能与氧气反应，这些反应称为氧化反应，而通过反应产生的化合物（由两种元素构成，且一种元素为氧元素）称为氧化物。通常而言，非金属氧化物的水溶液呈酸性，而碱金属或碱土金属氧化物则为碱性。另外，几乎所有的有机化合物，都可在氧中剧烈燃烧生成二氧化碳与水。氧气具有助燃性、氧化性。

2.3 早期化学概念和定律的建立和形成

自波义耳把化学确立为科学以后，伴随着化学学科的发展，化学家通过实验获得了一系列新物质，观察到许多新现象。一方面，他们把这些物质中的共同特征抽取出来，加以概括，便形成了近代化学中早期的基本概念。当他们要解释那些客观现象和事实时，往往需要提出各种假说。随着研究不断深入，有些假说被否定了；有些则经过不断修改，逐渐被肯定下来，最后形成了定律。另一方面，化学研究不断扩大和深入超越了地区和国界，为了使大家在交流研究经验和成果时有共同的语言，不至于产生误会，有必要确定一些共同的化学文字和统一的命名规则，这也标志着化学科学的真正独立。

无论是建立的概念、形成的定律，还是确定的文字和规则，都不是从一开始就一成不变的。它们都是在化学科学发展的过程中不断得到更新、完善的，进而又反过来促进化学更进一步发展。

2.3.1 一些化学基本概念的建立

（1）元素

1789年，拉瓦锡在他出版的《化学基础论》一书中把"元素或要素"定义为"分析所能达到的终点"。

拉瓦锡在《化学基础论》中列出了近代化学史上第一张化学元素表，将元素分为四大类。

拉瓦锡依据他自己确定的标准（用任何方法都不能再加以分解的一切物质），对当时已知的化学物质进行了认真筛选和归类。

拉瓦锡彻底否定了自古以来一直认为水和空气是元素的错误观念。

拉瓦锡不仅肯定了化学元素是多种多样的，从而澄清了自古以来关于化学元素概念的重大思想混乱，而且十分充分地意识到确定哪些物质是元素对化学研究是具有重大意义的。

1841年，瑞典化学家贝采里乌斯创立同素异形体的概念后，元素与单质才开始有区别。

（2）混合物和化合物

在18世纪以前的西方有关化学的论述中，这两个概念是混淆不清的，常用今天的混合物一词指化合物。

波义耳就曾用"mixture bodies"指化合物。后来，"化学的结合"逐渐代替了"化学的混合"，化合物一词才出现。

（3）酸、碱、盐

英国医生路易斯把中性盐定义为虽由酸碱二者组成，却不显二者之一的性质。

第一个从化学组成角度给酸、碱、盐下定义的是拉瓦锡。

人物小史与趣事

拉瓦锡（1743—1794），法国化学家、生物学家。他的主要成就有：提出了"元素"的定义；发表了第一个现代化学元素列表；创立了氧化说。

关于空气在燃烧中的作用的研究

为了解释燃烧过程涉及的空气的确切本质，拉瓦锡开始致力于广泛地研究空气在燃烧中的作用。

1772年，他进行了著名的金刚石燃烧实验，表明金

刚石燃烧与木炭燃烧的结果一样，产生了相同的"固定空气"，从而首次证明金刚石和木炭是同素异形体。后来得出结论："固定空气"必定是碳和氧的一种化合物。同年，他还做了一些关于磷和硫的燃烧实验，发现这两种物质燃烧后也会增加质量。同年11月1日向科学院提交的报告中，他指出：硫和磷燃烧时的增重是因为它们吸收了"空气"，密陀僧（一氧化铅）与木炭一起加热后所生成的金属铅质量减轻则是因为失去了"空气"。

1774年10月，拉瓦锡从普里斯特利在访问巴黎的宴会上的谈话中获悉通过加热"汞的红色沉淀"可得到"脱燃素空气"（氧），他证实并发展了普里斯特利的工作。在当年出版的《物理化学简论》（1774年）中，列出了他当时获悉的和亲自实验

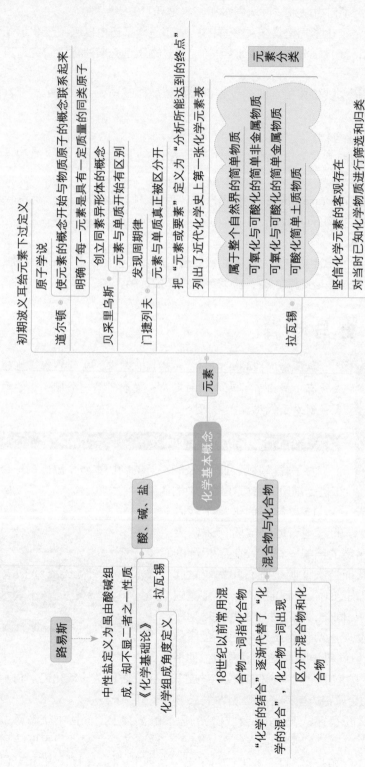

导图

化学基本概念

元素

初期波义耳曾给元素下过定义

道尔顿 · 原子学说
使元素的概念开始与物质原子的概念联系起来
明确了每一元素是具有一定质量的同类原子

贝采里乌斯 · 创立同素异形体的概念
元素与单质开始有区别

门捷列夫 · 发现周期律
元素与单质真正被分开

把"元素或要素"定义为"分析化学史上第一张化学元素表
列出了近代化学史上第一张化学元素表

元素分类

属于整个自然界的简单物质
可氧化可酸化的简单非金属物质
可氧化可酸化的简单金属物质
可酸化简单土质物质

拉瓦锡

坚信化学元素的客观存在
对当时已知化学物质进行筛选和归类
否定了水和空气是元素的错误观念
不仅肯定了化学元素的多样性，而且意识到
确定哪些物质是元素对化学研究的重大意义

酸、碱、盐

路易斯

中性盐定义为虽由酸碱组成，却不显二者之一性质
《化学基础论》 拉瓦锡
化学组成角度定义

混合物与化合物

18世纪以前常用混合物一词指化合物
"化学的结合"逐渐代替了"化学的混合"，化合物一词出现
区分开混合物和化合物

的相关结果。通过实验，他发现在燃烧和金属煅烧中，仅有一部分已知体积的普通空气消耗掉，由此得出结论：在燃烧过程中起作用的是普里斯特利发现的"脱燃素空气"，它被燃烧吸收。他还观察到，鸟类在这种新的"宜于呼吸的清新空气"中活得更久，并证明这种"空气"可与碳化合，生成"固定空气"（二氧化碳）。

曲颈甑

玻璃钟罩

汞槽

火炉

> **二氧化碳**
>
> 二氧化碳（CO_2）常温下是无色无味的气体，碳氧化物之一，俗名碳酸气，也称碳酸酐或碳酐，密度大于空气，能溶于水。固态二氧化碳俗称干冰，升华时可吸收大量热，因而用作制冷剂，如人工降雨，也常在舞台美术设计中用于制造烟雾（干冰升华吸热，液化空气中的水蒸气）。

知识链接

　　1777年，拉瓦锡通过实验证实了他对空气组成的见解："大气的空气由两种性质不同并且对立的弹性流体组成"，一种是普里斯特利发现的"脱燃素空气"，他开始称为"空气的最纯部分""生命空气"，后来称为"酸化要素"或"氧素"，最后称为"氧气"；另一种最初他称为"大气的碳气"，后来称为"azote"，意思是"无益于生命"。他进一步阐述，燃烧不是所假设的火的要素（燃素）释放的结果，而是燃烧物质与氧化合的结果。拉瓦锡将上述实验结果写成一篇学术论文，于1777年提交给科学院，并于1779年宣读过，但直到1781年才得以出版。

> **燃烧**
>
> 可燃物与氧气或空气进行的快速放热和发光的氧化反应，并以火焰的形式出现。
>
>
>
> 在燃烧过程中，燃料、氧气和燃烧产物三者之间进行着动量、热量和质量传递，形成火焰这种有多组分浓度梯度和不等温两相流动的复杂结构。

知识链接

2.3.2　一些化学基本定律的形成

　　（1）质量守恒定律

　　布莱克曾对质量守恒定律有过叙述。

　　对质量守恒定律有比较明确的阐述并为广大化学家所接受的则是拉瓦锡在《化学基础论》中所述的内容。

　　（2）化合比例定律

　　化合比例定律是近代化学家在质量守恒定律以后，利用定性和定量分析方法相继建立起来的一系列有关化合物中元素组成及化学反应时各物质之间的定量关系定律。

最先系统研究酸碱中和反应中的化合比并引进化学计量概念的是德国矿冶工程师里克特。

里克特在1792年发表的《化学计量初步》中提出了化合比的概念。

酸碱当量表及其一部分注解于1803年被贝托雷的《化学静力学》引用，因而为大家所知。

瑞典化学家贝采里乌斯对两种铅氧化物（PbO和PbO_2）的质量组成分析、比利时化学家斯达和法国化学家杜马对两种碳氧化物（CO和CO_2）的质量组成分析更加严格地证实了倍比定律的正确性。

（3）气体定律

1676年，法国物理学家马里奥特也独立发现了气体定律。

法国工程师克拉珀龙推导得出一定量气体的体积、压力和热力学温度之间的关系为$pV=cT$。

1809年，法国化学家盖-吕萨克经过测定一些气体化合时的体积关系，在其发表的论文《论气体物质彼此化合》中提出了气体反应简单比定律。

人物小史与趣事

一些化学元素和化学物质的命名及符号

在化学元素概念明确的初期，很多化学元素在欧洲各国的叫法不同。1787年，拉瓦锡等发表了《化学命名方法》，使化学物质的命名抛弃了陈旧的带有的燃素学说痕迹，而与其新学说相适应。为了使化学元素的命名统一规范化，贝采里乌斯做了大量的开创性工作，发挥了重要作用。他在1811年提出将化学元素名称拉丁化，其目的是使每一种化学元素的名称中都具有相同的词尾"um"或"ium"，以求达到形式上的统一。大家采纳了他的建议，此后不断发现的新元素也照此命名。贝采里乌斯还建议用每种元素拉丁名称打头的字母作为该种元素的化学符号，这样化学就有了自己的通用符号。在此基础上，他又提出用这些符号来表示物质的化学式，如五氧化二磷写成P^2O^5，后来人们将原子数写在右下角，并一直沿用至今。

知识链接

化 学 式

用元素符号表示纯净物组成及原子个数的式子叫作化学式。

纯净物都有一定的组成，都可用一个相应的化学式来表示其组成（每种纯净物质的组成是固定不变的，所以表示每种物质组成的化学式只有一个）。有些化学式还能表示这种物质的分子构成，这种化学式也叫作分子式。化学式仅表示纯净物，混合物没有化学式，如氢气H_2、水H_2O。

导图

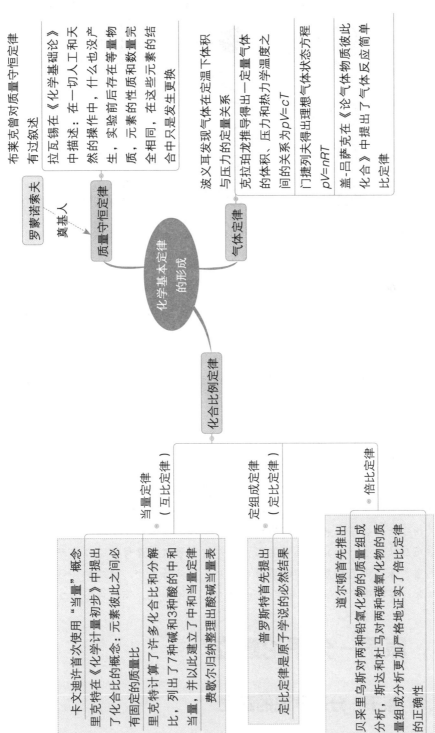

罗蒙诺索夫

奠基人

质量守恒定律

布莱克曾对质量守恒定律有过叙述

拉瓦锡在《化学基础论》中描述：在一切人工和天然的操作中，什么也没产生，实验前后存在等量物质，元素的性质和数量完全相同，在这些元素中只发生结合中只是元素更换

气体定律

波义耳发现气体在定温下体积与压力的定量关系

克拉珀龙推导得出一定量气体的体积，压力和热力学温度之间的关系为$pV=cT$

门捷列夫得出理想气体状态方程$pV=nRT$

盖-吕萨克在《论气体物质彼此化合》中提出了气体反应单比定律

化学基本定律的形成

化合比例定律

当量定律（互比定律）

卡文迪许首次使用"当量"概念

里克特在《化学计量初步》中提出了化合比的概念：元素彼此之间必有固定的质量比

里克特计算了许多化合比和分解的质量比，列出了7种碱和3种酸的中和当量，并以此建立了中和当量定律，费歇尔归纳整理出酸碱当量表

定组成定律（定比定律）

普罗斯特首先提出

定比定律是原子学说的必然结果

倍比定律

道尔顿首先推出

贝采里乌斯对两种铅氧化物的质量组成进行分析，斯达和杜马对两种碳氧化物的质量组成分析更加严格地证实了倍比定律的正确性

化学反应方程式的书写规则

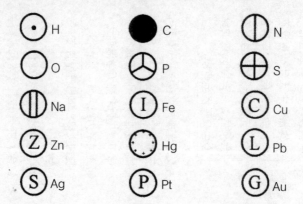

在规定统一的化学元素符号之前，化学反应方程式尚无明确的书写格式。拉瓦锡在1789年把葡萄汁产生碳酸（二氧化碳）和酒精的反应写成：

葡萄汁=碳酸+酒精

可这实在不能算是化学方程式。

19世纪，道尔顿在提出原子论以后，曾用他的原子图形表示过化学反应，可谓化学反应方程式的先声。

现行的化学方程式书写格式是在贝采里乌斯的写法的基础上进一步完善确定的。他当时把氢和氧化合成水的化学反应方程式写为"$2H+O=H_2O$"，在他的方程式中之所以出现"2H"和"O"是因为当时还没有分子的概念。

知识链接

化学方程式

化学方程式也称为化学反应方程式，是用化学式表示化学反应的式子。化学方程式反映的是客观事实。因此书写化学方程式要遵守两个原则：一是必须以客观事实为基础；二是要遵守质量守恒定律。

化学方程式不仅表明了反应物、生成物和反应条件。同时，化学计量数代表了各反应物、生成物物质的量关系，通过分子量或原子量还可以表示各物质之间的质量关系，即各物质之间的质量比。对于气体反应物、生成物，还可以直接通过化学计量数得出体积比。如$Fe+CuSO_4 == FeSO_4+Cu$，有红色金属生成。

2.4 原子－分子论建立

2.4.1 原子－分子学说的建立

17世纪以后的欧洲，由于近代化学科学的确立，化学研究工作蓬勃发展，新的化学现象和新的化学物质的发现日新月异，在这种形式下，人们开始认真思考物质的基本结构问题。同时，物理学对真空和热现象的深入研究，致使物质结构的微粒说再度兴起。化学家在一系列化学定量定律建立以后，对这种从古希腊哲学家那里接受并加以改进的物质结构图像感到越来越清晰。在这个时候，英国化学家道尔顿把这种微粒说发展成近代原子学说。道尔顿原子学说的提出标志着近代化学向成熟发展的开始。因为这一学说解释了各类化学现象和各种化学定律间的内在联系，开辟了化学全面、系统发展的新时期。

但是由于道尔顿的原子学说没有建立分子概念，或者说他忽视了原子与分子的区别，而且十分武断地提出了组成物质的"最简单规则"，所以在讨论双原子分子气体的化学反应定量关系时，出现了理论和实验结果之间难以调和的矛盾，于是引起了近代化学发展历程中的一场争论。这场争论的最终结果是产生了分子学说，从而使道尔顿的原子学说进一步发展完善为一直延续到20世纪的原子－分子论。

（1）道尔顿原子学说

原子学说提出的测定原子量的任务成为其后几十年间，化学研究工作者普遍开展的一项化学实验项目，为后来元素周期律的发现开拓了道路。

道尔顿的卓越贡献在于他的原子学说指导化学科学走出了看不出化学现象的内在联系，仅局限于描述自然现象的迷谷，从此化学科学走进了理性发展的新时代。

原子学说对化学发展的意义，无论从广度还是深度都大大超过了燃烧的氧学说。

（2）盖-吕萨克与道尔顿的争论

在道尔顿考虑其原子学说的同时，法国化学家盖-吕萨克正在研究各种气体物质反应时的体积关系。

盖-吕萨克在测定了许多气体化合时的体积比之后得出结论，即气体反应简单比定律。这一定律实质上给道尔顿的学说以有力的支持。

在讨论氮气与氧气化合生成氧化氮时，实验现象和理论之间出现了不可调和的矛盾。于是道尔顿指责盖-吕萨克的实验结果不准确。

后来事实证明，盖-吕萨克的结果是准确无误的。

（3）阿伏伽德罗的分子假说

阿伏伽德罗在1811年发表的一篇论文中，以盖-吕萨克的实验为基础，大胆引进了分子的概念。

按阿伏伽德罗提出的这一概念，只要假设氧气和氮气都是由含有两个原子的分子组成的，则生成的氧化氮的体积必为这两种气体的二倍。

由于阿伏伽德罗自己还缺乏对其假说的更充分的实验佐证，并且该假说与当时占统治地位的同类原子必然相斥的电化二元论相对立，因此这一科学观点未能引起当时化学界和物理学界的注意。

法国化学家高丁于1833年通过图解又重新阐述了这一假说，并用于确定原子量，但仍未得到承认和重视。

（4）康尼查罗对原子－分子学说的论证

直到1860年，在德国卡尔斯鲁厄召开的第一次国际化学会议后，才由意大利化学

导图

原子-分子学说

道尔顿的原子学说

- 化学元素由原子组成
- 原子是非常微小的，不可再分的物质粒子
- 原子在所有化学变化中都保持自己的独特性质

原子质量

- 同元素原子质量相同
- 不同元素的原子质量不同
- 原子的质量是每一个元素的特征性质
- 有相同数值比的原子相结合时，就发生化合
- 简明地解释了当时已建立的一系列化学定量定律
- 为化学现象建立了统一的理论，特别是原子量概念的建立
- 使在当时实验技术下无法实现的原子质量测定问题得到了解决
- 实现原子质量表示的简单化
- 原子学说指导化学科学走出迷谷走进理性发展时代
- 原子学说对化学发展的意义大大超过了燃烧的氧学说

盖-吕萨克、阿伏伽德罗的分子假说

分子◦

- 无论是化合物还是单质，在不断被分割过程中都有一个分子阶段
- 单质的分子可由多个原子组成
- 在同温同压下，相同体积的气体，无论是单质还是化合物都有相同数目的分子

阿伏伽德罗的贡献

两种观点——

- 利用气体密度比测定一系列物质的分子量
- 提出合理确定原子量的方案
- 单质气态分子中不一定都含有相同数目的原子

道尔顿、盖-吕萨克的错误

- 盖-吕萨克：在同温同压下，相同体积的不同气体（无论是单质还是化合物）中含有相同数目的原子
- 二人的错误：把各种元素的简单单原子与化合物的复杂原子统称为原子，忽视原子与分子的区别
- 在讨论氮气与氧气化合生成氧化氮时，实验现象和理论之间出现了不可调和的矛盾
- 这种理论与实验结果的矛盾表明他们的观点都有片面性

家康尼查罗将两种观点统一起来，并使之为化学界所接受。

康尼查罗利用气体密度比测定了一系列物质的分子量，提出了一个合理确定原子量的方案。

由于康尼查罗对原子－分子学说的论证抓住了问题的关键，简单明了地澄清了原假说中的某些错误观点，再加上自分子假说出现以来五十多年中诸多化学新研究成果的佐证，经过修正完善的原子－分子学说很快就获得了公认。

人物小史与趣事

道尔顿，英国化学家和物理学家。1766年9月6日出生于英国西北部坎伯兰的一个农村。1793年，道尔顿被任命为曼彻斯特新学院的数学和自然哲学教授；1800年任曼彻斯特文学哲学学会秘书兼化学、数学教师；1817年担任哲学学会会长，直至逝世。

他从21岁（1787年）开始从事业余气象研究工作，不间断地坚持气象观测记录，直至生命的最后一天，共积累了20万个数据。他第一个确认雨的形成原因不是由于大气压的变化，而是由于气温的降低。道尔顿对科学上的许多疑难问题都做过探讨，涉及气压计、温度计、湿度计、大气水分蒸发和分布、降雨和云的形成以及露点等。道尔顿最杰出的成就是创立原子论，提出了原子量的概念并制成了最早的化学原子质量表。

原子量

原子量是指以一个碳-12原子质量的1/12作为标准，任何一种原子的平均原子量跟一个碳-12原子量的1/12的比值，称为该原子的原子量。

原子量≈质子数+中子数（因为原子的质量主要集中在原子核）。

元素名称	元素符号	原子量	元素名称	元素符号	原子量	元素名称	元素符号	原子量
氢	H	1	铝	Al	27	铁	Fe	56
氦	He	4	硅	Si	28	铜	Cu	63.5
碳	C	12	磷	P	31	锌	Zn	65
氮	N	14	硫	S	32	溴	Br	80
氧	O	16	氯	Cl	35.5	银	Ag	108
氟	F	19	钾	K	39	碘	I	127
氖	Ne	20	氩	Ar	40	钡	Ba	137
钠	Na	23	钙	Ca	40	铂	Pt	195
镁	Mg	24	锰	Mn	55	金	Au	197

1801年，道尔顿在关于水蒸气气压的研究中注意到，在干燥的空气中加入水蒸气，气压按照水蒸气气压的增大而增大，即混合物中水蒸气气压与没有其他气体存在时是一样的。于是，他认为混合气体是一种气体扩散到另一种气体而形成的，由此推出了著名的分压定律。这一发现，使他向化学原子学说迈进了一大步。

知识链接

混 合 物

混合物是由两种或多种物质混合而成的物质。混合物没有化学式，无固定组成和性质，组成混合物的各种成分之间不发生化学反应，它们保持着原来的性质。混合物可以用物理方法将所含物质加以分离，没有经化学合成而组成。比如含有氧气（O_2）、氮气（N_2）、稀有气体、二氧化碳（CO_2）及其他气体及杂质等多种气体的空气。

混合物的分离有不同的方法，常用的包括过滤、蒸馏、分馏、萃取、重结晶等。

混合物的分类方法：

①按形态划分

a.液体混合物　可细分为浊液（有不溶沉淀的液体）、溶液、胶体。

b.固体混合物　如钢铁、铝合金。

c.气体混合物　如空气。

②按是否均匀划分

a.均匀混合物　如空气、溶液。

b.非均匀混合物　如泥浆。

知识链接

分 压 定 律

气体的特性是能够均匀地布满它所占的全部空间，因此，在任何容器的气体混合物中只要不发生化学变化，就像单独存在的气体一样，每一种气体都是均匀地分布在整个容器之中。

由两种或两种以上相互不发生化学反应的气体混合在一起组成的气体称为混合气体，组成混合气体的每种气体都被称为该混合气体的组分气体。

在恒温时，混合气体中某组分气体都占据与混合气体相同体积时对容器所产生的压力，叫作该组分气体的分压，用 p_i 表示。

2.4.2　早期原子量的测定

原子量的测定在化学的发展进程中具有十分重要的地位。

（1）道尔顿的开山之功

道尔顿在1803年10月21日阐述他的原子论观点时，第一次公布了6种元素的原子量，但他没有宣布数据的实验根据。

由于道尔顿以主观武断的方式确定物质的分子组成，因此所得的原子量都与今天的原子量相差甚远。

但这种以一种元素原子量作参比，进而通过比较得出其他元素的原子量的方法极富创造性和科学性，并且一直沿用至今。

道尔顿的这项工作在当时为广大化学工作者找到了正确的前进方向，使得化学科学的前进之路得以沿着系统化、理性化的方向向前延伸。

（2）贝采里乌斯的非凡工作

道尔顿首创的确定元素原子量的工作，在当时的欧洲科学界引起了普遍关注和反应。

各国化学家在充分认识到确定原子量的重要性的同时，对于道尔顿所采用的方法和所得到的数值感到不满和怀疑。

继道尔顿之后，许多人纷纷投入测定原子量的行列中，使这项工作成为19世纪上半叶化学发展的一个重点。在这其中，工作非凡、成绩斐然的是瑞典的化学大师贝采里乌斯。

对于化合物组成，贝采里乌斯采用了最简单比的假定。

贝采里乌斯在坚持自己亲自通过实验测定化合量的同时，也注意吸取他人的研究成果，如盖-吕萨克的气体反应简单比定律、法国化学家杜隆和培蒂的原子热容定律以及他的学生德国化学家米希尔里希的同晶形定律等。

大约在1828年，贝采里乌斯结合原子热容定律和同晶形定律，把他长期弄错的钾、钠、银三种元素的原子量纠正过来。

由于贝采里乌斯能够博采众长，持之以恒，得出了比较准确的原子量，以自己的辛勤劳动为后来门捷列夫发现元素周期律开辟了道路，在近代化学发展的道路上留下了光辉的足迹。

（3）康尼查罗的杰出贡献

使原子量测定工作走出困境的是意大利青年化学家康尼查罗。

康尼查罗的见解澄清了当时的一些错误观点，统一了分歧意见，大大推进了原子量的测定工作。

康尼查罗决定性地论证了事实上只有一门化学科学和一套原子量，从而在近代化学发展的重要时刻做出了杰出的贡献。

（4）斯达与理查兹的精确研究

康尼查罗虽然使原子量测定工作步入正确轨道，但所得到的只是原子量的约值。

斯达在广泛使用当时发展起来的各种制备纯净物质的方法的同时，一方面选用易制成高纯度的金属银作为测定基准物；另一方面注意提高使用的蒸馏水的纯度，以防引入杂质。

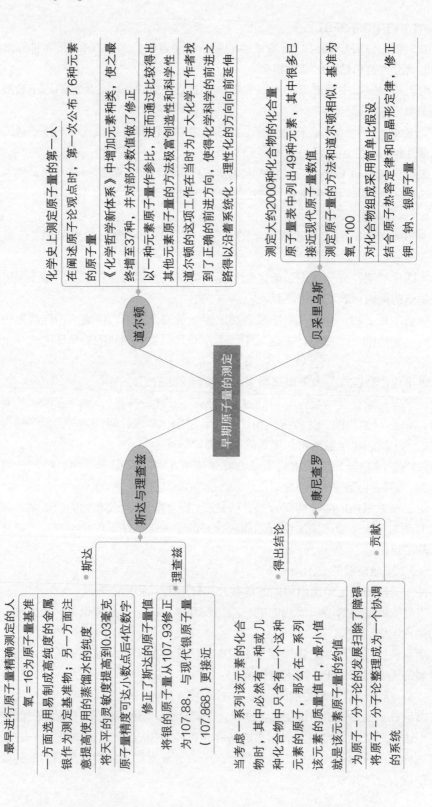

導圖

早期原子量的测定

道尔顿

化学史上测定原子量的第一人

在阐述原子论观点时，第一次公布了6种元素的原子量

《化学哲学新体系》中增加元素种类，使之最终增至37种，并对部分数值做了修正

以一种元素原子量作参比，进而通过比较得出其他元素原子量的方法极富创造性和科学性

道尔顿的这项工作当时为广大化学工作者找到了正确的前进方向，使得化学科学之路得以沿着系统化、理性化的方向前进延伸

贝采里乌斯

测定大约2000种化合物的化合量

原子量表中列出49种元素，其中很多已接近现代原子量数值

测定原子量的方法和道尔顿相似，基准为氧＝100

对化合物组成采用简单比假设

结合原子热容定律和同晶形定律，修正钾、钠、银原子量

斯达与理查兹

●斯达

最早进行原子量精确测定的人

最早选用易制成高纯度的金属银作为测定基准

一方面选用易制成高纯度的金属银作为测定基准物；另一方面注意提高使用的蒸馏水的纯度

将天平的灵敏度提高到0.03毫克

原子量精度可达小数点后4位数字

●理查兹

修正了斯达的原子量值

将银的原子量从107.93修正为107.88，与现代银原子量（107.868）更接近

康尼查罗

●得出结论

当考虑一系列该元素的化合物时，其中必然有一种或几种化合物中只含有一个这种元素的原子，那么在这一系列该元素的质量值中，最小值就是该元素原子量的约值

●贡献

为原子－分子论的发展扫清了障碍

将原子－分子论整理成为一个协调的系统

　　斯达在1857～1882年这25年时间里，测定了多种元素的精确原子量，其精度可达小数点后4位数字，与现在原子量相当接近。

　　自1904年起，美国化学家理查兹和他的学生通过大量的分析工作修正了斯达的原子量值。

　　理查兹的出色工作使其荣获1914年诺贝尔化学奖。

⬡ 人物小史与趣事

▶ 卡尔斯鲁厄国际化学会议的发起

　　1859年年底，德国年轻的化学家凯库勒写信给他的同胞维尔慈提议会商化学面临的问题。1860年3月，凯库勒与法国化学家武兹在巴黎会晤，决定召开一次国际化学会议。由维尔慈用英、法、德3种语言写成通知，发给欧洲一些著名的化学家，请他们作为大会的发起人，并在"通知"上签名。1860年7月10日，45位化学家，其中有维勒、李比希、杜马、康尼查罗、本生、柯普、霍夫曼、凯库勒、维尔慈、武兹等人签名的"通知"向德、法、英、俄、意等十多个国家发出。会议于1860年9月3日在德国卡尔斯鲁厄开幕，会期3天。

▶ 第一次国际化学会议的经过

　　1860年9月3日上午9时，第一次国际化学会议在卡尔斯鲁厄博物馆的大厅举行，约有140位化学家出席，其中德国57人，法国21人，英国18人，俄国7人（门捷列夫参加了），比利时3人，意大利2人（康尼查罗与帕维塞），澳大利亚、瑞士、瑞典、西班牙、葡萄牙和墨西哥的化学家也参加了会议。

　　第一天会议上，维尔慈代表东道主致欢迎辞，他请本生当主席，本生谦辞，于是大家推选维尔慈当了执行主席。武兹做会议记录，是用法文记录的。会议推选凯库勒、武兹、罗斯科、施太克、希施科夫5人组成秘书处。凯库勒在会上提出要解决的4个问题：①分子、原子和当量的区别；②原子量的数值；③物质的化学式与写法；④化学作用原因。大会认为在如此短的时间内要澄清这么多的问题很困难，决定主要解决前两个问题。大会在11时还选出了施太克、柯普等30人的指导委员会。指导委员会的作用是先提出对问题的看法，再交大会讨论。9月3日下午指导委员会讨论了原子、分子与当量的概念。由于卤代乙酸的发现，否定了电化二元论，在康尼查罗的要求下，大家接受分子论，很快指导委员会达成共识。

分　子

分子是保持物质化学性质的最小粒子，在化学变化中可以再分。

分子是物质中能够独立存在的相对稳定并保持该物质物理化学特性的最小单元。分子由原子构成，原子通过一定的作用力，以一定的顺序和排列方式结合成分子。

分子的存在形式可以为气态、液态或固态。一切构成物质的分子都在不停地做无规则的运动，温度越高，分子扩散越快，固体、液体、气体中，气体扩散最快。

原　子

原子是指化学反应不可再分的基本微粒，原子构成一般物质的最小单位，称为元素。原子在物理变化中还可以分解成离子，但在化学变化中不能再分解。

原子是化学变化中的最小粒子，一个原子包含有一个致密的原子核及若干围绕在原子核周围带负电的电子。原子核由带正电的质子和电中性的中子组成。当质子数与电子数相同时，这个原子就是电中性的；否则，就是带有正电荷或者负电荷的离子。根据质子和中子数量的不同，原子的类型也不同。质子数决定了该原子属于哪一种元素，而中子数则确定了该原子是此元素的哪一个同位素。

9月4日上午，大会第二天，施太克报告了指导委员会前一天就第一个问题——分子、原子和当量的区别的意见，请大会讨论。凯库勒作了详细说明，康尼查罗跟着也发了言，米勒在发言中希望大家放弃"复合原子"一词，其他人员虽有各种意见，但分歧不大。讨论结果：把原子、分子作为不同层次来理解，分子是参加反应的最小质点，决定物理性质；原子是构成分子的最小质点，在化学反应中保持不变；当量的概念是经验的，独立于分子和原子之外。

第二天大会之后，指导委员会开会讨论原子量的数值问题，由柯普和杜马任执行主席，讨论过两次。以凯库勒、康尼查罗为代表的一派，主张采用日拉尔（1816—1856，法国著名的有机化学家）的原子量，以氧为16；以杜马为代表的一派主张应用贝采里乌斯系统（以氧为100）。碳原子是新值12，还是老值6，双方争论无法统一，指导委员会决定交给大会讨论。

9月5日，第三天大会，选出杜马为主席。秘书处宣读了提交大会讨论的问题：①如何使化学的定义、术语同科学的最新发展协调一致；②是采纳贝采里乌斯的原子量体系，加以某些改进，还是采用日拉尔的原子量系统；③是否需要用新的化学符号同那些使用了50年的符号表示加以区别。

会上进行了激烈争论，欧德林主张一种元素只用一种原子量，而杜马说有机化学与无机化学是两个根本不同的学科，应有各自的原子量系统。康尼查罗在大会上发言，他指出，日拉尔已经把化学置于一个正确的轨道，这就是建立在阿伏伽德罗假说（后安培给予补充）为基础的分子量之上。因而，杜马的蒸气密度法测定分子量有重要意义。他还解释如何应用阿伏伽德罗假说来测定原子量，他恳求会议采纳日拉尔提出的原子量与分子量，而不要维护贝采里乌斯的体系。对于这个发言，事后门捷列夫说："他生动的演讲，说句真话，是受到普遍赞扬的，多数人站在康尼查罗一边。"在康尼查罗发言后，有许多人发言，同意者有之，反对者也不少。就在这时候，康尼查罗的同胞——帕维塞向大会散发了康尼查罗两年前写的小册子，题目叫《化学哲理课程大纲》。内容是叙述阿伏伽德罗、盖-吕萨克、贝采里乌斯、罗郎、日拉尔和杜马的一些贡献，以及他们如何来解决化学中的重要问题——原子量和化学式。

会场上争论更加激烈，气氛达到了白热化程度，大家各抒己见。埃德曼提出："科学上的问题，不能勉强一致，只好各行其是罢了。"不少人同意这个意见，最后，杜马代表全体与会人员向这次国际会议的承办者——德国的化学家表示谢忱之后，以不表决也不做出决议的形式而结束会议。

卡尔斯鲁厄会议开创了多国化学家集合在一起解决共同问题的范例。这次国际化学会议给新时代的化学奠定了基础，从此化学就进入了研究原子和分子的阶段。在这次大会上，康尼查罗做出了重大的贡献。

卡尔斯鲁厄会议的与会者，年龄最大的65岁，是牛津大学的道本教授，年龄最小的是法国的波尔斯坦，才19岁。因此，这次会议是年轻一代化学家活跃的舞台，他们的特点是有勇气、有思考，敢于向权威挑战，既尊重已有的成就，又不阻挡崭新的观点。凯库勒当时31岁，是会议的发起者和主干力量，两年前，29岁时，他提出化合价概念，设计了有机化学的结构模型，并用结构模型解释有机物的反应。康尼查罗当时34岁，他的见解得到了与会者极大的重视。迈尔当时30岁，4年后，他用原子－分子论观点出版了《现代化学理论》。门捷列夫当时26岁，会议一结束，他就写信给他的老师，对会议做了高度的评价，他认为化学新思想在迅速成长，9年后，他发现了元素周期律。

知识链接

阿伏伽德罗的分子假说

阿伏伽德罗在1811年提出了一种分子假说："同体积的气体，在相同的温度和压力时，含有相同数目的分子。"现在把这一假说称为阿伏伽德罗定律。这一假说是由盖-吕萨克在1809年发表的气体化合体积定律加以发展而形成的。分子假说的基本点包括：

①无论是化合物还是单质，在不断被分割的过程中都存在分子的阶段；分子是具有一定特性的物质组成的最小单位（或微粒）。

②单质的分子是由相同元素的原子组成，化合物的分子则由不同元素的原子组成；在化学变化中发生的是不同物质的分子间原子的重新结合。

③在同温同压下同样体积的气体，无论是单质还是化合物都含有同样数目的分子（该数值后来发展为著名的阿伏伽德罗常数）。

2.5 近代有机化学产生

在很早的时候，人们已经利用一些有机物质，制造了生产与生活中的用品。例如我国古代在制糖、酿造、造纸、染色、医药等方面都做出许多成就。18世纪，欧洲一些国家发生了资产阶级革命，解放了生产力，推动了钢铁、冶金、纺织等工业迅速发展，需要大量的化学材料与制品。例如，纺织业需要大量的燃料，而天然的燃料满足不了大量生产的需要，就需要进行人工合成。又如，炼焦工业的副产品煤焦油需要处理与利用。因此，近代有机化学正是在社会需要的推动下产生与发展起来的。

广大劳动人民在利用、制造和生产有机物质的过程中，逐步积累了丰富的经验，对天然有机化合物进行了加工，制得比较纯的有机化合物，并对这些有机化合物的组成进行了分析。在此基础上，又进行了有机化合物的人工合成。因此，有机化合物的提纯、分析和合成是近代有机化学创立的标志。

2.5.1 有机元素的分析

随着有机物质的利用，提纯出来的有机化合物品种日益增多，有机分析也发展了起来。

（1）拉瓦锡对有机物的分析

1781年，拉瓦锡将他的燃烧理论应用在有机化合物的分析上，他将许多有机化合物都进行完全燃烧，大多数产生碳酸气和水。

拉瓦锡分析发现大多数有机化合物中含有碳、氢，少数有机物中含有氧、氮。

（2）盖-吕萨克和泰勒对有机物的分析

盖-吕萨克与泰勒对蔗糖的分析结果为：碳41.36%，氢6.39%，氧51.14%。与现代分析的数值相当接近。

盖-吕萨克和泰勒的分析方法不适用于易挥发的有机化合物，由于易挥发的有机物质与氯酸钾作用经常是非常激烈的，有时会发生爆炸，因此这种方法不够安全。

（3）贝采里乌斯对有机物的分析

1814年，贝采里乌斯进一步改进了前人的分析方法。

贝采里乌斯改进了盖-吕萨克与泰勒的分析方法，在氯酸钾中掺了食盐，这样可以减缓有机物质的燃烧速率，避免了产生爆炸的危险。

（4）李比希对有机物的精确分析

李比希对许多有机化合物进行了分析，得到的结果非常精确。在此基础上，他写出了这些化合物的化学式。

（5）杜马对有机物中含氮量的分析

有机分析开始是重量分析法，之后发展为容量分析法。

开始是进行有机化合物的常量分析法，至19世纪末，实现了微量定量分析法。

对有机物的大量分析显示，有机物种类繁多，但主要是含元素C、H、O，以及少量元素N、S。

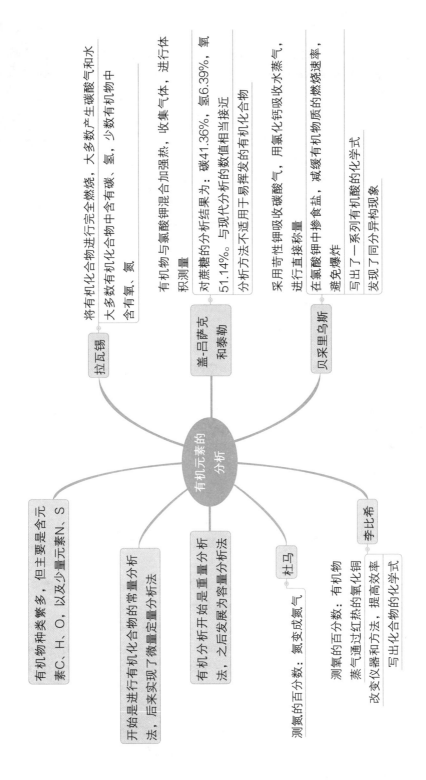

人物小史与趣事

> ▶ 盖-吕萨克

盖-吕萨克（1778—1850），法国物理学家、化学家，1778年12月6日出生于法国利摩日地区。

盖-吕萨克在化学上的贡献，首先体现在气体化学方面。他发现了以他的名字命名的盖-吕萨克定律，即气体反应体积定律。他的工作集中在对空气组成的研究。

硼元素的发现是盖-吕萨克研究金属钾用途时得到的另一成果。19世纪初，硼酸的化学成分还是一个谜。1808年6月，盖-吕萨克宣布，他曾将钾作为试剂去分解硼酸，实验中，当钾作用于熔化的硼酸时，得到了一种橄榄灰色的新物质。经过了5个月的深入研究后，确定了这是一种新的单质，取名为硼，还提出了发现新元素的专利申请。

1831年盖-吕萨克被选为法国下院议员，1839年他进入上院，成为一名立法委员。由于盖-吕萨克的杰出成就，法国成了当时最大的科学中心。盖-吕萨克的成就来之不易，他的科学方法和科学精神永远是一面旗帜。

知识链接

单质

单质是由同种元素组成的纯净物。

元素在单质中存在时称为元素的游离态。

一般来说，单质的性质与其元素的性质密切相关。例如，很多金属的金属性都很明显，那么它们的单质还原性就很强。不同种类元素的单质，其性质差异在结构上反映得最为突出。

与单质相对，由多种元素组成的纯净物叫作化合物。

知识链接

硼

硼是化学元素周期表第III族（类）主族元素，符号B，原子序数5。

硼能从许多稳定的氧化物（如 SiO_2、P_2O_5、H_2O 等）中夺取氧而用作还原剂。例如在赤热下，硼与水蒸气作用生成硼酸和氢气。

①与非金属作用　高温下B能与 N_2、O_2、S、X_2 等单质反应，例如它能在空气中燃烧生成 B_2O_3 和少量BN，在室温下即能与 F_2 发生反应，但它不与 H_2、稀有气体等作用。

②与酸作用　硼不与盐酸作用，但与热浓 H_2SO_4、热浓 HNO_3 作用生成硼酸。

③与强碱作用　在氧化剂存在下，硼和强碱共熔得到偏硼酸盐。

④与金属作用　高温下硼几乎能与所有的金属反应生成金属硼化物。它们是一些非整比化合物，组成中B原子数目越多，其结构越复杂。

盖-吕萨克考察不同高度的空气组成

为了考察不同高度的空气组成是否一样，盖-吕萨克曾冒险乘坐热气球升上高空进行观察与实验。

1804年8月的一天，天气晴朗，万里无云，炎热的天气，不见一丝微风。他与自己的好友、法国化学家比奥用浸有树脂的密织绸布做成一个巨大的气球，里面冲入氢气。膨胀的气球在阳光下闪闪发光，盖-吕萨克和比奥坐进气球下面悬挂的圆形吊篮里，气球徐徐上升，他们挥手与欢呼的送行者们告别。贝托雷教授亲临现场，随着大家高呼着："一路平安！"

他们在缓慢上升的气球吊篮里，忙着采集空气的样品，不断测量着地磁强度。紧张的工作使他们顾不上因为高空反应带来的头昏、耳痛等身体上的不适，尽管冻得浑身发抖，仍顽强地坚持这次考察活动，终于获得了大量第一手资料。但是，盖-吕萨克对首次探险的收获并不满足。一个半月以后，他又单独进行了第二次高空探索。两次探测的结果证明，在所到的高空领域，地磁强度是恒定不变的；所收集的空气样品，经分析证明，空气的成分基本上相同，但在不同高度的空气中，含氧的比例是不一样的。1808年盖-吕萨克发表了今天以他名字命名的盖-吕萨克定律，对化学的发展影响极大。

氢　气

氢气（H_2）是无色并且密度比空气小的气体，难溶于水，在各种气体中氢气的密度最小。

知识链接

李比希

尤斯图斯·冯·李比希，1803年出生在达姆施塔特，他在1822年去了巴黎，在盖-吕萨克实验室中研究雷酸盐。1824年他成为吉森大学的教授，他在吉森居住了28年，直至1852年移居到慕尼黑。在这一段时期中，他的学派名声传遍了全世界，吉森实验室可能是德国第一个系统进行实际训练的化学实验室。

李比希是19世纪前半叶最卓越的化学家之一。他在有机化学领域内完成的实验研究工作数量多得惊人，他还进行过大量的有机化合物的准确分析。

杜马

让·巴普替斯特·安德烈·杜马1800年出生在阿莱，1884年去世。他曾给药剂师当学徒，但是他希望在知识方面有所增益，于是步行去日内瓦，进入勒·鲁瓦尔的实验室。

杜马因为研究液体的物理性质逐渐对酯产生兴趣，他与布莱合作的研究论文在1827年发表。1831年，他从煤焦油中离析出蒽，1832年他研究香精油并且得到樟脑、冰片和人造樟脑的分子式，1834年他与贝立果制出肉桂醛和肉桂酸以及硝酸甲酯。

2.5.2　有机合成的发展

（1）生命力论的提出

贝采里乌斯对原子之间相互结合，提出了电化二元论，在解释很多化合物方面十分成功，但对有机物的解释却遇到了困难。因此，贝采里乌斯认为有机物中存在生命力。

生命力论的核心观点是不能由无机物合成有机物。生命力论是唯心主义，是形而上学与不可知论在有机化学领域中的反映，把有机化合物神秘化，使得有机物与无机物之间人为地制造了一条不可逾越的界限，这样就严重阻碍了有机化学的发展。

（2）尿素的实验制备

有机化合物尿素是德国的有机化学家维勒首先从无机物人工合成而来的。

维勒研究了动物从尿中排泄的各种物质，他对狗进行了实验，分析狗尿中的主要成分是尿素。这种物质是无色的晶体，易溶于水，他还全面研究了尿素的性质。

维勒指出："利用无机物合成的这个白色结晶物质，不是无机物氰酸铵而是有机物尿素。"

（3）生命力论被推翻

在人工合成尿素的启发下，有机合成得到了迅速发展。

此后人们又用无机物人工合成了葡萄酸、柠檬酸、琥珀酸以及苹果酸等一系列有机酸。

许多有机物质的人工合成使人们确信人工方法既能够合成无机物质，也能够合成有机物质。到此时，生命力论遭到彻底推翻。

导图

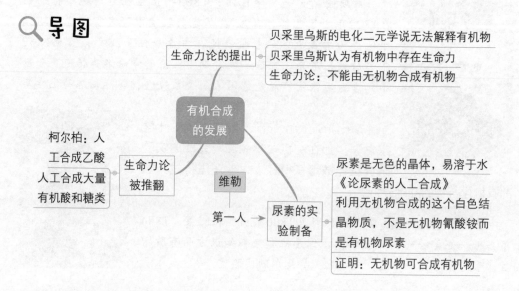

人物小史与趣事

维勒

　　弗里德里希·维勒（1800—1882），德国化学家。他因合成了尿素，打破了生命力论而闻名。1800年7月31日维勒出生在德国法兰克福附近。1821年，维勒进入海德堡大学，他在学医之余还旁听化学教授格梅林的化学课，与此同时，他还可以在格梅林的实验室里工作——因为维勒的化学水平已经很高，所以并未听完化学课就可以进其实验室做研究。维勒一生主要靠自学以及实验掌握化学知识。海德堡大学的实验条件较好，所需物品应有尽有，维勒得以继续着手研究氰酸及其盐类。

　　1823年9月他拿到了医学博士学位，格梅林教授发现维勒的化学实验技能非常扎实，就建议他赴瑞典化学大师贝采里乌斯处进修，专攻化学。这一年的冬天，维勒到了斯德哥尔摩，在这位卓越化学家的私人实验室开始工作。这时的贝采里乌斯正在研究氟、硅和硼分析和制取各种元素的新方法。在这里，维勒熟练掌握了分析及制取各种元素的新方法。同时，他还继续研究氰酸。

　　1823年11月，他按照贝采里乌斯制定的方法从事沸石、黑柱石的分析，制备当时还比较少见的硒、锂、氧化铈、钨，研究氰酸和氰的反应，还担当贝采里乌斯的助手，很快接触到近代化学的前沿。在实验室，每当维勒操作得非常快时，贝采里乌斯就对他说："快是要快，但工作一定要好！"可见，高徒要严师。

　　实验室工作结束后，维勒随贝采里乌斯穿越瑞典与挪威做野外地质考察，参观著名的矿山胜迹，考察典型的地质现象，会晤知名学者，收集岩矿标本。1824年9月，维勒辞别恩师贝采里乌斯，经丹麦作短期访问后，在1824年10月回到法兰克福。在瑞典的学习，不但奠定了维勒和贝采里乌斯的终生友谊，也决定了维勒一生的学术方向。

　　1825年3月维勒应柏林工业学校的邀请，任化学与矿物学讲师，1828年维勒升任为教授。从学生时代起，维勒就研究氰及其有关反应，以及氰酸及其盐类的制备和性质，在研究氰和硫化钾、硫化氢或氨的反应时，注意到后者的生成物中除了草酸铵外，还有一种不显示盐性质的白色晶体物。

　　差不多就在这个时候，李比希在法国研究雷酸盐，他发现维勒对氰酸银（AgCNO）组分定量分析结果和他得自雷酸银（AgONC）的分析数据十分一致，但二者性质却截然相反。这在人们还不理解同分异构现象的当时是不可思议的，他怀疑维勒分析的准确性。1824年冬，他们在法兰克福举行的科学家集会上会晤，讨论了各自的工作。二人从此相识相交，多次合作，成为终生忠诚相处、共同研究工作、有争辩又无怨怼的好朋友。

　　针对李比希的怀疑，维勒再次研究了氰酸的组成。经研究证实：不论是在氰与氨的反应中，还是在氰酸和氨的反应中，或是在氰酸银与氯化铵或氰酸铅与氨水的反应中，所形成的那种中性白色晶体物质和来自动物尿液中的尿素性质相同。氰酸铵在实验室里变成了尿素。

维勒认真谨慎地研究了近四年，1828年发表的《论尿素的人工合成》论文里，维勒明确指出："这是一项以人力从无机物制造有机物的范例"。

维勒与他的这篇文章当时就受到科学界普遍的重视，并且永载史册。人工合成尿素在化学史上开创了一个新兴的研究领域——有机合成。维勒开创了有机合成的新时代，极大地推动了有机化学的发展。

1882年9月23日，一代大师维勒逝世于哥廷根，这无疑是化学事业发展中的一大损失。但维勒与李比希带动的德国化学的发展，已经在他们学生的努力下，保持在世界的前列。

知识链接

同分异构现象

两种或两种以上的化合物，具有相同的化学式，但结构和性质都不相同，则互称同分异构体，这种现象称为同分异构现象。

常见的异构类型分为两大类：

①构造异构

a.碳链异构　因为分子中碳链形状不同而产生的异构现象，如正丁烷和异丁烷。

b.位置异构　由于取代基或官能团在碳链上或碳环上的位置不同而出现的异构现象。

c.官能团异构　分子中由于官能团不同而产生的异构现象，如单烯烃与环烷烃等。

d.互变异构。

②立体异构　结构相似，但由于微小偏差造成结构不同。具体又可分为构型异构和构象异构。

2.6 近代有机化学发展

2.6.1 有机物结构理论的建立

在有机化学中，原子价概念的形成和确立，是有机物结构理论建立的先决条件。

（1）元素反应之间的等当数

1840年，日拉尔与罗朗提出卤素原子之间等当，氧、硫、碲原子之间等当，并认为氧、硫、硒、碲原子和两个氢原子或两个氯原子之间等当。

1850年威廉逊发现C_2H_5、CH_3、C_2H_3O等基团和一个氢原子等当。1850年左右，英国化学家弗兰克兰钻研金属有机化合物，得到二乙基锌。

（2）凯库勒提出"原子数"概念

凯库勒指出：H、Cl、Br、K是一价的；O、S是二价的；N、P、As是三价的。他还

导图

中心：有机物结构理论的建立

元素反应之间的等当数
- 日拉尔与罗朗提出原子之间等当关系
- 威廉逊发现基团和原子等当
- 弗兰克兰得到二乙基锌
- 弗兰克兰提出：金属与其他元素化合时，具有一种特殊的结合力

凯库勒提出"原子数"概念
- 原子数和基数由亲和力决定
- H、Cl、Br、K是一价的；O、S是二价的；N、P、As是三价的
- 碳原子之间能够相连成链状
- 若两个以上的碳相连，则每加上一个碳原子，所组成的新基团的亲和力就会增加两个单位，和n个碳原子基团相化合的氢原子数目则增加2n+2

肖莱马《论二甲基和氢化乙基的同一性》
- 乙烷不存在同分异构现象
- 碳原子的四个化合价是等同的
- 烷烃从四个碳原子开始才具有异构体
- 丙醇应有两个异构体存在，实验合成正丙醇
- 异构现象的研究与碳四价等同的实验证明

"化学结构"概念的形成
布特列洛夫《论物质的化学结构》中提出
- 分子绝不是原子的简单堆积，而是原子依照一定顺序的化学结合，化学原子通过亲和力结合形成物质分子，这种化学关系，或者说在所组成的化合物中各原子间的互相连接，可用"化学结构"表示
- "有机化合物的化学性质与其化学结构之间存在着一定的依赖关系。"
- 错误地认为乙烷有异构体

库帕提出碳的四价学说
- 碳是四价
- 碳原子之间可以相连成链状
- 短线表示亲和力

指出："一个原子的碳与四原子的氢是等价的"，即碳是四价的。

1858年，凯库勒不但进一步强调碳是四价的学说，而且进一步提出碳原子间能够相连成链状的学说。

凯库勒指出，若两个以上的碳相连，则每加上一个碳原子，所组成的新基团的亲和力就会增加两个单位，和n个碳原子基团相化合的氢原子数目则增加$2n+2$。

（3）英国有机化学家库帕提出碳是四价的学说

英国有机化学家库帕于1858年独立提出了碳是四价和碳原子之间可以相连成链状的学说。库帕认为根据这两点能够解释所有的有机化合物。

（4）"化学结构"概念的形成

布特列洛夫认为分子绝不是原子的简单堆积，而是原子依照一定顺序的化学结合，化学原子通过亲和力结合形成物质分子，这种化学关系，或者说在所组成的化合物中各原子间的互相连接，可用"化学结构"这个词来表示。

布特列洛夫认为："有机化合物的化学性质与其化学结构之间存在着一定的依赖关系。"

布特列洛夫认为结构与性质之间有密切关系，推动了有机结构理论的发展。

（5）异构现象的研究与碳四价等同的实验证明

异构现象的研究与碳四价等同的实验证明是由德国有机化学家、共产主义者肖莱马完成的。

1865年，布朗在肖莱马工作的基础上，写出了乙烷的结构式。

布特列洛夫认为只存在一种丙醇，否认含有三个碳原子的一元醇有异构体存在。肖莱马则认为丙醇应有两个异构体存在，后来实验合成了正丙醇。

人物小史与趣事

布特列洛夫

亚历山大·米哈依洛维奇·布特列洛夫（1828—1886），世界著名的俄国化学家，他是化学结构理论的创立者之一，是俄国有机化学家组成的喀山学派的领导人及学术带头人。

布特列洛夫出生在喀山省的契斯托波尔市一个地主及退伍军官的家庭中，1857～1858年，布特列洛夫曾到国外进行科学旅行及考察，期间，他结识了很多著名的化学家，在著名的武兹实验室进行了一系列的研究工作。

在研究中，他第一次发现了制备二碘甲烷的新方法，并制备了很多二碘甲烷的衍生物。他在武兹实验室首次合成了六亚甲基四胺（乌洛托品），首次合成了甲醛的聚合物，并且发现，这些聚合物经过石灰水处理

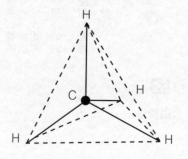

会转变成糖类物质。布特列洛夫的工作是化学上开创性的工作，尤其是糖类物质的合成，被认为是人类历史上的第一次。

甲　烷

甲烷化学式为 CH_4，是最简单的烃，由一个碳和四个氢原子通过 sp^3 杂化的方式构成，所以甲烷分子的结构为正四面体结构，四个键的键长相同，键角相等。在标准状态下，甲烷是无色无味气体。一些有机物在缺氧情况下分解时所生成的沼气其实就是甲烷。

甲烷主要是作为燃料（如天然气与煤气）广泛应用于生活和工业中。作为化工原料，甲烷可用于生产乙炔、氢气、合成氨、炭黑、二硫化碳、一氯甲烷、二氯甲烷、三氯甲烷、四氯化碳和氢氰酸等。

卡尔·肖莱马于1834年9月30日出生在德国黑森林州达姆斯塔德城的一个手工业工人家庭。

肖莱马

他运用了唯物史观认真地研究了化学史，于1879年用英文发表的著作《有机化学的产生和发展》就是他的一次尝试以及一项重要成果。该书1885年被译成法文，1889年又被译成了德文。此书的英文增订版是作者逝世后的1894年出版的，由此可见该书广受欢迎。

肖莱马在他一生的最后20年内，特别注重用马克思主义哲学观点来考察自然科学的理论问题。

1892年6月27日肖莱马因肺癌与世长辞，终年58岁。为了纪念他，欧文斯学院建立"卡尔·肖莱马化学实验室"以示永久纪念。

2.6.2　有机立体化学

有机立体化学是有机结构理论的一个重要方面，它的研究对象是有机分子中各个原子在三维空间的排布方式。建立了有机立体化学理论，可以使有机结构理论进一步得到充实和发展。

有机化合物旋光性的研究起始于酒石酸旋光异构现象。酒石酸的结晶有两种相对的结晶型，成溶液时会使光向相反的方向旋转。右旋酒石酸和左旋酒石酸的组成与性质都一样，只是它们的空间构型不同，就像左手和右手的关系一样。

1885年，德国化学家拜耳根据五元环和六元环比三元环、四元环稳定，提出了张力学说。

1890年，萨赫斯提出了无张力环的概念。

导图

碳的四面体结构与旋光异构

范霍夫和勒贝尔分别提出碳的四面体构型学说

当碳原子的四个原子价被四个不同的基团所取代时，可以得到两个，也只能得到两个不同的四面体，其中一个是另一个的镜像，它们不可能叠合，在空间有两个结构异构体

具有不对称原子的有机化合物具有旋光异构体

有机立体化学

拜耳提出张力学说

张力学说假定成环碳原子都在同一平面上

萨赫斯提出无张力环概念

在环己烷中，成环碳原子如果不在同一平面上，就可以保持正常键角109°28′，形成无张力环，可有两种构象，一种是对称的椅式，另一种是非对称的船式

巴顿等人进一步研究了有机化合物的构象

空间构象

有机化合物的旋光异构现象

研究从酒石酸旋光异构现象开始

右旋酒石酸和左旋酒石酸的组成与性质一样，但空间构型不同

人物小史与趣事

雅可比·亨利克·范霍夫是荷兰物理化学家，1852年8月30日出生在荷兰鹿特丹。

范霍夫首创的"不对称碳原子"概念，以及碳的正四面体构型假说成了立体化学诞生的标志。1878～1896年间，范霍夫在阿姆斯特丹大学先后担任过化学、矿物学以及地质学教授，并曾任化学系主任。在这期间，他又集中精力研究了物理化学问题。他对化学热力学与化学亲和力、化学动力学和稀溶液的渗透压及相关规律等问题进行了探索。

1911年3月1日，年仅59岁的范霍夫不幸逝世。一颗科学巨星的陨落，震惊了整个化学界。为了永远地怀念他，范霍夫的遗体火化后，人们将他的骨灰安置在柏林达莱姆公墓，供后人瞻仰。

范霍夫

知识链接

不对称碳原子

不对称碳原子是指与四个不同的原子或原子基团共价连接并因而失去对称性的四面体碳原子，也称手性碳原子、不对称中心或手性中心，常用C*表示。

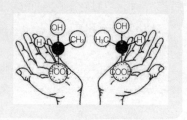

2.6.3　有机合成的进一步发展

19世纪后半叶，以煤焦油为原料的有机合成工业得到了迅速的发展，其中最突出的是染料工业，其次是药品、香料、糖、炸药等工业。

（1）染料的合成

1871年，合成茜素在市场上出现了，并且很快取代了天然的茜素。

茜素的人工合成再一次证实，从动植物体内提取出来的有机物质并不是什么神秘的、不可知的东西，它的结构是可以认知的，而认识了它们的结构，就能够用人工的方法把它们合成出来。

（2）药品的合成

水杨酸及其衍生物在医药上的应用是非常广泛的，常用作消毒、防腐、解热的药物。

阿司匹林是在1899年被应用在医学上的，它是白色针状或片状结晶，刺激性比水杨酸小很多，它在胃中不变化，在肠中有一部分分解为水杨酸和乙酸。

（3）香料与糖精的合成

香豆素是一种天然香料，存在于柑橘皮和一些植物的叶中。1876年，法国人赖迈尔与蒂曼由水杨酸合成了香豆素。

糖精是糖的替代品，甜味相当于糖的550倍。糖精没有营养价值。

导图

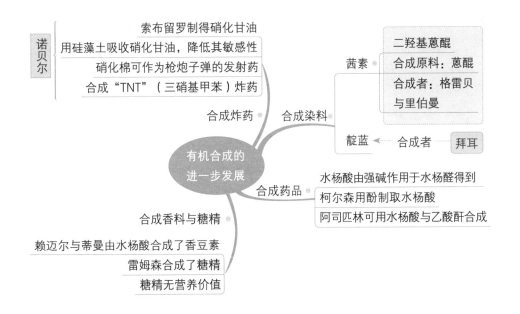

（4）炸药的合成

1846年，意大利人索布留罗将无水甘油慢慢地添加到浓硝酸和浓硫酸混合物中，得到了硝化甘油。

硝化甘油是一种非常猛烈的炸药，受到轻微震动就会发生猛烈爆炸，储存、运输极不方便。

1867年，瑞典人诺贝尔（Alfred Nobel，1833—1896）发现硅藻土能够吸收硝化甘油，被吸收的硝化甘油仍具有爆炸力，但敏感性大大降低，使用时用一个装有雷酸汞的雷管即可引爆。

1875年，诺贝尔又制得硝化棉。硝化棉也是一种强烈的炸药，可以用作枪炮子弹的发射药。

1880年，诺贝尔又合成了"TNT"（三硝基甲苯）炸药，应用十分广泛。

人物小史与趣事

诺贝尔

诺贝尔发明炸药

诺贝尔在一次试验中，实验室发生爆炸，他弟弟及4个实验员被炸死，他父亲也受了重伤。但诺贝尔不灰心，继续研究下去，为了不影响周围邻居的生活，他在湖上建了一个船形小房子，实验室就在这小房子里，4年中，他在小房子中做了几百次实验。1867年他研究能够引爆的炸药，秋天的一天，诺贝尔在实验室里又点燃了导火索，火星沿着导火索前进，他一动不动地站在实验台前，两眼紧紧地盯着火星，接着"轰隆"一声，试验又发生了爆炸，浓烟掩盖了一切，见到这吓人的情景，人们惊呼："诺贝尔完了！"但是，不一会，诺贝尔浑身是血地从浓浓烟雾中跑了出来，虽然满身是伤，他却兴高采烈地喊："成功了，成功了！"他终于发明了可以爆破的炸药。

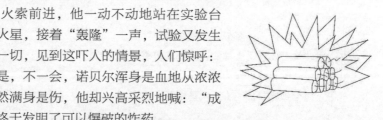

煤焦油中的奥秘

1856年，18岁的帕金在德国著名化学家霍夫曼的实验室做实验助手。当时霍夫曼正在研究从煤焦油中提取多种化学物质来制备治疗疟疾的药物——奎宁。

一天，年轻的帕金按照霍夫曼教授布置的任务，对一些从煤焦油里提炼出来的物质进行实验。当他将从煤焦油中提炼出来的苯胺硫酸盐和重铬酸钾的混合液倒入玻璃量杯时，他发现在量杯底部出现了一些紫色的物质。以往的实验中没见过这种现象，好奇心让他又向这种混合液中加入了一些酒精。结果发现酒精能够溶解这种紫色的物质，使混合液变成紫色。帕金想，这煤焦油一定存在一种可作紫色染料的物质。于是，他立即用煤焦油提取物进行了一系列的反应实验研究，终于提取得到了一种鲜艳的紫色物质。帕金给它取名叫"苯胺紫"，他将苯胺紫送到染坊去试验，给衣料染色，结果发现染过色的衣料耐洗且不易褪色，故而，便把它当作一种染料。

为了让人工合成的染料能够投入工业化生产，帕金于1857年筹建了一座染料工厂并且组织生产。生产的主要程序是从煤焦油中提取出苯，然后以苯为原料制成硝基苯，再将其转化为苯胺，最后再用重铬酸钾去氧化而制成苯胺紫。这种人工合成的染料一问世，立刻受到欢迎。后来，帕金还研制出其他的一些人工合成染料及香料等。

知识链接

苯

苯（C_6H_6）是有机化合物，是结构组成最简单的芳香烃，在常温下为一种高度易燃、无色、有甜味、油状的透明液体。苯可燃，有毒，为致癌物。苯不溶于水，易溶于有机溶剂，本身也可作为有机溶剂。苯中碳与碳之间的化学键介于单键与双键之间，因此同时具有饱和烃取代反应的性质和不饱和烃加成反应的性质。苯的性质是易取代，难氧化，难加成。苯具有的环系叫苯环，是最简单的芳环。

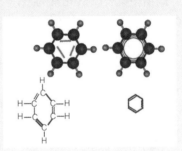

苯参加的化学反应大致有三种：①其他基团和苯环上的氢原子之间发生的取代反应；②发生在苯环上的加成反应；③普遍的燃烧（氧化）反应（不能使酸性高锰酸钾褪色）。

2.7 化学元素周期律

18世纪中叶～19世纪中叶的100年里，新的研究方法和测试技术的引入，使得大量新元素被发现，当时平均每两年半就有一种新元素被发现。化学元素的急剧增多，原子－分子论被普遍接受；统一的原子量被确定下来；原子价的概念也得到明确。所有这些为元素周期律的发现准备了成熟的客观条件。同时，整个自然科学的发展，新定律、新理论、新学说不断涌现，冲击了形而上学的自然观。特别是能量守恒和转化定律、细胞的发现和细胞学说、达尔文进化论这三大发现揭示了自然界的普遍关系。这些新的自然观为当时的科学工作者提供了新的强有力的思想武器。门捷列夫正是掌握了这一武器，并充分利用了成熟的客观条件，以高超的思辨方法发现了化学元素周期律。从此，化学进入了一个统一系统的新时代。

2.7.1　元素周期律发现的基础

自18世纪后半叶起，伴随着新元素不断被发现，有人开始进行元素的分类工作。率先从事这项工作的是拉瓦锡，他在《化学基础论》中分四大类列举了当时他所确信的33种元素。当然，其中有一些实际上是金属氧化物，他甚至还把光和热也视为元素。

进入19世纪以来，特别是康尼查罗确定原子量的方法被人们普遍接受以后，对原子量的测定日益增多，原子量作为元素的重要特征逐渐为人们所接受，于是便以此为标准开始对元素进行分类。

（1）德贝莱纳的三元素组分类

德贝莱纳提出的三元素组包括：锂、钠、钾；钙、锶、钡；氯、溴、碘；硫、硒、碲；锰、铬、铁。

（2）尚古多的螺旋图分类

1862年，法国地质学家尚古多提出了元素性质就是数的变化的论点，编制了一副"地球物质螺旋图"。

尚古多提出元素的性质具有周期性重复出现的规律。

尚古多第一个从元素的整体上提出元素性质与原子量之间具有内在关系，并初步总结了周期性的概念，真正向揭示周期律迈出了有力的第一步。

（3）欧德林的元素表

欧德林的元素表从形式上比螺旋图距离元素周期表更近一步。1865年，欧德林又对这个表加以修正。

1865年，德国著名化学家迈尔总结出了"六元素表"。这个表考虑了元素的化合价，元素的分族工作初具雏形。

（4）纽兰兹的八音律表

1865年，英国化学家纽兰兹提出了"八音律表"，并且指出："从一指定的元素起，第八个元素是第一个元素的某种重复，就像音乐中的八度音程的第八个音符一样"。

从"三元素"到"八音律"，他们已一步步接近真理，为发现元素周期律创造了条件，开辟了道路。

（5）原子价概念的提出

人们开始意识到某一种元素的原子与其他元素相结合时，在原子数目上似乎存在一定的比例关系。

对于这一规律，英国化学家弗兰克兰是早期有所建树的人。

弗兰克兰已认识到元素之间结合成化合物时的这种倾向或规律是普遍存在的，所有化学元素形成化合物时，尽管与之相化合的原子性质差别非常大，但它吸引这些元素的"化合力"却必须要满足一定数目的原子。

1857年，德国著名有机化学家凯库勒拓展了弗兰克兰的见解，他将元素的"化合力"以含义更明确的"亲和力"表示，这是原子价概念形成过程中的最重要的突破。

导图

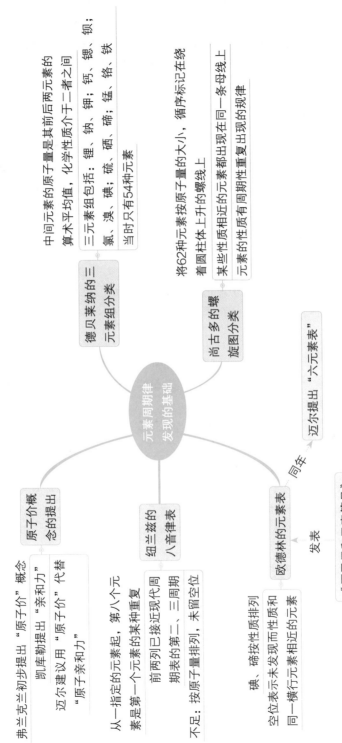

元素周期律发现的基础

德贝莱纳的三元素组分类
- 中间元素的原子量是其前后两元素的算术平均值，化学性质介于二者之间
- 三元素组包括：锂、钠、钾；钙、锶、钡；氯、溴、碘；硫、硒；锰、铬、铁
- 当时只有54种元素

尚古多的螺旋图分类
- 将62种元素按原子量的大小，循序标记在绕着圆柱体上升的螺线上
- 某些性质相近的元素都出现在同一母线上
- 元素的性质有周期性重复出现的规律

迈尔提出"六元素表"

欧德林的元素表
- 空位表示未发现而性质和碘、磷相近的元素
- 同一横行列元素相近的元素

《原子量和元素符号》 —同年→ 发表

纽兰兹的八音律表
- 从一指定的元素起，第八个元素是第一个元素的某种重复
- 前两列已接近现代周期的第二、三周期
- 不足：按原子量排列，未留空位

原子价概念的提出
- 弗兰克兰初步提出"原子价"概念
- 凯库勒提出"亲和力"
- 迈尔建议用"原子价"代替"原子亲和力"

1864年，德国化学家迈尔建议用"原子价"这一术语代替"原子亲和力"。

原子价学说的建立揭示了各种元素化学性质上的一个非常重要的方面，阐明了各种元素化合时在数量上所遵循的一般规律。这一学说极大地推动了有机化合物结构理论以及整个有机化学的发展。

人物小史与趣事

弗兰克兰，英国化学家，1825年1月18日出生在兰开夏郡彻奇顿，1899年8月9日卒于居德布兰河谷。

弗兰克兰

弗兰克兰于1852年提出原子价的概念。他发现每种金属原子仅能与一定数目的有机基团相结合，并指出元素的结合能力是可改变的。他还发现金属有机化合物四乙基锡等；1856年证实羧酸还原可制得醛；1867年提出通过燃烧来分析有机碳与氮的方法；1894年获科普利奖章。弗兰克兰一生发表的论文超过130篇，主要收集在《纯粹、应用和物理化学研究》（1877）中，著有《无机化学》（1870）与《有机化学》（1872）等书。

知识链接

化 合 价

化合价又称"原子价"，是物质中的原子得失的电子数或共用电子对偏移的数目。

化合价代表原子形成化学键的能力，是元素的原子在形成化合物时表现出来的一种化学性质。化合价有正价和负价。

元素的化合价是元素的一种重要性质，这种性质只有跟其他元素化合时才表现出来。就是说，当元素以游离态存在时，即没有跟其他元素相互结合成化合物时，该元素是不表现其化合价的，因此单质元素的化合价为0。比如铁等金属单质、碳等非金属单质、氦等稀有气体的化合价为0。

现代各式元素周期表

化学元素周期表，也叫作化学元素系，是化学元素周期律的具体表现形式。

化学元素周期表帮助我们更深入地掌握化学元素周期律的内容与实质。随着科学的发展，化学元素周期律的内容不断被补充并改进，相应表达这一自然规律的形式也有了一定的变化与改善。

现代元素周期表通用两种形式：短式和长式。短式是以门捷列夫1906年发表的周期表为基础得来的。长式是以维纳尔在1905年依据门捷列夫创建的化学元素周期表基础上改变得来的。除了以上两种形式外，还有不少其他形式。

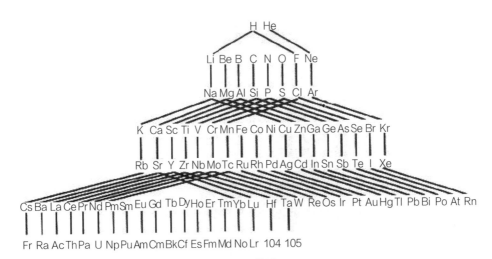

塔式周期表

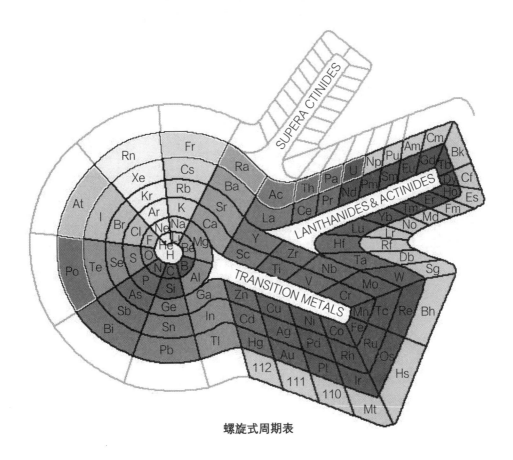

螺旋式周期表

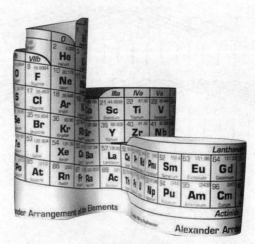

立体层式周期表

透视式周期表

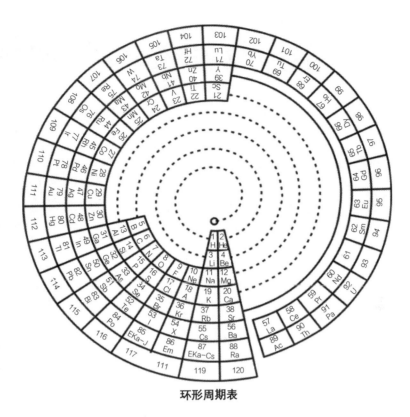

环形周期表

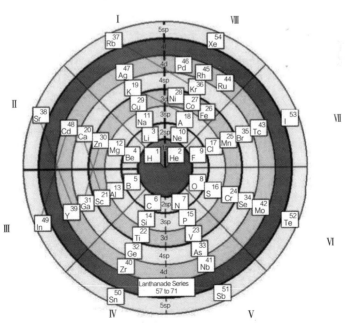

靶式周期表

元素周期表

知识链接

图例

1	H	← 元素符号
	氢 hydrogen	← 元素中文名称
	1.008	← 元素英文名称
	[1.0078, 1.0082]	← 原子序数 / 标准原子量

族	1	2	3	4	5	6	7	8	9	10	11	12	13	14	15	16	17	18
1	1 H 氢 hydrogen 1.008 [1.0078, 1.0082]																	2 He 氦 helium 4.0026
2	3 Li 锂 lithium 6.94 [6.938, 6.997]	4 Be 铍 beryllium 9.0122											5 B 硼 boron 10.81 [10.806, 10.821]	6 C 碳 carbon 12.011 [12.009, 12.012]	7 N 氮 nitrogen 14.007 [14.006, 14.008]	8 O 氧 oxygen 15.999 [15.999, 16.000]	9 F 氟 fluorine 18.998	10 Ne 氖 neon 20.180
3	11 Na 钠 sodium 22.990	12 Mg 镁 magnesium 24.305 [24.304, 24.307]											13 Al 铝 aluminium 26.982	14 Si 硅 silicon 28.085 [28.084, 28.086]	15 P 磷 phosphorus 30.974	16 S 硫 sulfur 32.06 [32.059, 32.076]	17 Cl 氯 chlorine 35.45 [35.446, 35.457]	18 Ar 氩 argon 39.95 [39.792, 39.963]
4	19 K 钾 potassium 39.098	20 Ca 钙 calcium 40.078(4)	21 Sc 钪 scandium 44.956	22 Ti 钛 titanium 47.867	23 V 钒 vanadium 50.942	24 Cr 铬 chromium 51.996	25 Mn 锰 manganese 54.938	26 Fe 铁 iron 55.845(2)	27 Co 钴 cobalt 58.933	28 Ni 镍 nickel 58.693	29 Cu 铜 copper 63.546(3)	30 Zn 锌 zinc 65.38(2)	31 Ga 镓 gallium 69.723	32 Ge 锗 germanium 72.630(8)	33 As 砷 arsenic 74.922	34 Se 硒 selenium 78.971(8)	35 Br 溴 bromine 79.904 [79.901, 79.907]	36 Kr 氪 krypton 83.798(2)
5	37 Rb 铷 rubidium 85.468	38 Sr 锶 strontium 87.62	39 Y 钇 yttrium 88.906	40 Zr 锆 zirconium 91.224(2)	41 Nb 铌 niobium 92.906	42 Mo 钼 molybdenum 95.95	43 Tc 锝 technetium	44 Ru 钌 ruthenium 101.07(2)	45 Rh 铑 rhodium 102.91	46 Pd 钯 palladium 106.42	47 Ag 银 silver 107.87	48 Cd 镉 cadmium 112.41	49 In 铟 indium 114.82	50 Sn 锡 tin 118.71	51 Sb 锑 antimony 121.76	52 Te 碲 tellurium 127.60(3)	53 I 碘 iodine 126.90	54 Xe 氙 xenon 131.29
6	55 Cs 铯 caesium 132.91	56 Ba 钡 barium 137.33	57-71 镧系 lanthanoids	72 Hf 铪 hafnium 178.49(2)	73 Ta 钽 tantalum 180.95	74 W 钨 tungsten 183.84	75 Re 铼 rhenium 186.21	76 Os 锇 osmium 190.23(3)	77 Ir 铱 iridium 192.22	78 Pt 铂 platinum 195.08	79 Au 金 gold 196.97	80 Hg 汞 mercury 200.59	81 Tl 铊 thallium 204.38 [204.38, 204.39]	82 Pb 铅 lead 207.2	83 Bi 铋 bismuth 208.98	84 Po 钋 polonium	85 At 砹 astatine	86 Rn 氡 radon
7	87 Fr 钫 francium	88 Ra 镭 radium	89-103 锕系 actinoids	104 Rf 𬬻 rutherfordium	105 Db 𬭊 dubnium	106 Sg 𬭳 seaborgium	107 Bh 𬭛 bohrium	108 Hs 𬭶 hassium	109 Mt 鿏 meitnerium	110 Ds 𫟼 darmstadtium	111 Rg 𬬭 roentgenium	112 Cn 鿔 copernicium	113 Nh 𬬻 nihonium	114 Fl 𫓧 flerovium	115 Mc 镆 moscovium	116 Lv 𫟷 livermorium	117 Ts 石田 tennessine	118 Og 鿬 oganesson

57 La 镧 lanthanum 138.91	58 Ce 铈 cerium 140.12	59 Pr 镨 praseodymium 140.91	60 Nd 钕 neodymium 144.24	61 Pm 钷 promethium	62 Sm 钐 samarium 150.36(2)	63 Eu 铕 europium 151.96	64 Gd 钆 gadolinium 157.25(3)	65 Tb 铽 terbium 158.93	66 Dy 镝 dysprosium 162.50	67 Ho 钬 holmium 164.93	68 Er 铒 erbium 167.26	69 Tm 铥 thulium 168.93	70 Yb 镱 ytterbium 173.05	71 Lu 镥 lutetium 174.97
89 Ac 锕 actinium	90 Th 钍 thorium 232.04	91 Pa 镤 protactinium 231.04	92 U 铀 uranium 238.03	93 Np 镎 neptunium	94 Pu 钚 plutonium	95 Am 镅 americium	96 Cm 锔 curium	97 Bk 锫 berkelium	98 Cf 锎 californium	99 Es 锿 einsteinium	100 Fm 镄 fermium	101 Md 钔 mendelevium	102 No 锘 nobelium	103 Lr 铹 lawrencium

2.7.2　元素周期律的发现

在化学科学前进的过程中，由于科学资料的积累与科学研究的巨大发展，以及实践准备与理论准备，最终在19世纪后半叶发现了元素周期律。

（1）门捷列夫发现元素周期律的主观因素

门捷列夫按照元素的原子量从小到大进行排列，但又不是机械的，而是结合元素的性质大胆地留下空位，预言新元素。

门捷列夫前后校正了15种元素的原子量。

门捷列夫不但预言新元素的存在，同时还预言了新元素的一系列物理、化学性质。这些预言和后来的发现结果取得了惊人的一致，这是他高于同时期研究人员的一个重要方面。

他否认原子的复杂性以及电子的存在，否认元素转化的可能性，阻碍他进一步探索元素周期律的本质。

（2）门捷列夫的预言

门捷列夫以元素周期律为依据，对当时公认的一些原子量提出重新测定的建议。

1895年以后，元素周期律在教科书中被广泛使用。

（3）元素周期律发现的意义

元素周期律所体现出来的严密的物质内部本质的联系，证实了辩证唯物主义的正确性。

元素周期律的确立将来自实践的知识经过科学的抽象而形成了理论，所以它具有预见性和创造性。

🔍 导 图

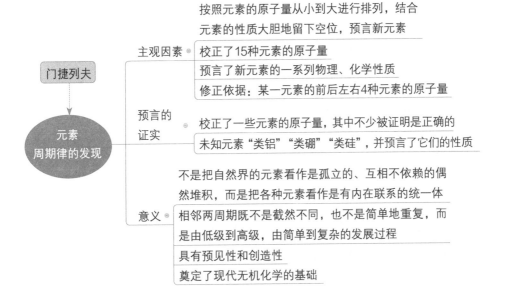

人物小史与趣事

门捷列夫

1834年2月7日，门捷列夫出生于俄国西伯利亚的托波尔斯克市。门捷列夫自幼爱好数学、物理、历史等，热爱大自然，收集过不少岩石、花卉及昆虫标本。

1860年，他有幸与各国化学家一起参加了在德国卡尔斯鲁厄举行的第一届国际化学会议。会上各国化学家的发言给门捷列夫以启发，特别是康尼查罗的发言及小册子。1861年门捷列夫返回彼得堡，获得了博士学位，并被聘为工业学院的化学教授，之后又到彼得堡大学担任教授。

1861年后，他提出了"热力学温度"的实际意义（其实是气体的临界温度），随后，他发现水与酒精混合数量会减少。1869年，他发现了元素周期律。随着周期律被广泛承认，门捷列夫成为闻名于世的卓越化学家。各国的科学院、学会以及大学纷纷授予他荣誉称号、名誉学位和金质奖章。

1907年1月20日，门捷列夫逝世。

门捷列夫手中的扑克牌

19世纪中叶，人们已经发现了63种化学元素。法国、英国、德国等国的科学家们全部在探索这些元素的内在联系，此时，门捷列夫也在俄国为寻找元素之间的规律而艰苦探索着。

有一天，门捷列夫家里的仆人在一起玩扑克牌。扑克牌分为黑桃、红桃、方块、草花四个花色，它们可以按照2、3、4……10、J、Q、K、A的序列排列，也可以分别组合。门捷列夫似乎由扑克牌上得到了启发："化学元素能不能像扑克牌一样进行排列组合，然后对它们的性质进行研究呢？"

想到这儿，门捷列夫立即茅塞顿开。他用厚纸做了许多小卡片，上面写着元素名称、符号、质子量、化学反应式以及主要性质，类似于一副扑克牌。之后的几个月中，不论走到哪儿，门捷列夫都随身携带这副扑克牌，有空的时候就玩起扑克牌来，不停地进行各种排列组合，寻找它们可能存在的内在规律。

一天，门捷列夫一直工作到凌晨，而第二天早上他还需要到外地去办事。"先生，来接您的马车已经等候在门口了。"大概六点半的时候，仆人安东走进书房对他说。"把我的行李整理好，搬到车上去。"门捷列夫一边应答着，一边还在摆弄他的扑克牌，此时他似乎已经有点眉目了，但又无法准确地排列起来。他还想试试看，过了一会儿，安东又走了进来："先生，得赶快走了，否则要误点了。"

在安东的催促声中，门捷列夫突然来了灵感，他拿起一张白纸，在上面画了起来，并快速排列出各种元素的位置。几分钟后，一个伟大的成就——世界上第一张元素周期表产生了。

元素周期律

结合元素周期表，元素周期律可以表述为：元素的性质随着原子序数的递增而呈周期性的递变规律。

①原子半径　同一周期（稀有气体除外），从左到右，随着原子序数的递增，元素原子的半径递减；同一族中，从上到下，随着原子序数的递增，元素原子半径递增。总结为：左下方＞右上方。

阴阳离子的半径大小辨别规律：由于阴离子是电子最外层得到了电子而阳离子是失去了电子，所以，总的来说，同种元素的阳离子半径＜原子半径＜阴离子半径；同周期内，阳离子半径逐渐减小，阴离子半径逐渐增大；同主族内离子半径逐渐增大。

或一句话总结：对于具有相同核外电子排布的离子，原子序数越大，其离子半径越小（不适用于稀有气体）。

②主要化合价　同一周期中，从左到右，随着原子序数的递增，元素的最高正化合价递增（从+1价到+7价），第一周期除外，第二周期的O、F（O无最高正价，F无正价）元素除外；最低负化合价递增（从-4价到-1价），第一周期除外，由于金属元素一般无负化合价，故从ⅣA族开始。元素最高价的绝对值与最低价的绝对值的和为8，代数和为0、2、4、6的偶数之一（仅限除O、F的非金属）。

2.8 化学元素的大发现

2.8.1 新元素不断涌现

18世纪以前，人们已知的元素有13种，它们分别是古人早已认识的碳、硫两种非金属和金、银、铜、锡、铁、铅、汞7种金属，以及金丹家发现的砷和磷，古工艺化学家确定的锌和锑。进入18世纪后，除了氢、氧、氮、氯四种气体元素外，又发现了一系列新元素。特别是19世纪分析化学的逐渐发展，一些新技术（如电解法、光谱分析法）的应用，使元素的发现不再拘泥于必须得到纯单质，从而大大加快了新元素的发现速度。从18世纪中叶到19世纪末的150余年间，共发现了70多种新元素，平均每两年多一点的时间就有一种新元素问世。

（1）通过矿石分析发现的新元素

铂（Pt）：1735年，西班牙化学家乌罗阿从秘鲁金矿中制得。

钴（Co）：1735年，瑞典化学家布兰特用木炭还原辉钴矿得到。

铋（Bi）：1737年，法国化学家赫罗特用火分解铋矿制得。

镍（Ni）：1751年，瑞典矿物学家克朗斯塔特用木炭还原红镍矿得到。

锰（Mn）：1774年，瑞典矿物学家加恩将软锰矿与油脂、炭粉放在一起焙烧得到。

钼（Mo）：1778年，瑞典化学家舍勒用硝酸分解辉钼矿制得钼酸。1781年，瑞典矿物学家耶尔姆将亚麻子油调和的木炭与钼酸密闭灼烧制得钼。

碲（Te）：1782年，奥地利矿物学家缪勒从金矿中制得单质碲。1798年，德国化学家克拉普罗特也从金矿中提炼出碲，正式命名为"Tellurium"，源自拉丁语"地球"的意思。同年，匈牙利化学家基塔贝尔独立从金矿中找到碲。

钨（W）：1783年，西班牙矿物学家埃鲁亚尔兄弟用硝酸分解钨矿发现钨酸，用木炭还原钨酸制得钨。

铀（U）：1789年，德国化学家克拉普罗特从沥青铀矿的硝酸提取液中得到氧化铀。

锆（Zr）：1789年，德国化学家克拉普罗特分析锆英石时发现氧化锆。

钛（Ti）：1791年，英国矿物学家格雷戈尔分析钛铁矿时得到。

钇（Y）：1794年，芬兰化学家加多林从硅铍钇矿中提取出氧化钇。

铬（Cr）：1797年，法国化学家沃克兰从红铅矿中提取出三氧化铬，与木炭混合后加热得到铬。

铍（Be）：1798年，法国化学家沃克兰分析绿柱石与祖母绿发现铍。

铌（Nb）：1801年，英国化学家哈切特分析美洲铌铁矿时制得，当时定名为"Columbium"。1844年，德国化学家罗斯分析铌矿时定名为"Niobium"。

钽（Ta）：1802年，瑞典化学家埃克柏格分析芬兰的钽矿与瑞典的钇钽矿时发现。

铑（Rh）：1803年，英国化学家沃拉斯顿从粗铂中提炼出铑酸钠，用氢气还原制得铑。

钯（Pd）：1803年，英国化学家沃拉斯顿从粗铂制取氰化钯，灼烧后得到金属钯。

锇（Os）：1804年，英国化学家坦南特从王水溶解后的粗铂残渣中制得。

铱（Ir）：1804年，英国化学家坦南特从王水溶解后的粗铂残渣中制得。

锂（Li）：1817年，瑞典化学家阿尔费德森分析攸桃岛的透锂长石得到锂。

钌（Ru）：1844年，俄国化学家克劳斯从亮锇铱矿中制得氧化钌。

钪（Sc）：1879年，瑞典化学家尼尔森分析黑希金矿时得到。

钆（Gd）：1880年，瑞士化学家马里纳克从铌酸钇矿中发现氧化钆。

锗（Ge）：1886年，德国化学家温克勒用光谱法分析硫银锗矿时发现硫化锗，用氢气还原硫化锗得到锗。

镭（Ra）：1898年，居里夫妇用硫化物沉淀法自沥青铀矿分离出，用放射性鉴定出镭的存在。

钋（Po）：1898年，居里夫妇用金属铋从沥青铀矿的提取液中分离出金属钋。

锕（Ac）：1899年，法国化学家德比尔纳从沥青铀矿分离出锕，并进行了放射性鉴定。

（2）用电解法取得的新元素

钾（K）：1807年，英国化学家戴维电解熔融的氢氧化钾得到金属钾。

钠（Na）：1807年，英国化学家戴维电解熔融的苛性苏打得到金属钠。

镁（Mg）：1808年，英国化学家戴维电解汞和氧化镁的混合物，制得镁汞齐，蒸去汞获得金属镁。

钙（Ca）：1808年，英国化学家戴维电解石灰与氧化汞的混合物，蒸去汞得到金属钙。

锶（Sr）：1808年，英国化学家戴维电解氧化锶与氧化汞的混合物，得到锶汞齐，蒸去汞制得金属锶。

钡（Ba）：1808年，英国化学家戴维电解氧化钡与氧化汞的混合物，得到钡汞齐，蒸去汞制得金属钡。

氟（F）：1886年，法国化学家莫瓦桑用电解法制备单质氟。

（3）用光谱分析法发现的新元素

铯（Cs）：1860年，德国化学家本生与物理学家基尔霍夫用光谱分析鉴定矿泉水，找到铯的光谱。

铷（Rb）：1861年，德国化学家本生与物理学家基尔霍夫对从锂云母中提取出来的氯铂酸铷进行光谱分析，找到铷。

铊（Tl）：1861年，英国物理学家克鲁克斯用光谱分析鉴定硫酸厂的残渣，找到铊。

铟（In）：1863年，德国矿物学家赖希与里克特研究闪锌矿时，用光谱分析找到了铟的谱线。

氦（He）：1868年，法国天文学家詹森与英国天文学家洛克耶从日冕光谱中找到氦的存在。

镓（Ge）：1875年，法国化学家布瓦博德朗在用光谱分析从比利牛斯山的闪锌矿得到的提取物时，找到镓。

氩（Ar）：1894年，英国化学家拉姆塞与化学家瑞利将空气中的氧气和氮气除去，用光谱分析鉴定剩余气体，找到氩。

氖（Ne）：1898年，英国化学家拉姆塞与化学家特拉弗斯蒸发液态氩，收集最先逸出的气体，用光谱分析发现氖。

氪（Kr）：1898年，英国化学家拉姆塞与化学家特拉弗斯对液态空气蒸发后的残留气体进行光谱分析，找到氪。

氙（Xe）：1898年，英国化学家拉姆塞与化学家特拉弗斯对液态空气的分馏物进行光谱分析，发现氙。

（4）其他方法发现的新元素

铈（Ce）：1803年，瑞典化学家贝采里乌斯与矿物学家希辛格从铈硅石中得到氧化铈。

硼（B）：1808年，英国化学家戴维、法国化学家盖-吕萨克和泰纳用金属钾还原无水硼酸得到硼。

碘（I）：1811年，法国化学家库特瓦用浓硫酸处理海藻灰母液，得到单质碘。

镉（Cd）：1817年，德国化学家斯特罗迈尔用烟炱还原氧化镉得到金属镉。

硒（Se）：1818年，瑞典化学家贝采里乌斯从硫酸厂铅室底部的红色黏性沉淀物中找到了这种元素。他根据碲的希腊文意思——"地球"，将这种元素命名为硒——希腊文意思是"月亮"。

硅（Si）：1823年，瑞典化学家贝采里乌斯用金属钾还原四氟化硅得到单质硅。

铝（Al）：1825年，丹麦化学家奥斯特用钾汞齐还原无水氯化铝得到不纯的金属铝。1827年，德国化学家维勒用金属钾还原无水氯化铝得到金属铝。

溴（Br）：1825年，德国化学家罗威向盐矿水中通入氯气，用醚萃取，蒸去醚，制得溴。

钍（Th）：1828年，瑞典化学家贝采里乌斯用金属钾还原氟钍酸钾，得到金属钍。

钒（V）：1830年，瑞典化学家塞夫斯特罗迈尔用酸溶解铁时，在残渣中分离出钒。

镧（La）：1839年，瑞典化学家莫桑德尔从铈土中发现氧化镧。

🔍 导图

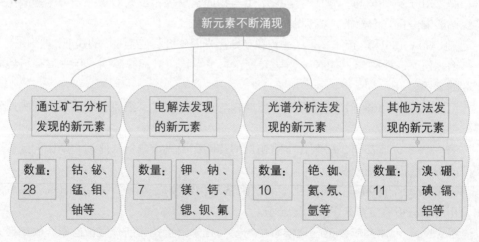

⬡ 人物小史与趣事

▶ 钴（Co）的发现

18世纪，瑞典的化学工业相对发达，在采矿、冶金、制革、染色、制造玻璃等方面处于世界领先水平。早在16世纪，瑞典人就会制造玻璃，所以镜子、眼镜首先出现在

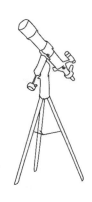

欧洲。因此，伽利略才有可能制造出望远镜，观测到月球上的环形山及太阳黑子。制造玻璃是一种很复杂的化学工艺，需要二氧化硅、碳酸钠、石灰石等原料，而且要求烧熔温度也很高。瑞典的玻璃工程师发现，在普通玻璃中添加某些金属或金属化合物，玻璃就呈现出各种不同的颜色，这种有色玻璃在当时多用于代替某些宝石。当时，瑞典的玻璃厂，将一种类似铜矿石的矿物加入玻璃中，玻璃呈现出美丽的蓝色，类似蓝宝石，因此赚得了大钱。但是，这种矿石与砷矿共生，含有毒性，经常造成采矿工人中毒死亡，所以，工人们把这种矿石叫"地下妖魔"。

　　科学家从来不相信什么所谓的"地下妖魔"，征服"地下妖魔"的科学家是瑞典的布兰特。1735年，布兰特决心将危害工人的"地下妖魔"制服，他亲自下矿井，采集"地下妖魔"矿石，把该矿样高温煅烧之后，用木炭还原，得到了一种具有铁磁性的金属，他称这种金属是古巴特（Cobalt），即为"地下妖魔"的意思，译成中文就是钴（Co）。钴的发现，又一次宣布了科学的胜利。

钴

　　钴（Co）是银白色铁磁性金属，在周期表中位于第4周期、第Ⅷ族，原子序数为27，常见化合价为+2、+3。

　　钴在常温下不和水作用，在潮湿的空气中也很稳定，在空气中加热至300℃以上时氧化生成CoO，在白热时燃烧生成Co_3O_4。氢还原法制成的细金属钴粉在空气中能自燃生成氧化钴。钴是中等活泼的金属，其化学性质与铁、镍相似，高温下发生氧化作用。加热时，钴与氧、硫、氯、溴等发生剧烈反应，生成相应化合物。钴可溶于稀酸中，在发烟硝酸中因生成一层氧化膜而被钝化。

镍（Ni）的发现

　　在欧洲，镍最先留给人们的印象是它的盐类具有美丽的绿色，也正因如此，它长期被误认为是铜。镍是一种银白色金属，与其他金属包括铬、铁等制成合金，在高温下具有抗氧化作用，可以制成不锈钢，具有广泛的用途。在德国有一种矿石，密度很大，呈现红棕色，表面上带有绿色斑点，这种矿石一旦加入玻璃中，可以使玻璃呈现绿色，工人们将这种矿石称为"尼客尔铜"，其中尼客尔（Niekol）的意思是"骗人捣蛋的小鬼"，尼客尔铜即为"假铜"之意。

　　镍的发现者是瑞典化学家克朗斯塔特。"尼客尔铜"溶于酸后得到一种绿色溶液，很像铜的盐酸溶液，但实验证实，它与铜溶液性质不同，若往其中投进铁片，并不沉积出红铜来。于是他将这种矿石上的被风雨侵蚀而呈绿色的部分（$NiCO_3$）取下，放在木炭火中焙烧，得到一种灰白色的金属，他反复实验后，发现其物理性质、化学性质和磁性与铜截然不同，也与已知其他金属不同，认定这是一种新的金属，因此他命名该金属元素为镍（Nickel）。

> **知识链接**
>
> ### 镍
>
> 镍（Ni）位于第四周期第Ⅷ族，是近似银白色，硬而有延展性并具有铁磁性的金属元素，它能够高度磨光和抗腐蚀。镍属于亲铁元素。在地核中含镍最高的是天然镍铁合金。
>
> 镍的化学性质较活泼，但比铁稳定，室温时在空气中难氧化，不易与浓硝酸反应。细镍丝可燃，加热时与卤素反应，在稀酸中缓慢溶解，能吸收相当数量氢气。镍不溶于水，常温下在潮湿空气中表面形成致密的氧化膜，能阻止本体金属继续氧化。

▶ 铬（Cr）的发现

在金属元素中铬以坚硬著称，它是由法国化学家沃克兰首先发现的。1796年，他从西伯利亚的一个矿井里采集了一种叫"西伯利亚红铅矿"的矿石，呈鲜红色，有点像朱砂，沉重且半透明，研磨后成黄色的粉末。沃克兰对这种美丽的矿石进行初步实验，认为含有铅、铁和铝。与此同时，俄国的一位矿物学家马廓尔对此种矿石也进行了分析，认为含有钼、镍、钴、铁的氧化物。显然，两个人的分析结果相距甚远，不知哪个分析结果是对的。

沃克兰决心要解决这个分歧，第二年，他重新仔细地研究这种矿石，他将矿粉与浓碳酸钾一起煮沸，制得了白色碳酸铅沉淀和一种鲜黄色的溶液（即K_2CrO_3），后者是一种性质不明的酸所形成的钾盐。如果往这种黄色溶液中加入汞盐，就会有一种美丽的棕红色沉淀物析出来；如果加入铅盐溶液，就会有一种鲜艳的黄色沉淀物析出来；如果加入氯化亚锡的盐酸溶液，则此溶液就变成鲜绿色（$CrCl_3$），他断定这是一种未知元

素生成的酸。自此，沃克兰着手提取这种新元素，经过艰苦努力终于取得了成功，得到了金属铬，命名该元素为"Chromlum"（铬），希腊文原意就是"美丽的颜色"。

> **知识链接**
>
> ### 铬
>
> 铬（Cr）单质为铜灰色金属。自然界不存在游离状态的铬，铬主要存在于铬铅矿中。
>
> 铬在元素周期表中属ⅥB族，原子序数为24，常见化合价为+2、+3和+6，氧化数为6、5、4、3、2、1、-1、-2、-4，是硬度最大的金属。
>
> 铬能慢慢地溶于稀盐酸、稀硫酸，而生成蓝色溶液，与空气接触则很快变成绿色，是因为被空气中的氧气氧化成绿色的Cr_2O_3。铬与浓硫酸反应，则生成二氧化硫和硫酸铬，但铬不溶于浓硝酸，因为表面生成紧密的氧化物薄膜而呈钝态。在高温下，铬能与卤素、硫、氮、碳等直接化合。

镉（Cd）的发现

德国哥廷根大学教授斯特罗迈尔曾经是药品视察专员。有一次在视察药品时，教授发现有些药商使用碳酸锌代替氧化锌配药，根据当时的法律规定，这是不允许的。一方面斯特罗迈尔需要对药厂这一做法进行干预，另一方面又对药厂的这一行为感到费解，因为将碳酸锌焙烧成氧化锌并不困难。

在询问了药厂负责人后，斯特罗迈尔明白了其中的缘故：原来该厂的碳酸锌一经煅烧就变成黄色，继而又变成橘红色，这种氧化锌当然是不合格的，因此药厂只能用白色的碳酸锌代替氧化锌。

了解了其中的原因后，斯特罗迈尔就取了一些样品，请马格得堡州的医药顾问罗洛夫帮助检验。罗洛夫将斯特罗迈尔带来的样品溶解，然后通入硫化氢气体，结果析出了神秘的鲜黄色沉淀，他怀疑药厂的碳酸锌产品中包含剧毒物质硫化砷。这样一来，药厂的碳酸锌产品全被没收，工厂被迫停业，这让厂主十分紧张，无奈之下，只得向斯特罗迈尔求助。

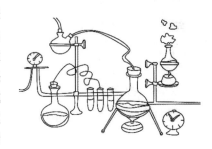

斯特罗迈尔在哥廷根大学的实验室中对产品进行了与罗洛夫一样的处理后，果然得到了一种黄色沉淀。他试着用盐酸来处理这种黄色沉淀，结果发现沉淀溶解了，可是硫化砷是不溶于盐酸的，于是斯特罗迈尔立即对沉淀进行处理，他将沉淀焙烧成氧化物，得到了一种褐色粉末。斯特罗迈尔又将这种氧化物与烟炱混合，再放在曲颈瓶中加热，最后得到了一种从来没有见过的蓝灰色粉末。经过周密的实验，斯特罗迈尔确定这是一种新元素，便将这种新元素命名为"镉"。

斯特罗迈尔不但为药厂正名，使其免受不白之冤，而且还意外地发现了一种新元素，可谓一举两得。

知识链接

镉

镉（Cd）与锌一同存在于自然界中。它是一种吸收中子的优良金属。镉是一种稀有金属，呈银白色，熔点321℃。

镉在潮湿空气中缓慢氧化并失去金属光泽，加热时表面生成棕色的氧化物层，如果加热至沸点以上，则会产生氧化镉烟雾。高温下镉和卤素反应激烈，形成卤化镉。也可与硫直接化合，生成硫化镉。镉可以溶于酸，但不溶于碱。镉的氧化态为 +1、+2。氧化镉与氢氧化镉的溶解度都很小，它们溶于酸，但不溶于碱。镉可以形成多种配离子等。

可用多种方法从含镉的烟尘或镉渣（利用碳还原法或硫酸浸出法与锌粉进行置换）中获得金属镉。进一步提纯可采用电解精炼和真空蒸馏。

铊（Tl）的发现

　　我国南方某省一个名叫回龙村的山寨中曾经发生了这样一件怪事：全寨老少村民的头发相继脱落，原因不明，他们称这种现象为"鬼剃头"。有人就认为这是由于寨子里的人触犯了阴间的阎王，毁坏了寨子的风水，因此寨子里的人开始杀猪宰羊，供奉阎王，让阎王开恩，不计前嫌。

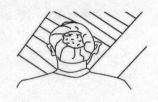

　　"鬼剃头"弄得寨里寨外人心惶惶，后来，随着科学的发展，终于揭开了"鬼剃头"的真相。原来"鬼剃头"是铊搞的鬼。

　　金属铊是一种比铅稍轻的金属，在自然界中没有独立的矿藏，制取铊的主要原料为煅烧某些金属硫化物矿石后产生的灰。若人体摄入过量的铊，就会妨碍毛囊中角质蛋白的形成而造成毛发脱落，严重时甚至会昏迷。

克鲁克斯

　　关于铊的发现可以追溯到1861年。这一年英国化学家和物理学家克鲁克斯在分析从硫酸厂送来的残渣时，先将其中的硒化物分离出来，然后用分光镜检视残渣的光谱，发现在光谱中的亮黄谱线，有两条是从来没有见到过的，带有新绿色彩。

　　他断定这种残渣中一定含有一种新元素，并将它命名为"铊"，拉丁文意思为"刚发芽的嫩枝"，即绿色。

　　第二年，法国化学家拉密由硫酸厂燃烧黄铁矿的烟尘中分离了黄色的三氯化铊，他用电解法从中分离出了金属铊。

知识链接

铊

　　铊（Tl）是一种质软的灰色贫金属，在自然界中并不以单质存在。铊金属外表与锡相似，但会在空气中失去光泽。

　　铊主要用来制造硫酸铊——一种烈性的灭鼠药。铊是无味无臭的金属，铊盐和淀粉、糖、甘油、水混合即可制造一种灭鼠剂，在扑灭鼠疫中颇有用。

　　铊是剧毒金属，铊密封于水或油中保存。

氟（F）的发现

　　氟在被发现前被认定是一种"死亡元素"，是碰不得的。

　　氟的化合物氢氟酸是氟化氢气体的水溶液，具有极强的腐蚀性，玻璃、铜、铁等常见的物质均会被它"吃"掉，即使是很不活泼的银容器，也不能安全地盛放它。另外，氢氟酸还能挥发出大量的氟化氢气体，这种气体有剧毒，即使少量吸入，也会让人感到非常痛苦。

　　1872年，法国化学家莫瓦桑应弗雷米教授的邀请，来到了实验室与他共同进行化学研究。

　　那时，弗雷米教授正在研究氟化物，莫瓦桑成为他的学生后，就接过了这一化学界的难题。从此，莫瓦桑对于氟的提取以及曾经发生的曲折经历，有了深刻的认识。莫瓦桑对于老师这种大无畏的精神非常敬佩。

"为了感谢恩师的知遇之恩，一定要捕捉'死亡元素'。"莫瓦桑对自己说。于是，莫瓦桑开始阅读各种学术著作、科学文献，并将与氟有关的著作通通读了一遍。经过大量的研究试验，莫瓦桑得到一个结论：实验失败的原因可能是进行实验时的温度太高。他认为，反应需在室温或冷却的条件下进行。因此，电解成了唯一可行的方法。

于是，他设计了一整套抑制氟剧烈反应的办法。他在铂制的曲颈瓶中，得到氟化氢的无水试剂，再在其中加入氟化钾增加它的导电性能。然后，他以铂铱的合金为电极，用氯仿作冷却剂，设计了一个实验流程，让无水氟化氢、氯仿以及萤石塞子作主要部分，将实验放在−23℃的条件下电解，终于在1886年制得了单质氟，获得了"死亡元素"。

> **知识链接**
>
> **氟**
>
> 氟（F）是一种卤族化学元素，原子序数是9。它是单质非金属元素中活性最强的，是强氧化剂、氟化剂，具有极强的腐蚀性，有剧毒。
>
> 氟是一种反应性能非常高的元素，被称为是"化学界顽童"。在常温下，氟能同绝大多数元素单质发生化合反应，并剧烈放热，和氢气即使在−250℃的黑暗中混合也能发生爆炸，故液氟和液氢也用作高能火箭的液体燃料。其化合物经常用在牙膏中防蛀。氟化物是以氟离子的形式广泛分布于自然界中。在所有的化合物中，氟都显−1氧化态。在少量氟气通过冰面时反应生成不稳定的氟氧酸（HOF），其中的F仍为−1氧化态，氧为0价，氢为+1还原态。

2.8.2　零族元素的发现

零族元素的发现进一步证实并丰富了元素周期律的内涵，使得这一科学定律经历了一次成功的考验。

（1）"太阳元素"的发现

詹森与洛克耶命名"Helium"谱线，这个名字源于希腊文"helios"，意思为"太阳"，中文音译"氦"。

1895年，英国化学家拉姆塞在地球上的铀矿石中分离出氦。

（2）氩的发现

英国化学教授杜瓦提供了一个重要线索：100多年前，卡文迪许在仿效普里斯特利进行空气放电实验时，曾经发现当管内的氮气与氧气消耗尽后，结果总是留有一个小气泡，可他却说不清它是什么。

瑞利重复了卡文迪许当年的实验，得到了这种气体。拉姆塞则利用将清除了水汽、碳酸气及氧气的空气反复通过热的镁粉的方法除去其中的氮气，最终剩下的气体是原空气体积的1/80，密度是氢气的19.086倍。他通过这种气体的辉光光谱判定它是一种新的气体。

　　1894年8月13日，他们二人在牛津召开的自然科学代表大会上公布了这一重要发现，大会建议给这个新的气体命名为"Argon"，意为"懒惰""迟钝"，中文音译"氩"。

　　（3）周期表中新家族的建立

　　继氦和氩被发现后，拉姆塞又着手进行其原子量的测定，以便确定它们在周期表中的位置，但无法测得其原子量。

　　拉姆塞利用1876年德国著名物理学和化学家克劳修斯发现的定压热容和定容热容比定律，判断氦和氩这两种气体都是单原子分子，进而确定出它们的原子量分别为4.2和39.9。

　　在经过多次实验失败之后，1898年5月30日，拉姆塞与英国化学家特拉弗斯在大量液态空气蒸发后的残余物中，用光谱分析首先找到了比氩重的氪，他们将其命名为"Krypton"，意思为"隐藏"。

　　同年6月，拉姆塞与特拉弗斯在蒸发液态氩时，收集了最先逸出的气体，用光谱分析发现了比氩轻的氖，将其命名为"Neon"，源于希腊词"neos"，意为"新的"。

　　紧接着，7月12日，他们在分馏液态空气制得了氪与氖之后，把氪反复分次萃取，从其中又分离出一种比氪更重的新气体，命名为"Xenon"，源自希腊文"xenos"，意思为"陌生的"，中文音译"氙"。这样，元素周期表中的一个新的家族就诞生了。

　　这个家族的最后一个成员氡（Rn）是在一系列放射性元素发现之后才被拉姆塞及卢瑟福发现，那已经是20世纪的事了。

导图

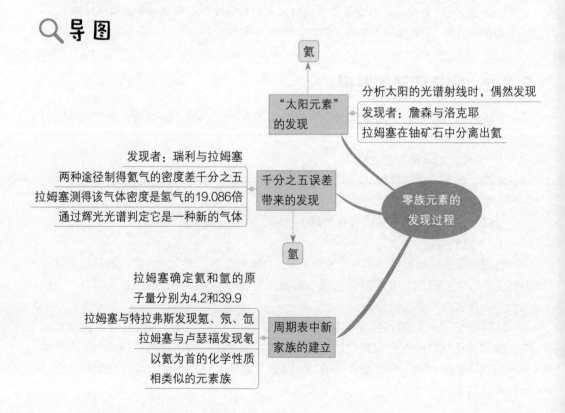

人物小史与趣事

氩（Ar）的发现——千分之五误差带来的发现

瑞利在研究氮气（N_2）的密度时，先是将空气反复通过红热的装满铜粉的管子，除掉其中的O_2，所得的N_2经测定其密度为1.2572克/升；然后又把O_2通入浓氨水中，得到氧与氨的混合气，再将它通过炽热的氧化铜，氨被氧化分解，生成氮气及水。测定这种氮气的密度，结果是1.2508克/升，两个结果相差0.0064克/升，即5/1000，是实验产生的误差吗？他重复了几次，仍然如此。瑞利冷静分析："是不是大气中的氮气残渣内留下一点点氧，所以重了。不可能，氧和氮的密度相差很小，要混进大量的氧才可能导致密度相差5/1000。""是不是因为由氨所得的氮气混入了一些氢，所以变轻了吗？"他又分析了这种氮气，一点氢都没有。"是不是大气中的氮气包含像臭氧O_3那样的N_3变体，以致使密度变大了？"他再次进行实验，又否定了。因为在N_2中引入电火花，气体体积并不减小，密度一点也不增加。

> **知识链接**
>
> **氮气**
>
> 氮气（N_2）通常状况下是一种无色无味的气体，且通常无毒，而且一般密度比空气小。氮气占大气总量的78.12%（体积分数），是空气的主要成分。在标准大气压下，冷却至－195.8℃时，变成没有颜色的液体，冷却至－209.8℃时，液态氮变成雪状的固体。氮气的化学性质不活泼，常温下很难跟其他物质发生反应，但在高温、高能量条件下可与某些物质发生化学变化，用来制取对人类有用的新物质。

瑞利百思不得其解，他是个既谨慎又谦虚的人。1892年9月24日，他给《自然》周刊写了一封信，介绍他的实验结果，想征得读者的意见，但是一时没有人能回答他。1894年4月19日，瑞利在英国皇家学会上宣读了他的实验报告，会后，苏格兰的著名化学家拉姆塞（Ramsay）找到瑞利，他认为从大气中制得的氮气含有一种较重的杂质，一种未知的气体，他表示愿意与瑞利携手一起继续研究这项试验，瑞利欣然同意了。

瑞利

就在这个会上，英国皇家研究院化学教授杜瓦（Derwar）为瑞利提供了一个重要而有趣的线索。他讲了一个关于英国剑桥大学的化学老前辈卡文迪许的小故事。卡文迪许曾经仿照普里斯特利用起电器点燃密闭在瓶中的氢氧混合气，发现生成水，从而证实了水的组成。他还曾把瓶中气体换为空气，一旦用电火花点燃就产生一缕红棕色的烟，这种气体能溶解在水中，具有酸性，后来证实这种气体是硝酸气（NO_2）。此外，他还做过有关空气的另一个实验，在这个实验中，卡文迪许将两只烧杯装满了水银，将U形管架在两个杯子上，管内的空气就被密封住了，他又在水银面上撒了些苛性钠粉末，用来吸收反应生成的NO_2，然后，他把起电器的两根导线分别接入水银杯中，摇动静电起电器，产生的电通过导线就积累在水银杯

里，到了一定时间，管内发生了一个电火花，随之生成一缕红棕色烟，但很快被苛性碱吸收了，U形管内的空气随着氧氮的化合以及被吸收而逐渐减少。卡文迪许与他的助手轮流不停地摇动起电器，U形管内的气体体积越来越小，但缩小一定程度就不再变化，说明氧气已经消耗完了。这时他又送进去一些氧气，再继续通电，实验就这样一次又一次地进行着，两个人干了三个星期，最后U形管内仍留有一个气泡，无论怎样放电，再也不会缩小了。他往管中注入"硫酐液"（红棕色的多硫化钾溶液）将多余的氧气吸收掉，结果还剩下一个小气泡，卡文迪许也说不清这是什么气体。

杜瓦向瑞利提供了线索，瑞利和拉姆塞立即借来卡文迪许的实验记录仔细研究。瑞利重复卡文迪许的实验，很快也得到一个小气泡。拉姆塞用了另一个方法，他发现N_2和Mg可以在加热条件下形成Mg_3N_2，于是，他把除去水、二氧化碳和氧气的空气一次又一次反复通过炽热的装有镁粉的管中，每通过一次，测定一次它的密度。结果每通过一次，气体的体积就减小一些，而密度就会增加一些。第一次气体密度是氢气密度的14.88倍，后来就是17倍多，18倍多，最后气体的密度达到氢气密度的19.086倍便再也不增加了。拉姆塞算了一下，剩下的气体是空气的1/80。

拉姆塞

拉姆塞将这种气体装到气体放电管中，通入高压电后，从管里发射出闪闪的辉光，用分光镜来检查，发现它的光谱中具有橙色、绿色的明线，这是所有已知气体光谱中所没有的。瑞利和拉姆塞相信这是一种新的气体了，他们让它和氯气、氟气、各种金属去反应，但无论是加热、加压、通电火花或使用铂黑作催化剂，该气体都不发生任何反应。

1894年8月13日，在英国的自然科学家代表大会上，瑞利宣读了他和拉姆塞的重要发现，使得所有的人大为震惊。空气中竟有1/100的新气体长期没有被发现，大会主席马登立即提议给这个气体元素取个名字为"Argeon"（氩），即"懒惰""迟钝"的意思。

氩的发现是科学家不辞劳苦的胜利，是科学实验中精确度的胜利，是科学实验中明察秋毫的胜利。1895年，英国皇家学会授予瑞利法拉第奖章，1896年授予拉姆塞戴维奖章，以表彰他们俩发现氩的功绩。

2.8.3　稀土元素的分离

稀土元素是指钪、钇和镧系元素全部，共17种，它们的化学性质极为相似，在矿物中总是共生在一起，所以它们之间的分离一直是化学分析中的重大难题之一。稀土元素的逐个离析辨明，从1794年第一个发现钇到1947年最后从铀的裂变产物中找到钷，共经历了153年的漫长的岁月。

首先被发现的是钇（Y），由芬兰化学家加多林从硅铍钇矿石中分离出来。

以此为线索，先后发现了铒（Er）、铽（Tb）、镱（Yb）、钪（Sc）、铥（Tm）、钬（Ho）、镝（Dy）、镥（Lu）。

铈（Ce）是由瑞典化学家贝采里乌斯和希辛格从铈硅石中分离出来的。

以此为线索，先后发现了镧（La）、钐（Sm）、钕（Nd）、镨（Pr）、钆（Gd）、铕（Eu）。

稀土元素离析的主要方法是通过用硝酸溶解矿石，将其转化为硝酸盐，再灼烧得到其氧化物。

导图

稀土元素离析的主要方法是通过用硝酸溶解矿石，将其转化为硝酸盐，再灼烧得到其氧化物

稀土元素是指钪、钇和镧系元素全部，共17种

稀土元素的分离

贝采里乌斯和希辛格从铈硅石中分离出铈

加多林从硅铍钇矿石中分离出来钇

人物小史与趣事

▶ **钇（Y）的发现**

稀土家族中第一个被发现的成员是钇，早在1788年，一位瑞典的军官阿伦尼乌斯，在斯德哥尔摩附近的伊特比小镇上发现了一块黑色的石头。这块石头后来辗转到了著名化学家加多林手里（加多林是芬兰人），他分析了这块矿石，从中得出一种白色氧化物，其性质与已知的氧化物都不一样，但外观很像CaO和Al_2O_3，似乎是一种新土质，所以加多林就给它起一个名字叫"Ytterbia"（钇土），用以纪念它的产地。

知识链接

钇

钇（Y）是稀土金属元素之一，是一种灰色金属，常见化合价为+3价，白色略带黄色粉末，与热水能起反应，易溶于稀酸，可制特种玻璃和合金。

2.9 物理化学建立与发展

19世纪下半叶，资本主义生产产生了比任何时期都大的生产力，推动了自然科学的发展，创造了高度发展的科学技术。物理化学正是在这个时期建立与发展起来的。原子-分子学说、气体分子运动学说、化学元素周期律和古典热力学的确立和形成，为物理化学的形成和发展奠定了坚实基础。

2.9.1　热学与热化学

人们对热的本质认识与对燃烧的本质认识一样，是比较晚的。古代的埃及有"蒸气球"，中国北宋有"火箭"，都是人类不自觉地实践着热与功转化的实例。

（1）热学

1714年华伦海特制成水银温度计，水的沸点定为212℉，冰和食盐混合物的温度是0℉，其间均匀分为212个分度，这便是所谓"华氏温标"。

1742年摄尔修斯制出现在较为通用的摄氏温度计，选用温标是，水的沸点是100℃，水的冰点是0℃，其间均匀分为100个分度。

量热研究工作是从布拉克和他的学生厄尔文开始的，布拉克在1760年曾用量热计测量了冰的融化热和水的汽化热，厄尔文曾测定过一系列物质的比热，布拉克区分了热与温度，提出了"潜热""比热"的概念，打下了量热学的基础。

🔍 导图

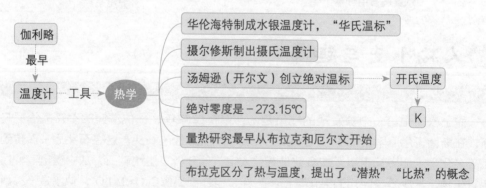

（2）热化学建立和发展

1840年，俄国化学家盖斯在总结许多实验的基础上，提出"总热量恒定"的定律："在任何一个化学过程中，不论该化学过程是一步完成还是经过几个步骤完成，它所发生的热总量始终是相同的。"当然默认的条件是等温等压无非体积功。

德国化学家基尔霍夫在1858年提出从某一个温度下的化学反应的热效应（焓变）来计算另一温度下该反应的热效应的公式。这个公式称为基尔霍夫定律。

19世纪下半叶，贝特罗与J.J.汤姆逊在热化学方面也做了不少工作。贝特罗在1881年发明了一种弹式量热计，测定了一系列有机化合物的燃烧热。这两个人还提出用反应热作为判断化学反应自发方向的判据，认为放热反应能自发进行，吸热反应不能自发进行。这一判据后来证明是片面的。

🔍 导图

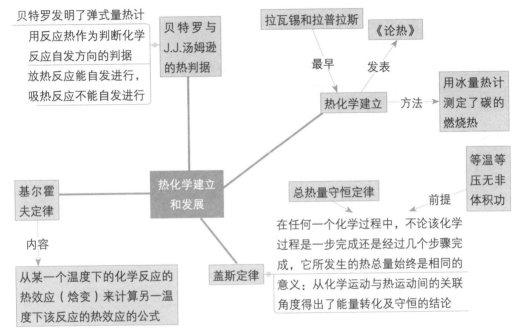

⬡ 人物小史与趣事

　　奥斯特瓦尔德的研究方向主要有化学热力学、化学动力学、溶液的依数性和催化现象等。

　　1888年，奥斯特瓦尔德从质量作用定律和电离理论出发，推导出描述电导、电离度和离子浓度关系的奥斯特瓦尔德稀释定律。

　　奥斯特瓦尔德是催化现象研究的开创者。1888年奥斯特瓦尔德提出他所认为的催化剂本质，即"可以加快反应的速率，但不是反应发生的诱因"，这一定义被当时的化学界普遍接受。1890年他发表文章，提出了自然界广泛存在的"自催化"现象。1895年他发表了《催化过程的本质》，提出了催化剂的另一个特点：在可逆反应中，催化剂仅能加速反应平衡的到达，而不能改变平衡常数。由于在催化研究、化学平衡和化学反应速率方面的卓越贡献，奥斯特瓦尔德获得了1909年的诺贝尔化学奖。

知识链接

催　化

在化学反应里能改变反应物的化学反应速率（既能提高也能降低）而不改变化学平衡，且本身的重量和化学性质在化学反应前后都没有发生改变的物质叫催化剂。催化剂在化学反应中引起的作用叫催化作用。

知识链接

奥斯特瓦尔德稀释定律

对一定物质的量浓度的溶液进行稀释和浓缩时，溶质的物质的量始终不变。

稀释前浓度×稀释前体积＝稀释后浓度×稀释后体积。即 $c_1V_1=c_2V_2$。

涉及物质浓度的换算，均遵循此定律。

2.9.2　热力学四大定律

（1）热力学第一定律

焦耳用科学实验确立热力学第一定律。

🔍 导图

迈尔 —— 提出机械能与热相互转化的原理

历史上第一个提出能量守恒定律并计算出热功当量的人

焦耳 —— 最先用科学实验确立热力学第一定律的人

导体放出的热量与通过导体的电流平方成正比，与导体电阻成正比　← 焦耳定律

测得热功当量值（1卡＝4.1840焦耳）

自然界的能量是等量转换、不会消灭的，哪里消耗了机械能或电磁能，总在某些地方能得到相当的热　← 《论磁电的热效应及热的机械值》

热力学第一定律

格罗夫 —— 通过对电的研究，发现能量守恒与转化定律

一切所谓物理力、机械力、热、光、电、磁，甚至化学力，在一定条件下都可以互相转化，而不发生任何力的消失

第一类永动机造不出来 —— 纽康门设计出第一台可供使用的蒸汽机

瓦特制造出近代蒸汽机

"永动机"违反能量守恒定律

1843年8月21日焦耳在英国科学协会数理组会议上宣读了《论磁电的热效应及热的机械值》论文，强调了自然界的能量是等量转换、不会消灭的，哪里消耗了机械能或电磁能，总在某些地方能得到相当的热。

焦耳用了近40年的时间，不懈地钻研和测定了热功当量，用事实证明了能量守恒。

格罗夫指出，一切所谓物理力、机械力、热、光、电、磁，甚至化学力，在一定条件下都可以互相转化，而不发生任何力的消失。

格罗夫是一个律师，他研究热力学是业余的，由于他是富有哲学思想的人，因此发现了热力学第一定律。

1705年，英国人纽康门设计出第一台可供使用的蒸汽机，1765年，英国人瓦特制造出近代蒸汽机。蒸汽机的应用使得热学受到人们的重视。

（2）热力学第二定律

18世纪初，在欧洲蒸汽机大量使用，但当时蒸汽机的效率比较低，仅为5%（近代蒸汽机的效率也只有20%左右），所以很多人研究如何提高蒸汽机的效率问题，这极大地促进了热力学的发展。

1824年卡诺发表了名著《关于火的动力的想法》。

卡诺构思了理想化的热机[后称卡诺可逆热机（卡诺热机）]，提出了作为热力学重要理论基础的卡诺循环和卡诺定理，从理论上解决了提高热机效率的根本途径。

卡诺原理是正确的，但他在证明时应用了错误的热质论。实际上卡诺的理论已经深含了热力学第二定律的基本思想。

1851年开尔文提出热力学第二定律时，才肯定了卡诺的工作。开尔文的热力学第二定律的说法是：不可能用无生命的机器把物质的任何一步冷却至比周围最低温度还要低的温度而得到机械功。这一说法后来被人们叙述为："不可能从单一热源取热使之完全变成有用功而不产生其他影响。"

1850年克劳修斯研究了卡诺的工作，澄清了能量守恒在卡诺原理中的意义，同时发现其中包含着一个新的自然规律。他将这个规律表达为："一个自行动作的机器，不可能把热从低温物体传到高温物体去。"后来被人们叙述为："不可能把热从低温物体转移到高温物体而同时不引起别的变化。"

1854年克劳修斯将热力学第一、第二定律统一了起来，并赋予热力学第二定律数学形式，从而为热力学第二定律的广泛应用奠定了基础。1865年，克劳修斯发表了《物理和化学分析》一文，文中将Q/T称为"熵"，包含"可转变性"的意思，起初叫"等值量"或"相关量"，以符号S表示，这是一个很重要的物理量。1867年，克劳修斯在《论热力学第二基本定律》一文中提到熵增加。

1877年，奥地利物理学家玻耳兹曼发现了宏观的熵与体系热力学概率的关系，并导出熵函数与热力学概率的关系式。

（3）热力学第三定律

1906年，德国物理化学家能斯特，根据对低温现象的研究提出：当$T \to 0$时，

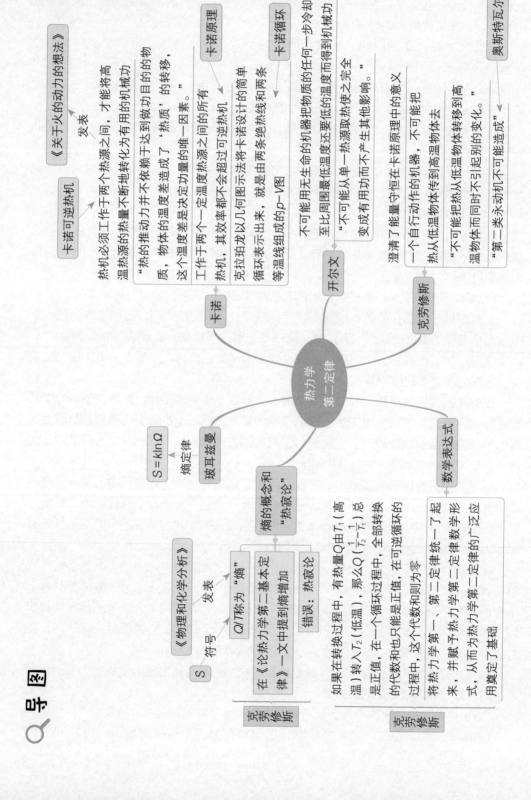

导图

热力学
第二定律

卡诺

《关于火的动力的想法》
发表
卡诺可逆热机
《关于火的动力的想法》

卡诺原理
卡诺循环

热机必须工作于两个热源之间，才能将高
温热源的热量不断地转化为有用的机械功
"热的推动力并不依赖于达到目的的物
质，物体的温度差造成了'热质'的转移，
这个温度差是决定功量的唯一因素。"

工作于两个一定温度热源之间的所有
热机，其效率都不会超过可逆热机
克拉珀龙以几何图示法将卡诺设计的简单
循环表示出来，就是由两条绝热线和两条
等温线组成的p-V图

开尔文
不可能用无生命的机器把物质的任何一步冷却
至比周围最低温度还要低的温度使之完全
"不可能从单一热源取热使之完全
变成有用功而不产生其他影响。"

克劳修斯
澄清了能量守恒在卡诺原理中的意义
一个自行动作的机器，不可能把
热从低温物体传到高温物体去
"不可能把热从低温物体转移到高
温物体而同时不引起别的变化。"

奥斯特瓦尔德
"第二类永动机不可能造成"

玻耳兹曼
熵定律
$S = k\ln\Omega$

克劳修斯
《物理和化学分析》
发表
符号
S
Q/T称为"熵"
在《论热力学第二基本定
律》一文中提到熵增加
错误：热寂论

熵的概念和
"热寂论"

克劳修斯
如果在转换过程中，有热量Q由T_1（高
温）转入T_2（低温），那么$Q\left(\dfrac{1}{T_2}-\dfrac{1}{T_1}\right)$总
是正值，在一个循环过程中，全部转换
的代数和也只能是正值，在可逆循环的
过程中，这个代数和则为零
将热力学第一、第二定律统一了起
来，并赋予热力学第二定律数学形
式，从而为热力学第二定律的广泛应
用奠定了基础

数学表达式

$\Delta G=\Delta H$，同时，$\Delta S=0$，这就是所谓能斯特热原理。

　　1911年普朗克也提出了对热力学第三定律的表述，即"与任何等温可逆过程相联系的熵变，随着温度的趋近于零而趋近于零"。或者表述为：各物质的完美晶体在绝对零度时，熵等于零，即$S_m=0$，这是热力学第三定律。

　　热力学第三定律的另一种表达为"绝对零度不可达到"。热力学第三定律非常重要，为化学平衡提供了根本性原理。

🔍导图

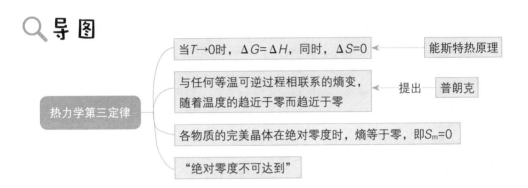

（4）热力学第零定律

🔍导图

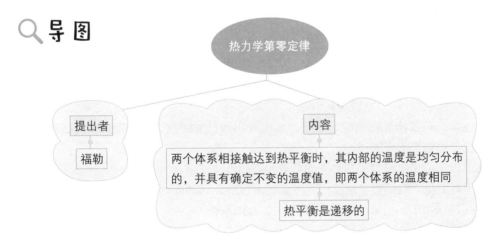

⬡人物小史与趣事

迈尔

　　迈尔（Julius Robert Mayer，1814—1878）是德国物理学家、医生。

　　1841年，他写出了《论力量与质的测定》一文，而当时德国权威的《物理学和化学年鉴》拒绝发表。他的朋友就劝他用实验来证实，于是他做了简单的实验：让一块凉的金属从高处落入一个盛水的器皿里，结果水的温度上升了。他又发现将水用力摇动，水的温度也会升高，迈尔很快觉察到了这篇论文的缺陷，并且发奋进一步学习数学和物理学。

1842年他发表了《论无机性质的力》，表述了物理、化学过程中各种力（能）的转化和守恒的思想。迈尔是历史上第一个提出能量守恒定律并计算出热功当量的人。但1842年发表的这篇科学杰作当时没有得到重视，受到一些权威人士的攻击和反对，并且还受到一些人的讥笑，这对他刺激很大，精神上受不了，1850年春天他曾自杀未遂，后得了精神病，治疗了近两年才好转。

能斯特

1864年6月25日，能斯特生于德国西普鲁士的布里森。

1889年，他将热力学原理应用到了电池上，这是自伏特在将近一个世纪以前发明电池以来，第一次有人能对电池电动势做出合理解释。他推导出能斯特方程，沿用至今。

他的研究成果很多，主要有：发明了闻名于世的白炽灯（能斯特灯），建议用铂氢电极为零电位电极，提出了能斯特热定理（即热力学第三定律），低温下固体比热容的测定等。

由于纳粹迫害，能斯特于1933年离职，1941年11月18日在德国逝世，终年77岁。1951年，他的骨灰移葬哥廷根大学。

2.9.3　化学热力学

化学热力学和热化学不同，它主要研究物质系统在各种条件下的物理和化学变化中所伴随着的能量变化，从而对化学反应的方向和进行的程度做出准确的判断。化学热力学的主要内容是溶液理论、多相平衡、化学反应平衡等。

（1）溶液依数性的发现及其研究

1788年，布拉格登把食盐、硝石、氯化铵、酒石酸钾钠、绿矾等分别溶在水中，并测定出每种溶液的凝固点。

1882年，拉乌尔研究了29种不同溶液的凝固点降低值。

德国有机化学家贝克曼制造出上下都有水银槽、可准确到0.001℃的示差温度计。

1886～1890年，拉乌尔提出了著名的拉乌尔定律。

定量的渗透压实验是法国生理学家杜特罗夏在1827年开始研究的，他得出结论：压力和容器内溶液的浓度成正比，该压力是由于外面的水透过膜进入溶液而产生的，称为渗透压。

特劳贝用丹宁-明胶和亚铁氰化铜引进多孔磁筒，在筒内形成一层膜，这样的膜只让水透过，而不让溶质通过，后来范霍夫从理论上推导出渗透压公式。

1884年，生物学家德莫里的实验表明，盐溶液的渗透压比蔗糖溶液的渗透压大得多（对于相同质量摩尔浓度而言），这样不正常的现象似乎可以解释为酸、碱、盐溶液的溶质分子要比同质量摩尔浓度的有机物溶液多。

范霍夫注意到这种现象，修正了渗透压公式。这个现象给阿伦尼乌斯很大启发，是电离理论建立的实验根据之一。

（2）溶液电离理论的建立

1872年，德夫尔指出：盐电解成它自身的组分乃是水溶解作用的结果，这个作用使它们（盐电解了的组分）达到了完全游离的状态，或者至少达到彼此独立的状态，这种状态很难测定，但它与最初的状态是大有区别的。

1887年，瑞典人阿伦尼乌斯发表了文章《关于溶质在水中的离解》，他和克劳修斯的观点不同，他说，盐溶入水中就自发地大量离解成正、负离子，离子带电，而原子不带电，可以看作不同的物质，把同量的盐溶于不同量的水中，溶液愈稀，则电离愈高，分子电导μ也愈大。在无限稀时，分子全部变为离子，溶液电导μ_∞就有最大值。他称μ/μ_∞为"活度系数"（现称为电离度），以符号α表示。

阿伦尼乌斯还指出，凡是不遵守范霍夫导出的凝固点降低公式和渗透压公式的溶液都是能够导电的溶液。这两个公式在右边都要乘上i（$i>1$），才能符合实验结果，这是因为分子离解成离子，使溶液内溶质粒子数增加。

奥斯特瓦尔德对阿伦尼乌斯的电离理论大力支持。他研究乙酸乙酯的水化与蔗糖转化，以无机和有机酸作为催化剂，他把电导测出的每一个酸对HCl的相对强度和每一个酸对HCl的相对催化速度，分别对照乙酸乙酯的水解与蔗糖的转化，发现电导比值、酯的水解速度比值以及蔗糖转化速度比值，都近似等于氢离子浓度的比值，因此得到3个相同比值的结果，这又是对阿伦尼乌斯理论的证实。

奥斯特瓦尔德把质量作用定律用在有机酸溶液中的离子和分子平衡上，以测出定量电导比。

阿伦尼乌斯的理论认为，在电解中，两极间的电位差只起指导离子运动方向的作用，并没有分解分子。相同当量的离子，不管溶质是什么，都带有同量的电荷，因而在两极沉淀的物质当量是相同的，这与法拉第的认识是一致的。

阿伦尼乌斯的电离理论还解释了各溶液中的反应热，例如强酸与强碱的中和热。不管它们是什么，都是相同的。

强电解质溶液理论到20世纪才由荷兰物理学教授德拜和他的助手休克尔以及挪威物理学家盎萨格建立。

（3）多相平衡的研究

克拉珀龙等得出单组分两相平衡的方程，后来贝特罗发现"分配定律"。

吉布斯在1878年发表的论文中首次定义了"相"和"独立组分数"。

（4）化学平衡的研究

1864年，古德贝格与瓦格做了300多个实验，提出：对于一个化学反应过程，有两个方向相反的力同时在起作用，一个帮助形成新物质，另一个帮助新物质再形成原物质，当这两个力相等时，体系便处于平衡。

J.J.汤姆逊与贝特罗企图从反应的热力学效应来解释化学反应的方向。他们认为反应的方向是反应物化学反应亲和力的量度，认为任何一种无外部能量影响的纯化学变化，向着产生放出热量最大的物质或体系的方向进行。

导图

化学热力学

溶液依数性

华特生：首先测定了盐的水溶液的凝固点
结论：盐水溶液的凝固点低于水，降低的值和盐的质量成正比
测定食盐、硝石、氯化铵、酒石酸钾钠、绿矾溶液的凝固点

布拉格登：结论：凝固点降低依赖于盐与水的比例，如果几种盐同时溶于水中，凝固点的降低起加和作用

拉乌尔：凝固点降低值 $\Delta T = k(W/M)X$
拉乌尔定律：一定温度下，稀溶液溶剂的蒸气压等于纯溶剂的蒸气压乘以溶液中溶剂的摩尔分数

贝克曼温度计可精确测量溶液凝固点下降值

渗透压：压力和容器内溶液的浓度成正比
渗透压公式：$pV = iRT$

杜特罗夏

范霍夫

仅适用于固体

化学平衡

贝特罗和圣·吉尔发现化学平衡
古德贝格与瓦格提出：对于一个化学反应过程，有两个方向相反的力同时在起作用，一个帮助形成新物质，另一个帮助新物质再形成原物质，当这两个力相等时，体系便处于平衡

J.J.汤姆逊与贝特罗认为任何一种无外部能量影响的纯化学变化，向着产生热量最大的物质或纯化学体系的方向进行

动态平衡的等压方程式
$\ln K = -Q/(RT) + C$
· 范霍夫

勒复特列原理

在化学平衡中的任一体系，由于平衡诸因素中一个因素的变动，在一个方向上会导致一种变化，如果这种变化是唯一的，那么它将引起一种和该因素变动符号相反的变化

在生物质（体系）的两种不同状态之间的任何平衡，若温度下降，平衡向着产生热量的方向移动

范霍夫

条件

多相平衡

克拉珀龙等得出单组分两相平衡的方程
贝特罗发现"分配定律"
· 吉布斯
提出相律，首次定义"相"和"独立组分数"
相律的数学表达式：$f = n + 2 - r$
范霍夫应用相律研究矿

《关于复相物质的平衡》

溶液电离理论

威廉逊与克劳修斯认为处于平衡的电解质的分子与形成它的原子都处于动态平衡

德尔尔指出：盐电解成它自身的组分乃是水溶解作用的结果，这个作用使它们（盐电解了的组分）达到了完全游离的状态，或者至少达到彼此独立的状态，这种状态很难测定，但它与最初的状态是大有区别的

阿伦尼乌斯：电离理论

奥斯特瓦尔德把质量作用定律用在有机酸溶液中的离子和分子平衡上，以测出定量电导比

奥斯特瓦尔德得出"稀释定律"公式

阿伦尼乌斯的电离理论只适用于弱电解质的稀溶液

强电解质溶液理论由德拜和休克尔以及昂萨格建立

《关于溶质在水中的离解》

　　范霍夫认为：在物质（体系）的两种不同状态之间的任何平衡，若温度下降，平衡向着产生热量的方向移动。这一原理也分别在1874、1879年由穆迪埃与罗宾所提出。

　　罗宾还指出，压力增加，平衡向着相应体积减小的方向移动。

　　而勒夏特列进一步指出：在化学平衡中的任一体系，由于平衡诸因素中一个因素的变动，在一个方向上会导致一种变化，如果这种变化是唯一的，那么它将引起一种和该因素变动符号相反的变化。

人物小史与趣事

　　化学史上，在有机合成方面贡献重大的就是贝特罗的研究。贝特罗研究有机合成是多方面的，包括饱和烃、不饱和烃、脂肪、芳香烃的合成以及它们的衍生物的合成等。

贝特罗

　　贝特罗利用乙烯与硫酸的反应合成了乙醇，这是人类第一次用非发酵手段制得乙醇。

　　贝特罗真正惊人的发现，是1853年合成了脂肪。他将一定量的脂肪酸和甘油放在厚壁玻璃管中进行加热，生成了脂肪和水。他分析合成的甘油三硬脂酸酯的性质数据，发现与其他化学家研究的天然甘油三硬脂酸酯的数据完全相同。

　　次年贝特罗想到，既然在浓硫酸作用下，乙醇可以脱水生成乙烯，反过来乙烯与稀硫酸作用下也能生成乙醇，可见脱水反应具有可逆性。而甲酸在浓硫酸的作用下脱水生成一氧化碳，这一反应的逆反应也许也可以发生。于是他将一氧化碳与氢氧化钾一起加热三天合成了甲酸钾，进一步酸化并蒸馏得到了甲酸。他验证了自己的预言不仅有关脱水反应，更验证了由无机物合成有机物的可能。

> 知识链接
>
> ### 一 氧 化 碳
>
> 标准状况下，一氧化碳（CO）为无色、无臭、无刺激性的气体，在水中的溶解度甚低，不易溶于水，空气混合爆炸极限为12.5%～74%。一氧化碳进入人体之后会和血液中的血红蛋白结合，产生碳氧血红蛋白，进而使血红蛋白不能与氧气结合，从而引起机体组织出现缺氧，导致人体窒息死亡，因此一氧化碳具有毒性。

　　1856年，贝特罗将二硫化碳蒸气和硫化氢的混合物通过红热的铜，制成了甲烷与乙烯。他认为是铜与硫结合而使高活性的碳和氢游离出来，化合为甲烷和乙烯。他进一步在日光照射下使甲烷氯化成为CH_3Cl，再水解制得了甲醇。

　　后来，他用松节油制得樟脑，进一步由樟脑再制成冰片。到了19世纪60年代，他用碳和氢制成乙炔，由乙炔又制成苯。1868年，他通过乙炔和氮制得氢氰酸。贝特罗

在有机合成领域的一系列成就，几乎成了神话。

贝特罗对合成工作的进一步研究，是试验电在合成反应中的作用。一开始，他用电火花作用于反应过程，没有效果，改用电弧后出现了明显效果。他设法在充满氢气的器皿中，安装两个碳电极，通电使两电极间形成电弧，制得了乙炔。这项实验的成功，使贝特罗受到极大鼓舞，自此开始了一系列新的合成实验。他由乙炔加氢制成乙烯，乙烯再加氢制得了乙烷。

1860年，贝特罗发表了他的《有机合成化学》，描述了有机合成的一般原则和方法，提出有机化学家有责任用无机物去设法合成有机物，而不需要动、植物活体做媒介。

在法兰西学院的实验室里，贝特罗对自己的化学研究又提出了新的方向，开始研究热化学问题。他测定了燃烧热、中和热、溶解热以及异构化热等，他试图从中寻找出规律性的东西。"放热和吸热反应"的概念就是他首先引进化学领域的。

放热反应和吸热反应

①放热反应　有热量放出的反应，反应物的总能量大于生成物的总能量。

常见的放热反应类型有：金属和酸的反应；活泼金属和水的反应；所有的燃烧反应；大部分的化合反应；酸和碱的中和反应。例如镁和稀盐酸反应是放热反应，化石燃料的燃烧等都是放热反应。浓硫酸、氢氧化钠固体溶于水可放热；与水反应的碱性氧化物（CaO、BaO、K_2O、Na_2O 等）放入水中可放热；甲醇、乙醇、丙酮等有机物溶于水也放热。

②吸热反应　吸收热量的反应，反应物的总能量小于生成物的总能量。

常见的吸热反应类型：大部分的分解反应；铵盐与碱固体的反应；以氢气、一氧化碳、碳为还原剂的氧化反应；电离、水解过程发生的反应。例如氢氧化钡晶体 $Ba(OH)_2 \cdot 8H_2O$ 与氯化铵 NH_4Cl 反应，碳与二氧化碳反应等。溶解时吸热的有：铵盐、硝酸铵（NH_4NO_3）、硝酸钾（KNO_3）、亚硝酸钠等在化学变化中需要加热、高温的都是吸热的。

③大多数物质在溶解时既不吸热也不放热，如蔗糖、氯化钠。

贝特罗还对爆炸问题进行过仔细研究，普法战争爆发后，巴黎不幸被包围，法国政府紧急动员，召集所有科学家都来参加巴黎保卫战。1870年9月底，政府要求贝特罗在最短期间内制造出火药。结果仅仅几天时间，他就向当局交出了一份有关火药制备工艺过程的报告。从此他一直关心与爆炸现象相关的各种过程。1881年，他发明了一种弹式量热计，并测得了一系列有机化合物的燃烧热，他首创的那种量热计一直沿用至今。

这位法国伟大的科学家和社会活动家在1907年3月18日结束了他科学的一生。

2.9.4　电化学建立和发展

1780年，意大利解剖学家伽法尼正在做解剖青蛙的实验。他左手拿着镊子，右手拿着解剖刀，无意中同时碰在青蛙的大腿上，青蛙大腿的肌肉立刻抽搐了一下。伽法尼有些吃惊，因为这只青蛙已经死了很久了。他又反复试验，发现只有两个金属器械同时去碰青蛙腿才会有这种反应，如果只有一个去碰就什么也不会发生。

当时，"电"还是一种刚被发现的事物，但是伽法尼提出了大胆的猜想——出现这种现象是因为两种金属器械使青蛙腿产生了微小的电流，他称之为"生物电"。一般认为这是电化学的起源。

（1）电化学建立和发展的基础

电是自古以来人们就观察到的现象，开始人们只认识一些静电现象。

伏特研究了伽法尼的实验，发现只要两种不同的金属相互接触，中间隔有湿的硬纸、皮革或其他海绵状的东西，不管有无蛙腿，均有电流产生。

1800年，英国科学家尼科尔莱证明了水是由氢、氧组成的，氢氧的比例是2：1。

1807年，英国的戴维用电解法成功地电解了苛性钾、苛性钠，在阴极得到了金属钾和钠。

后来戴维又与其他人一起用电解法得到了钙、锶、钡等碱土金属，他们的这些实验为电化学的建立和发展打下了牢固的基础。

（2）法拉第电解定律

1832年，法拉第通过各种实验证明，摩擦产生的静电与伏打电、生物电、温差电、磁电等都是本质相同的电现象。

同时，法拉第在自己的实践中认识到电的量及其强度（即后来的电流和电压）是有区别的，他用改变极板的远近和形状来改变电场强度，结果发现电场强度对电解产物没有影响。

产物的数量与通过的电量成正比；由相同的电量产生的不同电解产物，有固定的"当量"关系，这两条以后称为法拉第电解第一、第二定律。

稳定电流出现以后，电学从静电学步入动电学的新阶段，"电"一下子成了人们改造自然的锐利武器。

1830年出现电动机，1831年研究出电报装置，1876年发明了电话。

之后电解在工业上广泛运用，1836年英国开始研究银的电镀，1839年俄国开始研究电镀铜，1894年开始研究电镀镉。

（3）电解质存在状态的研究

1805年，格罗特斯认为电解质在电的作用下能离解为阴、阳离子，在负极上阳离子能够放电，在正极上阴离子能够放电，分别释放出来；当没有电作用时，电解质仍旧以分子的形式存在于溶液之中。

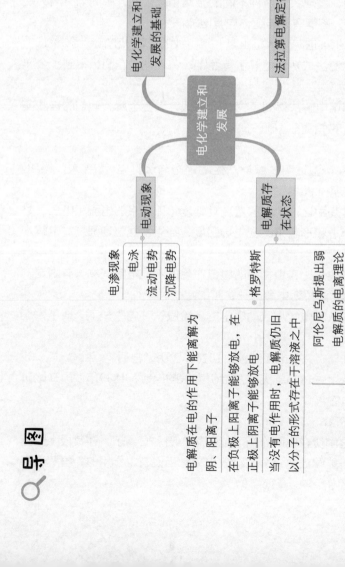

导图

电化学建立和发展

电化学建立和发展的基础

伽法尼：蛙腿抽搐实验

伏特："伏特电池"

尼科尔森：水中氢氧的比例是2：1

戴维用电解法成功地电解了苛性钾、苛性钠

法拉第电解定律

摩擦产生的静电与打电、生物电、温差电、磁电等都是本质相同的电现象

电的量及其强度（即后来的电流和电压）有区别

电解产物的数量与通过的电量成正比

由相同的电量产生的不同电解产物，有固定的"当量"关系

定义了"电解质""电极""离子"等

《关于电的实验研究》

电动现象

电渗现象
电泳
流动电势
沉降电势

电解质存在状态

格罗特斯

电解质在电的作用下能离解为阴、阳离子

在负极上阴离子能够放电，在正极上阴离子能够放电

当没有电作用时，电解质仍以分子的形式存在于水溶液之中

阿伦尼乌斯提出电离理论

电解质的电离理论

德拜提出强电解电质静电作用理论

在金属/溶液界面上形成"电化学双电层"

共同解释

（4）电动现象的发现

1807年发现在外电场作用下，液体可以通过固体的微孔隔膜而移动，称为"电渗"现象；溶液中胶粒在外电场作用下会移动，称为"电泳"。

1852年发现在液体移动方向上，任意两点间产生一个"流动电势"，1878年发现微小粒子在重力作用下沉降时，产生"沉降电势"。

人物小史与趣事

伏特电池的诞生

1780年的一天，意大利波洛纳大学的解剖学教授伽法尼（Galvani）在实验室做解剖实验。他在一块潮湿的铁案台上解剖一只青蛙，打开青蛙的肚皮，取出了内脏。无意中他把解剖刀接触到死蛙背脊的神经上，这个死蛙的大腿突然抽搐了一下，并翘了起来，把他吓了一跳。再试一下，蛙腿又抽动了一下，这种奇怪的现象引起了他的兴趣。最初伽法尼认为与放在旁边的静电起电机有关，但拿去静电起电机后，仍有这种现象。他认为，可能是青蛙的神经中有一种看不见的生命流体，当金属导线与其接触形成通路时，生命流体就会顺着导线在青蛙脊椎骨和腿神经之间流动，这种流动刺激蛙腿发生了痉挛现象。这种含糊不清的解释的根据是什么，他自己也说不清楚。于是，伽法尼把这个实验现象连同他的解释写成一篇论文，在一个刊物上发表。这篇论文引起了一些科学家的兴趣。

意大利物理学教授伏特读了这篇论文以后，就在自己的实验室里重复了伽法尼的实验。他是搞物理的，在观察问题、思考问题的角度上与解剖学家不同。伏特的注意点在那一对金属线上，而不是在青蛙的神经上。他想，这是否与电有关，因为人体接触到静电时就会肌肉发麻与抽搐。他推想，是否两种不同的金属接触后会发生电的现象。于是他设计了一种能检验很小电量的验电器，进行了很多次实验研究，结果证明，只要两种金属片中间隔以用盐水或碱水浸过的硬纸、麻布等东西，并用金属导线把它们接触起来，不管有无青蛙的肌肉，都有电流通过。这说明电并不是从青蛙的组织中产生的，蛙腿只不过是一种非常灵敏的"验电器"而已。伽法尼在解剖青蛙时，案台是铁的，手术刀是铜的，青蛙的体液是电解质溶液，因此产生了电流。以后伏特又进行了许多试验，发现金属起电的顺序：锌—铅—锡—铁—铜—银—金，这个序列的意思是说，其中任何两个金属相接触，都是位序在前的金属带负电，位序在后的金属带正电。

伏特还发现这种"金属对"产生的电流虽然微弱，但是非常稳定，后来他把40对、60对圆形的铜片和锌片相间地叠起来，每一对之间都放上用盐水浸湿的麻布片，再用两条金属导线分别与顶面上的锌片和底面上的铜片连接起来，则两条金属导线端点间就会产生几伏的电压，足以使人感到强烈的"电震"，而金属片的对数越多，电流越强，如果把铜片换成银片则效果会更好。这样产生的电流不仅相当强，而且非常稳定，可供人们研究使用，后来人们都把它叫作伏特电堆。

不久，他发现当锌、铜片之间的湿布慢慢干燥后，电堆产生的电流也逐渐变小。于是他改用一大串杯子，里面放上盐水，每杯中插入一对铜、锌片，然后用金属导线把一个杯子中的锌片和另一个杯子里的铜片连接起来，这样就得到了经久耐用的电池。后来他又发现，把杯里的盐水改为稀硫酸溶液效果更好。这种电池后来被人们称为铜锌伏特电池，是世界上第一个实用的电池。

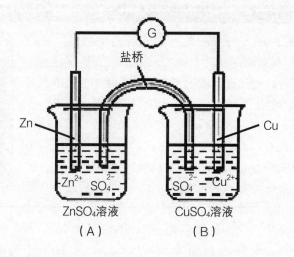

汉弗莱·戴维被称为"诗人兼哲学家"，1778年12月17日出生在英格兰彭赞斯城附近的乡村。

戴维与一氧化二氮（N_2O）

戴维研究的第一个课题是一氧化二氮（N_2O）的性质，是贝多斯博士建议的。一天贝多斯博士来到实验室考察，一不小心碰倒一个大铁架，弄翻了盛N_2O的器皿。戴维立即跑过来看他。贝多斯博士很抱歉地对戴维说："请你原谅我。"一向以孤僻和冷漠闻名的贝多斯博士，突然带着令人费解的微笑望着他。"汉弗莱，你太爱开玩笑了，你怎么可以把铁架和玻璃器皿放在一起呢？它们碰撞起来的声音是多么的响亮啊！"接着就哈哈大笑起来。"的确是一件很开心的事。"戴维同意他的意见，也跟着大笑起来，这两位科学家面对面地站着，不停地哈哈大笑。笑声震撼了整个实验室，这种不平常的喧闹，引起了隔壁实验室助手们的注意，他们跑来，站在门边愣住了，"他们怎么啦？犯精神病啦？"助手们用手捂住鼻子，大声喊："快出来，你们需要呼吸新鲜空气，你们中毒了。"助手们把他俩拉出实验室，贝多斯与戴维在新鲜空气中才渐渐地恢复了神态。之后，戴维发现N_2O对人体有刺激

戴维

作用，使人体产生快感，并且有麻痹作用，可以用于外科手术。

> **知识链接**
>
> ### 一氧化二氮（N₂O）
>
> 一氧化二氮（N_2O），又称笑气，无色有甜味的气体，是一种氧化剂，化学式为N_2O，在一定条件下能支持燃烧（同氧气，因为笑气在高温下能分解成氮气和氧气），但在室温下稳定，有轻微麻醉作用，并能致人发笑。
>
> 将N_2O与沸腾气化的碱金属反应可以生成一系列的亚硝酸盐，在高温下，一氧化二氮也可以氧化有机物。
>
> 加热硝酸铵可以生成一氧化二氮和水：$NH_4NO_3 \xrightarrow{\Delta} N_2O\uparrow + 2H_2O$，工业上对硝酸铵热分解可制得纯度95%的一氧化二氮，一个一氧化二氮分子与六个水分子结合在一起。当水中溶解大量一氧化二氮时，再把水冷却，就会有一氧化二氮晶体出现。把晶体加热，一氧化二氮会逸出，人们利用一氧化二氮这种性质，制高纯一氧化二氮。

戴维证明金刚石与木炭的组成

戴维婚后，蜜月旅行时还带了一个特别的流动实验室，带的唯一的助手是迈克尔·法拉第。虽然当时法英在打仗，但拿破仑很尊重他，准许他通过法国去意大利，他在巴黎受到热情的接待。在意大利，他用火燃烧了金刚石，证明了金刚石与木炭的组成是一样的，那是在托斯卡纳别墅里发生的事情。戴维虽然善于雄辩，但他无法让伯爵相信金刚石是由纯碳组成的，伯爵从手指上摘下镶嵌着钻石的戒指，把它递给戴维："请你确证一下，这个极好看的金刚石是由碳组成的吗？把它烧着了，我就相信你。""多么糊涂啊，金刚石是一件珍宝。""别担心，托斯卡纳伯爵的珍宝多得很！"戴维对站在身边的法拉第说："把聚光镜拿来，把燃烧炉点起来，我们给伯爵证实一下。"很快一切准备好了，法拉第先把金刚石放在燃烧炉中烧，到滚热后再把用聚光镜聚焦的强烈阳光照到这块闪闪发光的宝石上，过了一会儿，戒指熔化了，可是金刚石仍然未变。伯爵洋洋得意地观察着："钻石烧不掉吧？"但是，并没有持续多久，当温度升到足够高时，金刚石跟着变小，最终消失了。伯爵大为惊讶："真奇怪，我的金刚石溜走了。""它不是溜走了，而是烧光了。"

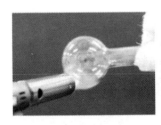

（a）加热金刚石

（b）金刚石发出白光

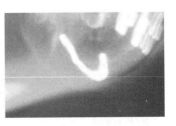

（c）金刚石在烧瓶内旋转

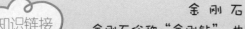

> **金 刚 石**
>
> 金刚石俗称"金刚钻"，也就是常说的钻石的原身，它是一种由碳元素组成的矿物，是自然界由单质元素组成的粒子物质，是碳元素的同素异形体。
>
> 金刚石是目前在地球上发现的众多天然存在物质中最坚硬的，同时金刚石不是只存在于地球上，现发现在天体陨落的陨石中也有金刚石的生成态相。
>
> 金刚石矿物晶体构造属等轴晶系同极键四面体型构造。碳原子位于四面体的角顶及中心，具有高度的对称性。常见晶形有八面体、菱形十二面体、立方体、四面体和六八面体等。

2.9.5　化学动力学的发展

物质能否发生化学反应以及它们反应能的大小，是化学中一个古老的问题。早期的化学文献中，反应时间或反应速率与"亲和力""化学力""作用力"分不开。人们认为化学反应的快慢与物质的亲和力有关，质量作用定律也是借助于这种带有力学色彩的观念指导，在寻找亲和力的过程中逐步建立起来的。到19世纪中期，虽然质量作用定律已经基本形成，但仍然经常用"化学力"来表达它，1864～1865年哈库特研究高锰酸钾与草酸反应时采用了反应速率的概念，以后范霍夫用反应速率代替了"化学力"。

（1）反应速率与浓度的关系（质量作用定律）

1799年，贝托雷宣读了他的第一篇论文，指出：化学反应不但要看亲和力，而且更重要的是反应中的各个物质的质量及其产物的性质（尤其是挥发性与溶解度）。

贝托雷得出结论：当产物足够过量时，一个化学反应可以按相反的方向发生。他指出那些亲和力表中的没有体现出反应物的量是一个重要的角色。

贝托雷把反应过程中起作用的物质的质量称为"化学质量"，以今天的观点看，他的"化学质量"实际上是一个与当量浓度成正比的量。

1850年，威廉米对水溶液中酸催化蔗糖转化反应进行了研究，他发现，在大量的水中，在时间间隔dt内，转化了的蔗糖量与当时尚存在的蔗糖量M成正比。

1860年，贝特罗与吉尔提出："在任一个瞬间，产物形成的量都与反应的物质的量成正比，与起反应的溶液体积成反比。"他们尚未提到浓度，但已经注意到溶液体积的影响。

1864年哈库特与艾逊提出："一个化学反应的速率与发生变化的物质的量成正比。"他们还对反应$H_2O_2 + 2HI \longrightarrow 2H_2O + I_2$进行了研究，证明这个反应的速率与$H_2O_2$的量成正比。

古德贝格与瓦格把单位体积中的反应物分子数（即浓度），叫作"有效质量"，他们认为A、B之间的反应与A、B的有效质量p与q的乘积成正比，他们称比例系数k为亲和力系数。

古德贝格与瓦格第一次提出浓度乘积上带有相应的指数的表达式。

1884年，范霍夫建议把浓度乘积上的指数叫作反应的级数。

1895年，诺伊斯建议，应当区分反应的分子数与反应的级数这两个概念。

（2）温度对化学反应速率的影响

范霍夫得出 $\dfrac{\mathrm{d}\ln k}{\mathrm{d}T} = \dfrac{A}{T} + B$ 的两常数公式。

1889年，阿伦尼乌斯首先对反应速率随温度变化规律的物理意义给出解释，他注意到温度对反应速率的强烈影响（每升高1℃，反应速率增加12%~13%）。

阿伦尼乌斯认为，不能用温度对反应物分子的运动速度、碰撞频率、浓度和反应体系的黏度等物理现象的影响来解释反应速率的温度系数，因为前者远小于后者（每升高1℃，前者温度系数都超过2%）。

阿伦尼乌斯根据蔗糖转化的反应，设想在反应体系中存在着一种不同于一般反应物分子（M）的"活化分子"（M*），后者才是真正进入反应的物质，其浓度随温度的升高而显著增加（每升高1℃，增加12%），而反应速率则取决于活化分了的浓度。

阿伦尼乌斯认为，活化分子M*是由非活化分子转化而成的。

（3）化学反应速率的理论

对于活化分子是如何产生的，戈尔德施密特是第一个用气体分子运动论解释活化分子的人，他认为，活化分子是气体中那些具有比分子平均速率更大的分子。

过渡状态理论认为，反应物分子进行有效碰撞，首先形成一个过渡状态，称为活化缔合物或活化物，然后分解，形成反应的产物。

活化缔合物的分解是控制反应速率决定性的一步。

⬡ 人物小史与趣事

阿伦尼乌斯（1859—1927）生于瑞典，获得了1903年诺贝尔化学奖。

在哲学上阿伦尼乌斯是一位坚定的自然科学唯物主义者，他终生不信宗教，坚信科学。他能打破学科的局限，从物理与化学的联系上去研究电解质溶液的导电性，因而冲破传统观念，独创电离学说。电离理论的创建，是阿伦尼乌斯在化学领域中最重要的贡献。为了从理论上概括和阐明自己的研究成果，他写了两篇论文。第一篇是叙述和总结实验测量和计算的结果，题为《电解质的电导率研究》。第二篇是在实验结果的基础上，对于水溶液中物质形态的理论总结，题为《电解质的化学理论》，专门阐述电离理论的基本思想。阿伦尼乌斯知识渊博，对自然科学的各个领域都学有所长，早在学生时代就已精通英、德、法和瑞典等国语言，这对他周游各国，广泛求师进行学术交流起了重大作用。

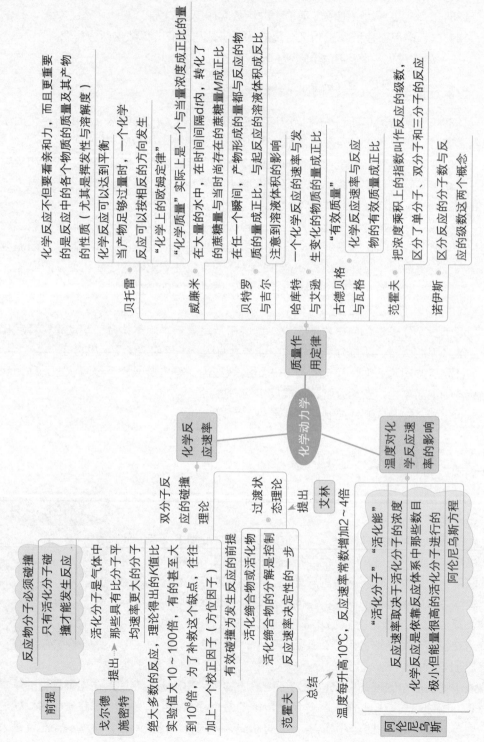

导图

质量作用定律

贝托雷 ·
- 化学反应不但要看亲和力，而且更重要的是反应中的各个物质的质量及其产物的性质（尤其是择发性与溶解度）
- 化学反应可以达到平衡

威廉米 ·
- 当产物足够过量时，一个化学反应可以按相反的方向发生
- "化学上的欧姆定律"
- "化学质量"实际上是一个当量浓度成正比的量
- 在大量的水中，在时间间隔dt内，转化了的蔗糖量与当时尚存在的蔗糖量M成正比

贝特罗与吉尔 ·
- 在任一个瞬间，产物生成的量都与反应的物质的量成正比，与起反应的溶液体积成反比
- 注意到溶液体积的影响

哈库特与艾逊 ·
- 一个化学反应的速率与发生变化的物质的量成正比
- "有效质量"

古德贝格与瓦格 ·
- 化学反应速率与反应物的有效质量成正比

范霍夫 ·
- 把浓度乘积上的指数叫作反应的级数
- 区分了单分子、双分子和三分子的反应

诺伊斯 ·
- 反应的分子数与反应的级数这两个概念

化学动力学

化学反应速率

温度对化学反应速率的影响

前提
- 反应物分子必须碰撞
- 只有活化分子碰撞才能发生反应

戈尔德施密特 —提出→ 活化分子是具有比分子平均速率更大的分子

绝大多数的反应，理论值得出K值比实验值增大10～100倍，有的甚至大到10^8倍，为了补救这个缺点，往往加上一个校正因子（方位因子）

双分子反应的碰撞理论

- 有效碰撞为发生反应的前提
- 活化络合物或活化物活化络合物的分解是控制反应速率决定性的一步

过渡状态理论

艾林 提出

范霍夫 总结→ 温度每升高10℃，反应速率增大2～4倍

阿伦尼乌斯
- "活化分子""活化能"
- 反应速率取决于活化分子的浓度
- 化学反应速率是依靠反应体系中那些能量数目极小但能量很高的活化分子进行的
- 阿伦尼乌斯方程

2.9.6　催化作用及其理论的发展

催化作用很早就被人注意，例如在古代，人们利用麯曲酿酒成醋，中世纪，用硝石催化的硫黄为原料来造硫酸，13世纪便发现硫酸催化能使乙醇变为乙醚，18世纪用一氧化氮催化氧化二氧化硫制备硫酸。1835年，贝采里乌斯总结了前人的经验，研究了催化反应，例如酸催化淀粉转化成葡萄糖，铂催化氢气与氧气的自动燃烧。他为了解释这些现象，首先提出"催化剂"这一名词，认为催化剂是一种具有催化力的外加物质，在这种力影响下的反应叫催化反应。

（1）对催化作用的逐步认识

1895年，奥斯特瓦尔德对催化作用与催化剂提出了新的解释，他写道："催化现象的本质在于某些物质具有特别强烈的加速那些没有它们参加时进行得很慢的反应过程的性能。"任何不参加到化学反应的最终产物中，只是改变反应的速率的物质即称为"催化剂"。他提出催化剂的另一个特点：在可逆反应中，催化剂只能加速平衡的到达，而不能改变平衡常数。

1912年，合成氨气实现了工业化。

合成氨气工业的发展，大力推动了催化作用的研究，并在工业发展上获得巨大成果。

1923年利用$ZnO\text{-}CrO_3$作催化剂使一氧化碳与氢气合成甲醇，1926年在工业上实现了一氧化碳与氢气合成人造液体燃料。

（2）催化理论的发展

1806年，克雷蒙与德索尔姆在研究一氧化氮对二氧化硫氧化的催化作用时，推测一氧化氮先与氧气形成中间化合物，中间产物再与二氧化硫作用，把二氧化硫氧化成三氧化硫，自身又变成二氧化氮，1835年贝采里乌斯提出下列的反应历程：

$$2NO+O\text{——}N_2O_3$$
$$H_2O+SO_2+N_2O_3\text{——}H_2SO_4+2NO$$

1824年，意大利的珀兰意提出催化反应的吸附理论。他认为吸附作用是由于电力而产生的分子吸附力。

1834年，法拉第也提出吸附理论，不过他认为不是电力，而是靠同体物质吸引而呈现的气体张力。如果催化剂表面很纯净，即没有消除吸引力的杂质，气体会在上面凝结，一部分反应分子彼此接近，当接近到一定程度时就会促进化学亲和力发生作用，抵消排斥力，因而反应容易进行。

1916～1922年朗缪尔发表了一系列关于单分子表面膜行为与性质研究的成果，提出吸附等温方程式，对催化剂的吸附理论影响很大。

合成氨的生产中，人们发现原料气中少量的杂质对催化剂的活化性能具有很大的影响，其他催化剂也有类似的现象，还发现催化剂对某一过程会因中毒而很快失去活性，但对另一过程却仍保持催化活性，仅当中毒更深时才失去活性。

1939年苏联人柯巴捷夫提出活性基团理论，认为活化中心是催化剂表面上非晶相中几个催化剂原子组成的基团，组成这种基团的原子数目与反应机理有关，他用统计力学进行了处理。

（3）催化作用在工业生产中的应用及催化剂的发展

在催化反应的科研发展过程中，常常出现发现一种新的催化剂导致工业生产发生了重大革新的现象。例如，1884年发现在含有汞盐的硫酸作用下，可实现将乙炔水合变为乙醛。1959年，发明了氯化钯-氯化铜催化剂，可在水溶液中将乙烯用空气直接氧化生产乙醛。20世纪50年代，齐格勒-纳塔将氯化钛-烷基铝作为催化剂，实现了高分子的聚合。

酶是人们最早熟悉的催化剂，也是当前研究最活跃的一类催化剂。酶有特殊的选择性，高度的专一性。许多酶中都含有重金属离子，重金属离子起活化中心的作用。

因此模拟酶的特异功能，仿照酶的结构合成高效的模拟酶催化剂是催化作用理论在实践中的重大研究课题。

人物小史与趣事

朗缪尔

朗缪尔（1881—1957），出生于纽约布鲁克林。父母常常鼓励他观察大自然，并要细心记录自己的观察。年轻时的朗缪尔爱好广泛，不仅是一位卓越的科学家，还是出色的登山运动员和优秀的飞行员。1932年8月，他曾兴致勃勃地驾驶飞机飞上了九千米高空观测日食。他还曾获得文学硕士和哲学博士学位。他的哥哥也是化学家，对他的科学兴趣有不少影响。

1903年他毕业于哥伦比亚大学的矿业学院，获冶金工程师称号。1906年在德国哥廷根大学获化学博士学位，他的导师是能斯特。他在1912年和1913年从事的研究使照明有重大的发展：往电灯泡里充满惰性气体，使灯泡的照明时间延长到原来的3倍，而且还减轻了灯泡变黑的问题。这是当年通用电气公司的广告用语："同是买一个，如今能顶三个。"

1918年朗缪尔发现氢气在高温下吸收大量热会离解成氢原子，经过持续研究，终于在1927年发明了因离解氢原子再结合而产生高温，用以焊接金属的原子氢焊接法。1919～1921年间，朗缪尔还研究了化学键理论，并发表了有关论文，提出了原子结构的理论模型。1913～1942年间，他对物质的表面现象进行了研究，开拓了化学学科的新领域——表面化学。1916年他发表论文《固体与液体的基本性质》，文中首次提出了固体吸附气体分子的单分子吸附层理论，并推导出吸附表面平衡过程的朗缪尔等温吸附式。朗缪尔还对液体表面有机化合物的物理化学性质进行了大量研究。他对单分子膜的研究促进了催化吸附理论的研究，对有机合成和石油炼制工业的发展均有重要作用，同时也促进了酶、维生素等生命物质的研究。

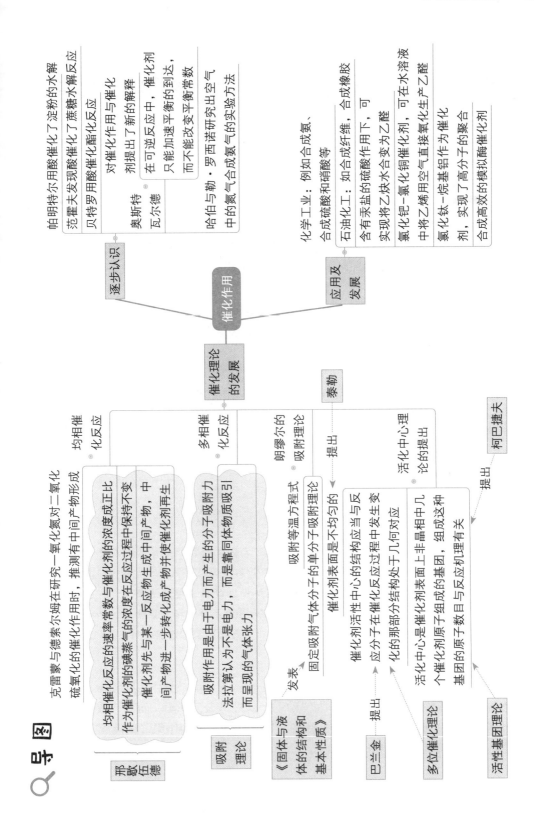

导图

催化作用

逐步认识

帕明特尔用酸催化了淀粉的水解

范霍夫发现酸催化了蔗糖水解反应

贝催罗用酸催化酯化反应

奥斯特瓦尔德
- 对催化作用与催化剂提出了新的解释
- 在可逆反应中，催化剂只能加速平衡的到达，而不能改变平衡常数

哈伯与勒·罗西诺研究出空气中的氮气合成氨气的实验方法

应用及发展

化学工业：例如合成氨、合成硫酸和硝酸

石油化工：如合成纤维、合成橡胶等

含有汞盐的硫酸作用下，可实现将乙炔水合变为乙醛

氯化钯－氯化铜催化剂，可在水溶液中将乙烯用空气直接氧化生产乙醛

氯化钛－烷基铝作为催化剂，实现了高分子的聚合

合成高效的模拟酶催化剂

催化理论的发展

那歇伍德

均相催化反应
- 克雷蒙与德索尔姆在研究二氧化氮对二氧化硫氧化的催化作用时，推测有中间产物形成
- 均相催化反应的速率常数与催化剂的浓度成正比
- 作为催化剂的硬紫气在反应过程中保持不变，中催化剂先与某一反应生成中间产物，中间产物进一步转化成产物并使催化剂再生

多相催化反应

吸附理论
- 吸附作用是由于电力而产生的分子吸附力的分子吸附引力而产生的分子吸附力
- 法拉第认为不是电力，而是靠同体物质吸引而呈现的气体张力

《固体与液体的结构和基本性质》

巴兰金 ——提出——

多位催化理论

朗缪尔的吸附理论
- 吸附等温方程式
- 固定吸附气体分子单分子吸附理论
- 催化剂表面是不均匀的

——提出—— 泰勒

活化中心理论的提出
- 催化剂活性中心的结构应当与反应结构在催化反应过程中发生变化的那部分结构相对应
- 活化中心是催化剂表面上非晶相有几个化原子组成的基团，组成这种基团的原子数目与反应机理有关

活性基团理论

——提出—— 柯巴捷夫

朗缪尔因对表面化学研究的功绩而获得1932年诺贝尔化学奖，这在工业企业界的研究人员中还是首例。他还两次获得尼科尔奖章。

除此之外，朗缪尔是首次实现人工降雨的科学家，他被称为是人工降雨干冰布云法的发明人。

1946年7月中的一天，骄阳当空，酷热难熬。朗缪尔正紧张地进行实验，忽然电冰箱不知因何处设备故障而停止制冷，冰箱内温度降不下去，他决定采用干冰降温。固态二氧化碳气化热很大，在－60℃时为87.2卡/克，常压下能急剧转化为气体，吸收环境热量而制冷，可使周围温度降到－78℃左右。当他刚把一些干冰放进冰箱的冰室中，一幅奇妙无比的图景出现了：小冰粒在冰室内飞舞盘旋，霏霏雪花从上落下，整个冰室内寒气逼人，人工云变成了冰和雪。

朗缪尔分析这一现象认识到：尘埃对降雨并非绝对必要，干冰具有独特的凝聚水蒸气的作用，可作为冰晶或冰核的"种子"。温度降低也是使水蒸气变为雨的重要因素之一，他不断调整加入干冰的量和改变温度，发现只要温度降到－40℃以下，人工降雨就有成功的可能。朗缪尔发明的干冰布云法是人工降雨研究中的一个突破性的发现，它摆脱了旧观念的束缚。有趣的是，这个突破性的发明，是于炎热的夏天中在电冰箱内取得的。

朗缪尔决心将干冰布云法实施于人工降雨的实践。1946年他虽已是66岁的老人，但仍像年轻人一样燃烧着探索自然奥秘的热情。一天，在朗缪尔的指挥下，一架飞机腾空而起飞行在云海上空。试验人员将207千克干冰撒入云海，就像农民将种子播下麦田。30分钟后，倾盆大雨洒向大地，第一次人工降雨试验获得成功！

知识链接

干　冰

干冰是固态的二氧化碳。二氧化碳常态下是一种无色无味的气体，自然存在于空气中，虽然二氧化碳在空气中的含量相对而言很小（体积分数大约为0.03%），但它却是我们所认识到的最重要的气体之一。干冰极易挥发，升华为无毒、无味的比固体体积大600～800倍的气体二氧化碳，所以干冰不能储存于完全密封的容器中，如塑料瓶，干冰与液体混装很容易爆炸。

朗缪尔开创了人工降雨的新时代。根据过冷云层冰晶成核作用的理论，科学家们又发现可以用碘化银（AgI）等作为"种子"，进行人工降雨。而且从效果看，碘化银比干冰更好。碘化银可以在地上撒播，利用气流上升的作用，飘浮到空中的云层里，比干冰降雨更简便易行。

知识链接

碘化银

碘化银为亮黄色无臭微晶形粉末，不溶于稀酸、水，微溶于氨水，易溶解于碘化钾、氰化钾、硫代硫酸钠和甲胺，无论碘化银的固体或液体，均具有感光特性，可感受从紫外线到约480毫米波长之间的光线，光作用下分解成极小颗粒的"银核"，而逐渐变为带绿色的灰黑色，与氨水一起加热，由于形成碘化银-氨络合物结晶体，即转为白色。

碘化银用于显影剂和人工增雨等，在人工降雨中，用作冰核形成剂。

朗缪尔于1957年8月16日在马萨诸塞州去世，享年76岁。为了纪念他所发现的单分子层吸附理论，命名了"朗缪尔吸附等温方程"，阿拉斯加的一座山命名为"朗缪尔山"，纽约州大学的一个专科学院命名为"朗缪尔学院"。

合成氨的发展

18世纪20年代后期，英国的牧师、化学家哈尔斯，用氯化铵与石灰的混合物在以水封闭的曲颈瓶中加热，只见水被吸入瓶中而不见气体放出。18世纪70年代中期，化学家普里斯特利重做这个实验，采用汞代替水来密闭曲颈瓶，制得了氨气。

19世纪末，法国化学家勒夏特利最先研究氢气和氮气在高压下直接合成氨的反应。很可惜，由于他所用的氢气和氮气的混合物中混进了空气，在实验过程中发生了爆炸。

勒夏特利

虽然在合成氨的研究中遇到的困难不少，但是，德国的物理学家、化工专家哈伯和他的学生勒·罗塞格诺尔仍然坚持研究。起初他们想在常温下使氢气和氮气反应，但没有氨气产生。他们又在氮、氢混合气中通以电火花，只生成了极少量的氨气，而且耗电量很大，后来才把注意力集中在高压这个问题上，他们认为高温高压是最有可能实现合成反应的。

但什么样的高温和高压条件为最佳？什么样的催化剂为最好？这还必须花大力气进行探索。以锲而不舍的精神，经过不断实验和计算，哈伯终于在20世纪初取得了鼓舞人心的成果。这就是在600℃的高温、200个大气压和以锇为催化剂的条件下，能得到产率约为8%的合成氨。8%的转化率不算高，当然会影响生产的经济效益。哈伯知道合成氨反应不可能达到像硫酸生产那么高的转化率，在硫酸生产中二氧化硫氧化反应的转化率几乎接近于100%。怎么办？哈伯认为若能使反应气体在高压下循环加工，并从这个循环中不断把反应生成的氨分离出来，则这个工艺过程是可行的，于是他成功地设计了原料气的循环工艺，这就是合成氨的哈伯法。

知识链接

合 成 氨

合成氨也就是氨气，分子式为 NH_3，是指由氮和氢在高温高压和催化剂存在下直接合成的氨。世界上的氨除了少量从焦炉气中回收副产外，绝大部分是合成的氨。

生产合成氨的主要原料有天然气、石脑油、重质油和煤（或焦炭）等。

氨主要用来制造氮肥和复合肥料，氨作为工业原料和氨化饲料，用量约占世界产量的12%。硝酸、各种含氮的无机盐及有机中间体、磺胺药、聚氨酯、聚酰胺纤维和丁腈橡胶等都需直接以氨为原料来制备。液氨常用作制冷剂。

3

现代化学时期

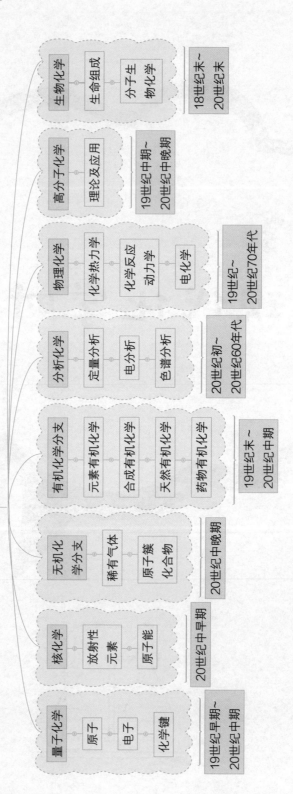

导 图

现代化学时期

生物化学
- 生命组成
- 分子生物化学

18世纪末~20世纪末

高分子化学
- 理论及应用

19世纪中期~20世纪中晚期

物理化学
- 化学热力学
- 化学反应动力学
- 电化学

19世纪~20世纪70年代

分析化学
- 定量分析
- 电分析
- 色谱分析

20世纪初~20世纪60年代

有机化学分支
- 元素有机化学
- 合成有机化学
- 天然有机化学
- 药物有机化学

19世纪末~20世纪中期

无机化学分支
- 稀有气体
- 原子簇化合物

20世纪中晚期

核化学
- 放射性元素
- 原子能

20世纪中早期

量子化学
- 原子
- 电子
- 化学键

19世纪早期~20世纪中期

从20世纪开始，人类对自然界的认识有了举世震惊的进展，化学学科进入了现代化学时期。

3.1 现代量子化学形成

3.1.1 电子的发现

19世纪中叶以来，伴随着电的知识的积累和真空技术的提高，对真空放电及电的本性的研究越来越引起人们的兴趣，从而带来了一系列相关现象的发现和科学发明。

（1）真空放电研究和阴极射线的发现

早在1836年，法拉第就研究过低压气体中的放电现象。

1855年，德国化学与物理仪器制造商赫斯勒利用水银空气真空泵制造出各种精巧的低压气体放电管。

1857年，德国物理学家普吕克尔注意到，从铂阴极发出的粒子飞向玻璃管，粒子流打在管壁上发出荧光，产生的荧光斑能够被磁力偏转。

1865年，斯普伦格制成了水银流柱高真空泵，改善了这项研究的技术条件。

1869年，普吕克尔的学生希托夫发现，如果把各种形状的固体放在阴极和发荧光的玻璃壁之间，物体的影子就明显地映在管壁上，由此他推断射线是直线传播的。

1879年，英国物理学和化学家克鲁克斯亲自改良了真空泵，获得了10^{-6}个大气压数量级的真空度。他通过实验发现，阴极射线能推动放入管内的云母小风车旋转，从而认定阴极射线是一种粒子流。

克鲁克斯得出一系列重要结论：

①阴极射线是直线运动的，所以可以在挡板后面出现清晰的阴影。

②阴极射线是一束粒子流，因此它可以推动小风车转动。

③阴极射线的粒子是带电体，所以它在磁场中发生偏转。

④阴极射线是各种阴极材料中的共同成分，因为其性质与阴极材料无关。

⑤由于粒子流有动能，所以当它轰击到玻璃管壁后呈现荧光或发热。

1879年8月22日，克鲁克斯正式在学术会议上作了题为《辐射作用》的专题报告，将阴极射线称为"物质的第四态"或"超气态物质"。

1894年，德国物理学家勒纳得证实了阴极射线能够穿透薄金属片产生漫射的说法，并得出结论：阴极射线一定能够描绘在分子限度范围内的极为细微的以太运动。

1894年，英国剑桥大学物理学教授J.J.汤姆逊利用旋转镜测得阴极射线的速度是1.9×10^7厘米/秒，与光速相比实在是太小了，因此，他认为把阴极射线看成电磁波是毫无道理的。

这一阶段关于阴极射线的探究和争论最终导致了X射线的发现和电子存在的确证。

（2）X射线的发现

1895年11月8日，德国维尔茨堡大学的物理学教授伦琴在研究阴极射线时，发现了一种更加奇特的射线。

这种射线可以穿透约1000页的书籍、数张叠在一起的锡箔、15厘米厚的木板、数厘米厚的硬橡胶和玻璃板以及肌肉等物质；它可以使照相底片感光，可使各种荧光物质发光；但它并不是阴极射线，因为它不被磁场偏转。伦琴将其命名为"X射线"。

（3）电子存在的确证

1907～1917年，密立根通过依据斯托克斯定理设计的油滴实验，对电子的电荷进行了系统而精确的测量。其测定结果表明，电荷是一个孤立的常数，而不是统计数的平均值。他最后测得的基本电荷e的值为（4.774 ± 0.009）$\times 10^{-10}$esu（通常取$e = 1.60 \times 10^{-19}$C）。

至此，关于电子存在的确证圆满结束，原子已不再是不可分的最小物质结构单位。人类对物质世界的认识产生了又一个质的飞跃，化学科学也从此步入了微观世界。

人物小史与趣事

汤姆逊

汤姆逊（1856—1940），电子的发现者，世界著名的卡文迪许实验室第三任主任，生于英国曼彻斯特。

21岁时，他被保送进了剑桥大学深造，1880年他参加了剑桥大学的学位考试，以第二名的优异成绩取得学位，两年后被任命为大学讲师。

汤姆逊证实了阴极射线是由电子组成的，人类首次用实验证实了一种"基本粒子"——电子的存在。"电子"这一名称是由物理学家斯通尼在1891年采用的，原意是定出的一个电的基本单位的名称，后来这一词被用来表示汤姆逊发现的"微粒"。自从发现电子以后，汤姆逊就成为国际上知名的学者，人们称他是"一位最先打开通向基本粒子大门的伟人"。

汤姆逊既是一位理论学家，又是一位实验学家，他一生做过的实验，是无法计算的。正是通过反复的实验，他测定了电子的荷质比，发现了电子，又在实验中创造了把质量不同的原子分离开来的方法，为后来发现同位素提供了基础。汤姆逊在担任卡文迪许实验室主任的34年间，着手更新实验室，引进新的教法，创立了极为成功的研究学派。

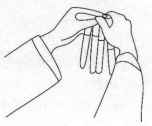

1940年8月30日，汤姆逊在剑桥逝世。他的骨灰被安葬在威斯敏斯特教堂的中央，与牛顿、达尔文、开尔文等伟大科学家的骨灰安放在一起。

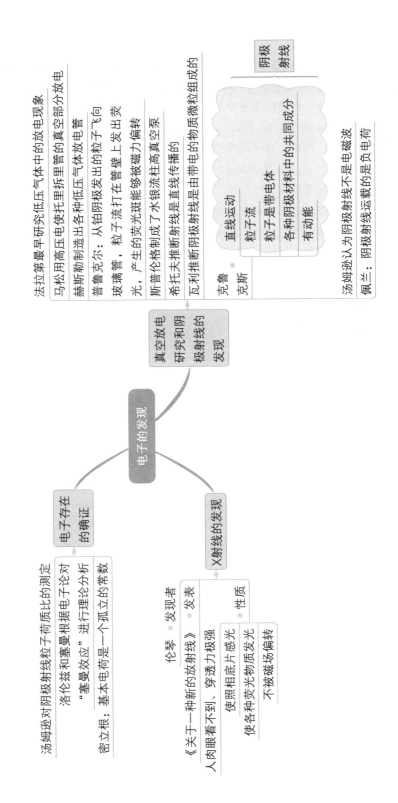

导图

电子的发现

真空放电研究和阴极射线的发现

法拉第最早研究低压气体中的放电现象

马松用高压电使托里拆里管的真空部分放电

赫斯勒制造出各种低压气体放电管

普鲁克尔：从铂阴极发出的粒子飞向玻璃管，粒子流打在管壁上发出荧光，产生的荧光斑能够被磁力偏转

斯普伦格制成了水银流柱高真空泵

希托夫推断阴极射线是直线传播的

瓦利推断阴极射线是由带电的物质微粒组成的

克鲁克斯
- 直线运动
- 粒子流
- 粒子是带电体
- 各种阴极材料中的共同成分
- 有动能

阴极射线

汤姆逊认为阴极射线不是电磁波

佩兰：阴极射线运载的是负电荷

电子存在的确证

汤姆逊对阴极射线粒子荷质比的测定

洛伦兹和塞曼根据电子论对"塞曼效应"进行理论分析

密立根：基本电荷是一个孤立的常数

X射线的发现

伦琴 ® 发现者

《关于一种新的放射线》® 发表

性质
- 人肉眼看不到，穿透力极强
- 使照相底片感光
- 使各种荧光物质发光
- 不被磁场偏转

知识链接

电　子

物质的基本构成单位——原子是由电子、中子和质子三者共同组成。中子不带电，质子带正电，原子对外不显电性。相对于中子和质子组成的原子核，电子的质量极小。质子的质量大约是电子的1840倍。

电子是构成原子的基本粒子之一，质量极小，带单位负电荷，不同的原子拥有的电子数目不同，例如，每个碳原子中含有6个电子，每个氧原子中含有8个电子。能量高的离核较远，能量低的离核较近。通常将电子在离核远近不同的区域内运动称为电子的分层排布。

电子是一种带有单位负电荷的亚原子粒子，通常标记为e⁻。电子属于轻子类，以重力、电磁力和弱核力与其他粒子相互作用。电子带负电，围绕原子核旋转，同一方向光速运动的电子相互作用力为零。

3.1.2　原子结构理论模型的建立和发展

继电子被发现以后，随着实验研究的进展和理论探讨的深入，关于原子结构的理论也日臻完善，各种原子结构模型相继问世。

（1）汤姆逊的"西瓜"模型

1904年，汤姆逊提出了后来称为"西瓜"式的无核模型，他认为原子好像一个带正电的球，承担了原子质量的绝大部分，电子作为点电荷镶嵌在球中间。

（2）卢瑟福的"太阳系"模型

在卢瑟福的"太阳系"有核模型中，原子中心有一个质量几乎等于原子总质量的核，核所带的电荷等于Ze（Z为原子序数，e为电子的电量）。在原子核的周围，在比原子核半径大10000倍的地方存在Z个电子，从而保证整个原子呈电中性。

卢瑟福的实验测定结果表明，原子的直径约为10^{-10}米，电子的直径为$10^{-16} \sim 10^{-14}$米。

卢瑟福的有核原子模型比较圆满地解决了α粒子散射问题，从而使原子结构模型获得了新生。

（3）玻尔的"半量子化"模型

丹麦物理学家玻尔于1913年综合了普朗克的量子理论和爱因斯坦的光子理论，依据当时的实验事实，在卢瑟福原子结构模型的基础上，提出了半量子化原子模型。

1915年，德国物理学家索末菲采用椭圆轨道，解决了玻尔模型对复杂体系的应用，并且根据爱因斯坦相对论所给出的质量与速度的关系解释了谱线的精细结构。

索末菲提出了代表椭圆轨道短半轴的第二个量子数——角量子数l，又称副量子数，进一步完善并令人信服地证明了玻尔模型构建的理论体系的正确性。

玻尔认为原子中的电子是成群地处在一些绕核的层和壳里，每一层可容纳不多于某一确定数目的电子。

玻尔利用这一理论计算了原子中各个轨道上所能容纳的电子数目分别是2、8、

18、18、32。

玻尔在研究原子中电子排布和大量元素的化学性质后得出结论：元素的化学性质与壳层内的电子是填满还是空着有关。

玻尔以2、8、18、18、32为周期的方法排布核外电子，从电子排布的角度构建了一个新的宝塔式的元素周期表。

玻尔理论的欠缺包括：

①不能说明在磁场中原子光谱线的分裂，也不能提供预言谱线相对强度的方法。

②预言的某些结论与实验结果不符（如有2个或3个外层电子的元素的光谱），或不能用已知方法进行检验（如电子轨道的细节）。

1925年，两位荷兰光谱学家乌仑贝克和古斯米特提出电子自旋的假设。他们认为电子作为带电小球，除围绕原子核运动外，还绕自身轴线自旋并且只有顺时针和逆时针两个自旋方向；表征这个特征的量子数是自旋量子数s，分别取值$s=\pm 1/2$。

🔍 导 图

原子结构理论模型

"西瓜"模型
- 汤姆逊
- 原子好像一个带正电的球，承担了原子质量的绝大部分，电子作为点电荷镶嵌在球中间
- 依据：浮置磁体平衡研究
- 错误：电子并列成环

"太阳系"模型
- 卢瑟福
- 原子中心有一个质量几乎等于原子总质量的核，核所带的电荷为Ze
- 原子核如太阳，电子就是绕核运转的行星
- 无法解释原子辐射稳定问题
- 圆满地解决了α粒子散射问题

"半量子化"模型
- 玻尔
- 三条假设
- 推导出著名的计算氢原子光谱线波长的巴尔麦经验公式
- 不足：电子运行轨道的细微结构问题
- 索末菲采用椭圆轨道解决了玻尔模型对复杂体系的应用
- 角量子数和磁量子数
- 计算出原子中各个轨道上所能容纳的电子数目
- 元素的化学性质与壳层内的电子是填满还是空着有关
- 玻尔理论的欠缺
- 乌仑贝克和古斯米特：电子自旋假设和自旋量子数
- 鲍林不相容原理和洪特规则

至此，原子光谱线精细结构得到了圆满解决。四个量子数分别表明了原子中各个电子的不同状态。据此就可以排列各种元素原子的核外电子了。

依据鲍林不相容原理和洪特规则，各种元素的核外电子排布结构就是唯一的了。

人物小史与趣事

卢瑟福

卢瑟福（1871—1937）被公认为是20世纪最伟大的实验学家，在放射性和原子结构等方面，都做出了重大的贡献。他还是最先研究核物理的人，他的发现在很大范围内有重要的应用，如核电站、放射标志物以及运用放射性测定年代等。

卢瑟福生于新西兰纳尔逊的一个手工业工人家庭。1898年，卢瑟福被指派担任加拿大麦吉尔大学物理系主任，在那里的工作使他获得了1908年的诺贝尔化学奖，他证明了放射性是原子的自然衰变。他注意到在一个放射性物质样本里，一半的样本衰变的时间几乎是不变的，这就是"半衰期"，并且他还就此现象建立了一个实用的方法，以物质半衰期作为时钟来检测地球的年龄，结果证明地球要比大多数科学认为的老得多。

知识链接

半 衰 期

放射性元素的原子核有半数发生衰变时所需要的时间，叫半衰期。随着放射的不断进行，放射强度将按指数曲线下降，放射性强度达到原值一半所需要的时间叫作同位素的半衰期。

1909年卢瑟福在英国曼彻斯特大学同他的学生用α粒子撞击一片薄金箔，他发现大部分的粒子都能通过金箔，只有极少数会跳回。最后他提出了一个类似于太阳系行星系统的原子模型，认为原子空间大都是空的，电子像行星围绕原子核旋转，推翻了当时所使用的原子模型。卢瑟福根据α粒子散射实验现象提出的"原子核式结构模型"的实验被评为"最美的实验"之一。

知识链接

原子核式结构模型

原子核式结构模型：在原子的中心有一个很小的核，叫原子核，原子的全部正电荷和几乎全部质量都集中在原子核里，带负电的电子在核外空间里绕着核旋转，这一模型也被称为"行星模型"。

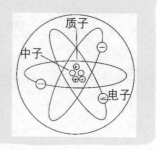

人工核反应的实现是卢瑟福的另一项重大贡献。

卢瑟福不仅在科学研究上取得了划时代的成就，而且在造就大量优秀科学人才方面也取得了丰硕成果。在他的培养和指导下，他的学生和助手中有十多位获得诺贝尔奖，创下了个人培养诺贝尔奖科学家人数最多的"世界纪录"。他的学生卡皮查曾指出："卢瑟福不仅是一个伟大的科学家，而且是一个伟大的教师。我能记起除去卢瑟福之外，没有一个人在他的实验室中培养出这样多的卓越科学家。科学史告诉我们，一个卓越的科学家不一定是一个伟人，但一个伟大的导师必须是一个伟人。"

3.1.3　现代原子结构的量子力学模型的提出和发展

玻尔理论的缺陷昭示人们，运用经典物理学理论解释原子结构这样的微观世界已经有些力不从心，需要改进现有的理论体系。这一划时代理论革命的帷幕是由法国物理学家德布罗意拉开的。

（1）电子的波粒二象性

德布罗意的新学说对玻尔理论中一些不可思议的规则给出了令人振奋的圆满解释。

1926年6月，德国物理学家玻恩对德布罗意的物质波提出了统计解释，他认为粒子的波动性并不意味着粒子真的像波那样弥漫在整个空间，而只是一种概率波。他由其他波动方程类推，即物质波振幅的平方是该粒子在空间某处出现的概率密度。

德布罗意物质波学说带来了物理学理论的重大变革，其直接结果是促进了揭示微观粒子运动内在规律的物理学理论的新分支——量子力学的诞生，其特征标志是著名的薛定谔方程的提出。

（2）薛定谔方程的提出

1926年薛定谔提出著名的薛定谔方程。

量子力学的建立使许多传统的物理学概念发生了根本性的改变。例如，能量量子化表明微观物体运动的状态是不连续的；电子运动轨道的概念也不是传统经典力学中运动物体所遵循的规定路线，而是指电子在原子核周围出现的概率。

量子力学建立之后，人们用它可以十分方便、准确地研究原子的结构。

⌕ 导　图

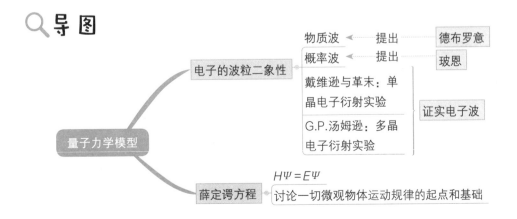

人物小史与趣事

德布罗意

路易·维克多·德布罗意（1892—1987）是法国著名理论物理学家，波动力学的创始人，物质波理论的创立者，量子力学的奠基人之一。德布罗意出生于迪耶普，1910年获巴黎索邦大学文学学士学位，1913年又获理学学士学位，1924年获巴黎大学博士学位，在博士论文中首次提出了"物质波"概念，1929年获诺贝尔物理学奖，1932年任巴黎大学理论物理学教授，1933年被选为法国科学院院士。

3.1.4　现代化学键理论的建立

自1812年贝采里乌斯提出著名的"电化二元论"起，经过英国化学家弗兰克兰的"化合价"概念，到凯库勒、布特列洛夫和范霍夫建立有机结构理论，直至德国化学家维尔纳的配位理论，古典的价键结构理论已经形成，并且在解释大多数化合物的结构方面取得成功。但是，对化合价的本质仍无法给出明确合理的解释，直至电子发现后，特别是玻尔提出原子的电子层结构学说后，具有现代意义的原子价电子理论才真正建立起来。

（1）原子价电子理论

1903年，汤姆逊认为两原子之间的吸引是由于一个原子将其所带的一个电子给予另一个原子，从而使给出电子的原子带正电，接受电子的原子带负电，这样两个带相反电荷的原子由于静电引力而结合，形成化学键。

柯塞尔认为当金属原子与非金属原子化合时，金属原子的外层电子转移到非金属原子的外层里，于是两种原子都成为外层电子数达到8电子的离子稳定结构，两个具有稳定结构的离子依靠静电引力结合在一起。柯塞尔的这种模型就是现在所说的"离子键"。

路易斯认为，两个或多个原子可以共用一对或多对电子，这样共用以后彼此都达到8电子稳定结构。

1916年，英国牛津大学化学教授西奇维克认为：在原子间形成化学键时，共享电子对可以由同一原子单方提供。电子提供方会略显电正性，而电子接受方则略显电负性。

（2）现代化学键的价键理论

1928年，美国著名化学家鲍林指出原子轨道的电子云的重叠越多，所形成的共价键越稳定。

鲍林的杂化轨道理论圆满地解释了甲烷分子的正四面体结构，并且通过引入d-s-p杂化轨道进一步解释了络合物的构型、磁性和配位键的等同性问题。

（3）现代化学键的分子轨道理论

1929年，加拿大物理学家赫兹伯格和英国理论化学家伦纳德-琼斯分别用分子轨道理论解释化合价和化学键问题。

1930年，福克和斯莱特发展了自洽场方法，将其应用于分子轨道法。

1935年，英国牛津大学化学家柯尔逊首先将自洽场方法用于对分子轨道的计算。

休克尔分子轨道法主要应用于π电子平面共轭体系。

1952年，日本量子化学家福井谦一认为分子的许多化学反应性质是由其最高占据轨道（HOMO）和最低空轨道（LUMO）决定的，由于这些轨道处于化学反应的前沿，故称为"前线轨道"。

分子轨道对称守恒原理首先在解释有机化合物周环反应的立体化学选择规律方面取得了成功，此后不但解释了其提出之前的有关经验规律，而且解释和预言了其后的许多化学反应，成为量子力学与化学结合的优秀范例，福井谦一和霍夫曼也因此共同荣获1981年诺贝尔化学奖。

（4）配位化合物的晶体场-配位场理论

1858年，德国化学家根特等合成了一系列氯化钴的氨合物。

维尔纳的理论不仅解释了许多关于络合物的实验事实，扩展了原子价的概念，还解释了络合物的各种同分异构现象。也正是这一杰出贡献使他荣获1913年诺贝尔化学奖。

但是这一理论却不能解释其"副价"的本质。虽然，之后有人提出"共价配键"的见解，但真正给予科学合理的解释，还是在建立于量子力学基础上的现代化学键理论形成之后。

1951年，德国化学家哈特曼进一步完善了静电场理论。

1952年，英国化学家奥格尔将晶体场理论和分子轨道理论结合起来，认为d轨道能级分裂是配位体的静电作用和生成共价键分子轨道的综合结果。

人物小史与趣事

霍夫曼

霍夫曼1937年出生在波兰兹沃切夫一个犹太人家庭。

1946年他随家人离开波兰，经捷克、奥地利和联邦德国，1949年，华盛顿生日那天，一家人来到美国，后来入美国籍。

1958年，他开始了在哈佛的研究生生活，并于1962年获得博士学位。在哈佛的最后一年霍夫曼很快掌握了有机化学，并接触到一位天才——伍德沃德先生。

其间，霍夫曼和伍德沃德合作，进行维生素B_{12}的合成研究。霍夫曼在1965年提出了分子轨道对称守恒原理，又称伍德沃德-霍夫曼规则。这个理论把量子力学由静态发展到动态的阶段，被誉为"认识化学反应发展道路上的一个里程碑"。1981年，霍夫曼因对分子轨道对称守恒原理的开创性研究，和福井谦一共

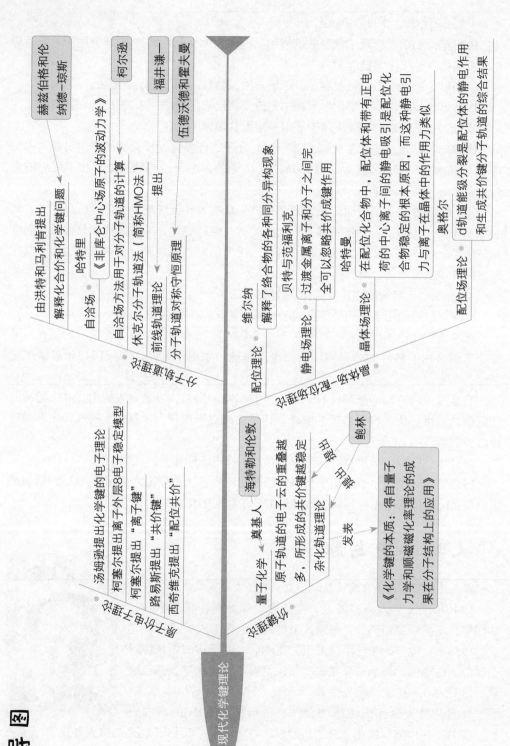

导图

现代化学键理论

经典共价键电子理论

汤姆逊提出化学键的电子理论
柯塞尔提出离子外层8电子稳定模型
路易斯提出"离子键""共价键"
西奇维克提出"配位共价"

现代共价键理论

量子化学 ← 黄基人
原子轨道的电子云的重叠越多，所形成的共价键越稳定 ← 海特勒和伦敦
杂化轨道理论 ← 鲍林 提出
发表 《化学键的本质：得自量子力学和顺磁磁化率理论的应用及果在分子结构上的成果》

现代共价键理论

由洪特和马利肯提出
解释化学合价和化学键问题 ← 赫兹伯格和伦纳德—琼斯
自洽场 ← 哈特里
自洽场方法用于对分子轨道的计算
休克尔分子轨道理论 《非库仑中心场原子的波动力学》 ← 柯尔逊
前线轨道理论 ← 福井谦一 提出
分子轨道对称守恒原理 ← 伍德沃德和霍夫曼

《库仑中心场原子的波动力学》
自洽场方法用于对分子轨道的计算（简称HMO法）

配位场理论与晶体场

配位理论 ← 维尔纳
解释了络合物的各种同分异构现象
静电场理论 ← 贝特与范福利克
过渡金属离子之间完
全可以忽略共价成键作用
晶体场理论 ← 哈特曼
在配位化合物中，配位体和带有正电荷的中心离子间的静电吸引是配位化合物稳定的根本原因，而这种静电引力与离子在晶体中的作用力类似 ← 奥格尔
配位场理论 ← d轨道能级分裂是配位体的静电作用和生成共价键分子轨道的综合结果

获诺贝尔化学奖。

1981年获得诺贝尔奖之后，霍夫曼又在兴趣的指引下开始了新的探索——对无机和有机分子的结构和反应进行研究，而且在固体与表面化学方面也有突出贡献，曾著有《固体与表面》。

霍夫曼最著名的科普著作是由哥伦比亚大学出版社在1995年出版的科普散文集《相同与不同》，将科学、教育、文学、哲学融为一体，此书后来被译成韩文、德文、中文、西班牙文、俄文和意大利文等多国文字出版。其中，他曾谈到，写诗比化学研究困难多了，但他依然乐此不疲。

化 学 键

化学键是纯净物分子内或晶体内相邻两个或多个原子（或离子）间强烈的相互作用力的统称。使离子相结合或原子相结合的作用力统称为化学键。

在一个水分子中两个氢原子和一个氧原子就是通过化学键结合的。由于原子核带正电，电子带负电，所以我们可以说，所有的化学键都是由两个或多个原子核对电子同时吸引的结果所形成。化学键有三种类型：离子键、共价键、金属键（氢键不是化学键）。

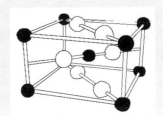

3.2 核化学的产生和发展

3.2.1 天然放射性元素与同位素的发现

伦琴关于X射线的研究工作开拓了一个奇妙的新领域，从而导致了元素放射性的发现。贝克勒和居里夫妇对天然放射性元素的研究揭示了放射性物质自发裂变的规律，同时也昭示人们，原子核的质变一定存在某种规律。为此，卢瑟福做了大量的开创性工作，从而导致了元素嬗变规律的发现，并促使了原子核的质子–中子模型的诞生。

（1）元素放射性的发现

1911年，居里夫人因发现钋和镭，以及在镭的应用方面所做的贡献荣获该年的诺贝尔化学奖。

1934年7月4日，居里夫人在与镭辐射导致的恶性白血病长期抗争后与世长辞，成为举世瞩目的把自己的一生奉献给科学事业的典范。

（2）元素嬗变理论的提出与同位素的预言和发现

1899年，加拿大物理学教授欧文斯发现钍的放射性变化无常，只有将其放在密闭器皿中，其放射性强度才稳定不变，于是他设想有类似气体的放射性物质从中分解出来，他称之为"钍射气"。

同年，居里夫妇发现镭化合物可以使与之接触的空气具有放射性。对此，德国物理学教授多恩认为是镭不断放出具有放射性的气体进入空气中，他称之为"镭射气"。

1900年，克鲁克斯在实验中发现，从铀矿中提取铀的过程中，残留的氢氧化铁仍具有很强的放射性。于是他认为其中可能含有新的放射性元素，称为UX，即铀中的不溶物（实际是^{234}Th）。

1902年，卢瑟福和英国牛津大学化学教授索迪在一次灼烧氢氧化钍的实验中发现，灼烧后的残渣比氢氧化钍的放射性更强，并能放射α射线，他认为其中又含有新的放射元素，称之为"ThX"（实际是^{224}Ra）。

1909年，卢瑟福又与人合作，通过实验直接证明α粒子"失去"所带电荷后就成为氦原子。

时至1910年，人们发现和研究的放射性元素已近30种。

鉴于索迪对于同位素理论的阐明和对放射性物质研究的贡献，他于1921年荣获诺贝尔化学奖。

德国化学家法扬斯同时独立提出了放射性元素蜕变的位移规则。

阿斯顿发现除氖外，氩、氪等元素都有同位素存在，他在71种元素中发现了202种同位素。

1923年，国际原子量委员会作出决议：化学元素是根据原子核电荷的多少对原子进行分类的一种方法，核电荷数相同的一类原子为一种元素。

1929年，美国加利福尼亚大学物理学教授劳伦斯设计发明了回旋粒子加速器。1932年，他们又掌握了有力的中子源镭-铍中子弹，使人们获得了提高轰击粒子动能的手段和进行人工核反应试验的方法。

1934～1937年，共制造出200多种人工放射性同位素。

（3）原子核结构模型的建立

1920年，卢瑟福预言：原子核中的质子与电子结合成一个不带电的微粒——中子，当中子穿透物质中的原子时，由于中子不受核正电的斥力，所以一般不会发生散射，而且较粒子更容易，只有当中子与核相碰撞时才会反射。

此后，海森堡和苏联科学家伊凡宁柯正式提出了原子核的中子-质子模型，解决了质子-电子模型的不足。

人物小史与趣事

玛丽亚·斯可罗多夫斯卡娅（1867—1934），即著名的居里夫人，被誉为"镭的母亲"，生于波兰华沙一个正直、爱国的教师家庭。

1894年初，玛丽亚接受了法兰西共和国国家实业促进委员会提出的关于各种钢铁磁性的科研项目。在完成这个科研项目的过程中，她结识了理化学校教师皮埃尔·居里。

居里夫人

导图

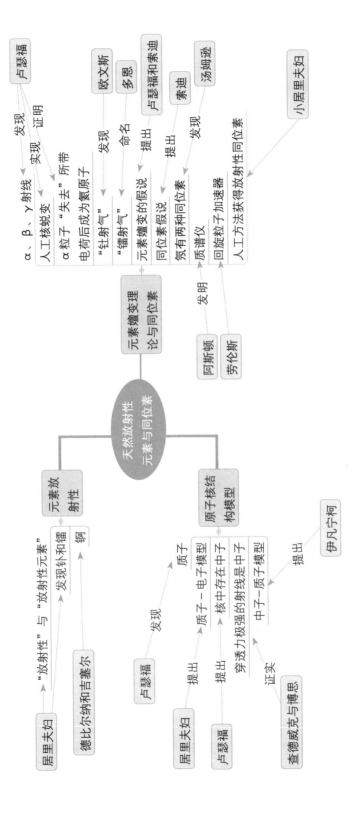

　　1895年，28岁的玛丽亚与36岁的皮埃尔·居里结为伉俪，组成了一个和睦、相亲相爱的幸福家庭。玛丽亚结婚后，人们都尊敬地称呼她居里夫人。

　　1898年7月，他们发现了新元素，放射性比纯铀要强400倍。为了纪念居里夫人的祖国——波兰，新元素被命名为钋（波兰的意思）。

　　1898年12月，居里夫妇宣布，他们又发现了第二种放射性元素，这种新元素的放射性比钋还强。他们把这种新元素命名为"镭"。他们从1898年一直工作到1902年，经过几万次的提炼，处理了几十吨矿石残渣，终于得到0.1克的镭，测出了它的原子量是225，镭宣告诞生了！

　　居里夫妇证实了镭元素的存在，使全世界都开始关注放射性现象。镭的发现在科学界爆发了一次真正的革命。

　　居里夫人以《放射性物质的研究》为题，完成了她的博士论文。1903年，获得巴黎大学的物理学博士学位。同年，居里夫妇和贝克勒尔共同荣获诺贝尔物理学奖。

　　1906年皮埃尔·居里不幸被马车撞死，但居里夫人并未因此而倒下，她仍然继续研究，于1910年与德比恩一起分离出纯净的金属镭。

　　1911年，居里夫人又因发现元素钋和镭、分离出纯镭和对镭的性质及化合物的研究获得诺贝尔化学奖。

　　20世纪20年代末期，居里夫人的健康状况开始走下坡路，长期受放射线的照射使她患上白血病，于1934年7月4日不治而亡。

　　居里夫人一生获得各种奖金10次，各种奖章16枚，各种名誉头衔107个。

钋

知识链接

　　钋（Po）是一种化学元素，原子序数是84。钋是一种银白色金属，能在黑暗中发光，其化学性质与硒及硫类似，但带有放射性。

　　钋是目前已知最稀有的元素之一，在地壳中含量约为100万亿分之一，钋主要通过人工合成方式取得。钋是世界上最毒的物质之一，所有钋的同位素都是放射性的。

镭

知识链接

　　镭（Ra）是一种化学元素，原子序数是88，为碱土金属的成员和天然放射性元素。镭是荧蓝色/银白色金属，是最活泼的碱土金属。镭在空气中可迅速与氮气和氧气生成氮化物和氧化物，与水反应剧烈，生成氢氧化镭和氢气。镭的最外电子层有两个电子，氧化态为+2，只形成+2价化合物。

　　镭-226为镭的最稳定同位素，半衰期为1600年，进行α-蜕变，放出α射线和γ射线。它衰变时会放出氡气到大气中。氡仍有放射性，且可被生物吸入，危害生命。

索迪，英国著名化学家，1910年提出了同位素假说，1913年发现了放射性元素的位移规律，为放射化学、核物理学这两门新学科的建立奠定了重要基础。

索迪生于英国伦敦一个商人家庭。少年时就立志将来做一位有成就的科学家，为此，从小学到大学他都努力学习，学习成绩年年优秀，还曾多次获得奖学金，17岁时，他以荣获一级荣誉学位的优异成绩毕业于牛津大学。

19世纪末，化学家发现一部分铀具有放射性，另一部分铀却无放射性，同时还发现钍、镭等放射性元素不仅能产生具有放射性的物质，而且还能使与它有接触的物质也产生放射性。这种放射性还会随着时间流逝而减弱，最后会消失。这些奇异的、当时无法解释的现象引起了当时正在加拿大蒙特利尔大学任实验物理学教授的卢瑟福的极大兴趣。他决定开展这一课题的研究，然而他觉得开展这项研究，必须为自己配备一个精通化学的实验助手。正当卢瑟福为自己寻找助手时，恰逢索迪到蒙特利尔大学访问，索迪一眼就被卢瑟福相中。就这样索迪刚出校门不久，就很幸运地成为卢瑟福的助手。事实已证明他们的合作是卓有成效的。

他们首先对钍的放射性做了大量的实验。他们将硝酸钍溶液用氨处理，沉淀出氢氧化钍，过滤后检查干燥的沉淀，发现其放射性显著降低，而将滤液蒸干除去硝酸铵后的残渣，却有极强的放射性，但过了一个月后，残渣的放射性消失，而钍却又恢复了原有的放射性。他们证实钍的放射性的确变化无常。他们还发现，如果把钍放在密闭的器皿中，其放射性强度较稳定，如果放在一个敞开的器皿中，其放射性强度就会变化不定，尤其容易受表面掠过的空气的影响。他们推测这可能是由于有某种物质放射出来，不久他们便证明这种被放射出来的物质是一种气体——钍射气。

他们还对有放射性的镭、锕进行实验研究，也发现存在同钍一样的现象。他们把镭放射出来的气体称为镭射气，锕放射出来的气体叫锕射气。根据这些实验结果，1902年卢瑟福、索迪提出元素蜕变假说：放射性是由于原子本身分裂或蜕变为另一种元素的原子而引起的。这与一般的化学反应不同，它不是原子间或分子间的变化，而是原子本身的自发变化，放射出射线，变成新的放射性元素，同时他们将这些实验结果和上述假说整理写成论文《放射性的变化》。他们关于元素蜕变的假说一提出来，立即引起物理学界、化学界的强烈反对，因为他们认为一种元素的原子可以变成另一种元素的原子的观点，打破了长期以来认为元素的原子不能改变的传统观念。

卢瑟福和索迪在提出元素蜕变假说时，根据放射性元素在自发地发射射线的同时，还不断地放出能量这一事实，提出了"原子能"的概念。卢瑟福还用这一理论说明了太阳能和地热的来源，由此平息了物理学家和地质学家对此的长期争论。

在提出元素蜕变假说后，卢瑟福、索迪开始了对放射性元素的进一步深入研究。

1899年卢瑟福曾发现铀和铀的化合物所发出的射线有两种，一种极易被吸收，他命名为α射线；另一种有较强的穿透本领，他称之为β射线。继续研究时，他们又发现镭衰变时放射出氦离子，于是他们推测α射线就是氦离子流。为了验证这一推测，索迪离开了卢瑟福实验室，回到伦敦，和以发现和研究惰性气体闻名于世的拉姆塞合作，研究放射性镭所放射的气体。不久他们的实验就确认了卢瑟福和索迪的上述推测，α射线就是带正电荷的氦离子流。卢瑟福则证明该射线就是电子流，他们的共同努力终于揭示了放射线的本质。

> **离　子**
>
> 离子是指原子由于自身或外界的作用而失去或得到一个或几个电子使其达到最外层电子数为8个或2个的稳定结构，这一过程称为电离。电离过程所需或放出的能量称为电离能。与分子、原子一样，离子也是构成物质的基本粒子，如氯化钠就是由氯离子和钠离子构成的。
>
> 化学变化中，原子或原子团得失电子后形成的带电微粒称为离子。带正电的称为阳离子，带负电的称为阴离子。

知识链接

卢瑟福、索迪的开创性工作吸引了许多年轻的科学家。在此后的几年，人们不断地用各种方法从铀、钍、锕等放射性元素中分离出一种又一种"新"的放射性元素。八年后，被分离出来并加以研究过的放射性元素已近30种，多到周期表中没有可容纳它们的空位。这就产生了矛盾，怀疑周期表对放射性元素是否适用，另外人们对这些新发现的放射性元素进行对比研究后，发现有些放射性不同的元素化学性质则完全一样。

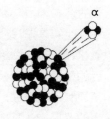

索迪根据这类事实，于1910年提出了著名的同位素假说，存在不同原子量和放射性，但其物理、化学性质完全一样的化学元素变种，这些变种应该处在周期表的同一位置上，因而命名为同位素。

接着索迪根据原子蜕变时放出射线相当于分裂出一个氦的正离子，放出射线相当于放出一个电子，从而提出了放射性元素蜕变的位移规则。放射性元素在进行α蜕变后，在周期表上向前（即向左）移两位，即原子序数减2，原子量减4。发生β蜕变后，向后移一位，即原子序数增1，原子量不变。德国化学家法扬斯和英国化学家罗素也独立地发现了这一位移规则。

根据同位素假说，他们把天然放射性元素归纳为三个放射系列：铀-镭系、钍系、锕系。这不仅解决了数目众多的放射性"新"元素在周期表中的位置问题，而且也说明了它们之间的变化关系。根据位移规则推论，三个放射系列的最终产物都是铅，但各系列产生的铅的原子量却不一样。为了验证同位素假说和位移规则的准确性，1914年美国化学家里查兹完成了此项工作。1919年，英国化学家阿斯顿研制成质谱仪，使人们对同位素有了更清晰的认识。

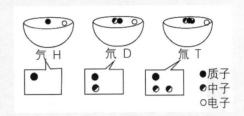

知识链接

同 位 素

同位素是同一元素的不同原子，其原子具有相同数目的质子，但中子数目却不同（例如氕、氘和氚，它们原子核中都有1个质子，但是它们的原子核中分别有0个中子、1个中子及2个中子，所以它们互为同位素）。

同位素是具有相同原子序数的同一化学元素的两种或多种原子之一，在元素周期表上占同一位置，化学性质几乎相同（氕、氘和氚的性质有微小差异），但原子质量或质量数不同，从而其质谱性质、放射性转变和物理性质（例如在气态下的扩散本领）有所差异。同位素的表示是在该元素符号的左上角注明质量数（例如碳-14，一般用 ^{14}C 来表示）。

3.2.2　核化学各分支的建立与发展

进入20世纪30年代以后，同位素概念和元素嬗变理论的提出、若干人工核反应的实现及原子核质子-中子模型的建立，促使一门新兴化学分支学科——核化学的诞生，并逐步发展形成了一系列的学科分支。

（1）同位素化学

同位素化学是研究同位素在自然界的分布、同位素分析、同位素分离、同位素效应和同位素应用的化学分支学科。

1919年，阿斯顿在71种元素中发现了202种同位素，并用制成的质谱仪测定了各种同位素的丰度。

1920年，瑞典放射化学家海维西等研究了同位素交换反应。

（2）超铀元素化学

继20世纪30年代末人们逐步填补了元素周期表中铀以前的空位后，便开始了超铀元素的寻找和制造工作，从而形成了核化学的一个分支——超铀元素化学。

超铀元素化学主要是用现代方法研究人工获得的重元素的化学性质。但由于105号以后的元素稳定性极差，寿命极短，几乎还没有表现出化学性质之前就衰变成原子序数较小的原子，所以对它们的化学性质基本上是一无所知。

（3）放射化学

自X射线和放射性于19、20世纪之交被发现以后，放射化学便逐步形成发展起来。

1898年，居里夫妇创造了测量放射性的专门仪器，用以测量各种物质的放射性，并应用化学分析分离原理结合放射性测量的新方法相继发现了钋和镭。

1912年，海维西等用29种化学方法试图从铅中分离镭D（^{210}Pb），未获成功，继

导图

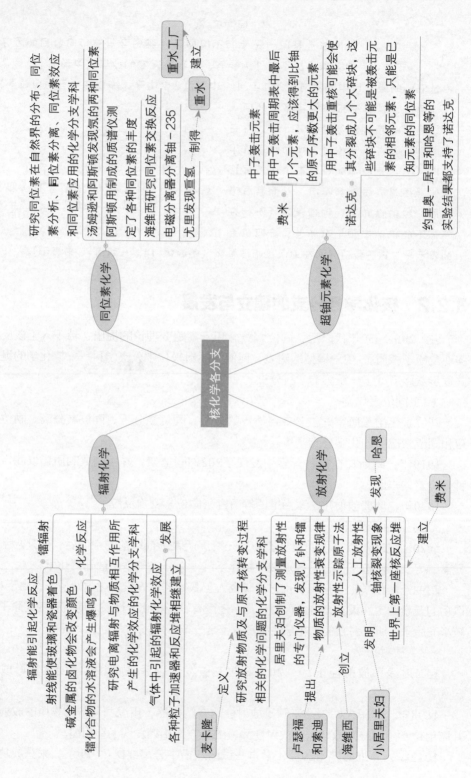

核化学各分支

同位素化学

研究同位素在自然界的分布、同位素分析、同位素分离、同位素效应和同位素应用的化学分支学科

汤姆逊和阿斯顿发现氖的两种同位素

阿斯顿用制成的质谱仪测定了各种同位素的丰度

海维西研究同位素交换反应

电磁分离同位素分离器分离铀-235

尤里发现氘氢 —— 制得 —— 重水 —— 建立 —— 重水工厂

超铀元素化学

费米 —— 中子轰击元素

用中子轰击周期表中最后几个元素，应该得到比铀的原子序数更大的元素

诺达克 —— 用中子轰击重核可能会使其分裂成几个大碎块，这些碎块不可能是被轰击元素的相邻元素，只能是已知元素的同位素

约里奥-居里和哈恩等的实验结果都支持了诺达克

辐射化学

麦卡隆 —— 定义 —— 研究电离辐射与物质相互作用所产生的化学效应的化学分支学科

辐射能引起化学反应

射线能使玻璃和瓷器着色

碱金属的卤化物会改变颜色

镭化合物的水溶液会产生爆鸣气 —— 化学反应

镭辐射

气体中引起的辐射化学效应 —— 发展 —— 各种粒子加速器和反应堆相继建立

放射化学

研究放射物质及与原子核转变过程相关的化学问题的化学分支学科

卢瑟福和索迪 —— 提出 —— 居里夫妇创制了测量放射性的专门仪器，发现了钋和镭

海维西 —— 创立 —— 放射性示踪原子法

小居里夫妇 —— 发现 —— 物质的放射性衰变规律 —— 人工放射性

铀核裂变现象 —— 发现 —— 哈恩

世界上第一座核反应堆 —— 建立 —— 费米

而提出以镭D指示铅，成功地获得了铅在多种化学反应中的行为，从而创立了放射性示踪原子法。

1934年，约里奥-居里夫妇发明了人工放射性。同年，美国物理学家齐拉特（L.Szilard，1898—1964）等发现，原子核在俘获中子生成放射性新核素时，反冲效应会导致一系列化学变化，后来发展为热化学。

1942年，世界上第一座核反应堆建成，第一次实现了人类对链式裂变核反应的控制。

（4）辐射化学

1900年，吉塞尔观察到在放射性作用下发生的一些化学反应：碱金属的卤化物会改变颜色；镭化合物的水溶液会产生爆鸣气等。在此基础上，产生了一门系统研究由于辐射作用而引起的化学反应的规律的核化学分支——辐射化学。

1910年，林德通过研究α射线在气体中产生的离子对数目和发生化学变化的分子数间的关系，首先用离子对产额定量表示气体中引起的辐射化学效应。

1942年以后，放射化学与原子能工业的迅速发展，各种粒子加速器和反应堆相继建立，为辐射化学研究提供了各种可使用的强大辐射源。

人物小史与趣事

哈恩（1879—1968），德国杰出的放射化学家，出生于莱茵河畔的法兰克福。1897年入马尔堡大学，1901年获博士学位。

哈恩的重大发现是"重核裂变反应"。1938年末，当他用一种慢中子来轰击铀核时，竟出人意料地发生了一种异乎寻常的情况：反应不仅迅速、强烈、释放出很高的能量，而且铀核分裂成为一些原子序数小得多的、更轻的物质成分，难道这就是核裂变？哈恩经过多次试验验证后，终于肯定了这种反应就是铀-235的裂变。核裂变的意义不仅在于中子可以把一个重核打破，关键的是在中子打破重核的过程中，同时释放出能量。

不久哈恩又有了更为惊人的发现，原来铀核在被中子轰击而分裂时，同时又能释放出两三个新的中子来！这就可以引起一串连锁反应：一个原子核裂变，其释放的中子又能够导致两三个附近的原子核再次裂变，一变二，二变四，四变八，形成一种"链式反应"。而每一个原子核裂变时，都能释放出巨大的能量来。如果你仔细观察，会发现一个原子核分裂后的"碎片"，它们加在一起的质量比原来稍微轻了一点，这一点损失的质量就是巨大能量的来源。

1904年哈恩从镭盐中分离出一种新的放射性

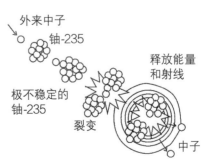

物质钍，之后又发现放射性物质铜、放射性物质镁和另外一些放射性核素。放射化学中常用的反冲分离法和研究固态物质结构的射气法都是哈恩提出的。他还在同晶共沉淀方面提出了哈恩定律。1921年他发现了天然放射性元素的同质异能现象。

钍

钍（Th）原子序数为90，元素类型为金属，是天然放射性元素。

钍是一种放射性的四价金属元素，以化合物的形式存在于矿物内（如独居石与钍石），通常与稀土金属联系在一起，主要作为质量数为232的同位素。

钍的化学性质活泼，不溶于稀酸和氢氟酸，但溶于发烟的盐酸、硫酸及王水中。硝酸能使钍钝化，苛性碱对它无作用。高温时钍可以与卤素、硫、氮作用。除惰性气体外，钍能与所有非金属元素作用，生成二元化合物；室温下和空气、水反应缓慢，加热后反应加快。钍是高毒性元素，经过中子轰击，可得铀-233，故它是潜在的核燃料。

铀化合物的射线

20世纪90年代中期的一天，贝克勒尔在巴黎参观首次展出的X射线照片展览，他被这次展览完全迷住了。当时，怎样产生X射线的问题，还没有一个明确的结论。有的科学家认为，X射线是由产生荧光的玻璃管的管产生的。贝克勒尔自他父亲那一代起就开始研究荧光，他非常详细地研究了发出荧光的铀的化合物。若玻璃在发出荧光时放出X射线，那么，其他的荧光物质不是也可以放出X射线吗？贝克勒尔这样想，并且利用手头的铀化合物致力于发现新的X射线源的研究。他在用黑纸严密包好的感光板

贝克勒尔

上，放上一块铀化合物的结晶体，并且在旁边放上一枚银币，再在银币上放上另一块结晶体。铀化合物一旦见到阳光就会产生荧光。贝克勒尔将这种准备好的感光板放在有太阳的地方，让阳光长时间照射。再将感光板显影，他发现，果然如他所料，放第一个结晶体的地方明显地感了光，而且在放第二个结晶体的地方，清晰地映出了银币的轮廓。实验证明，铀化合物在放出荧光时也放出了X射线。

就在这一年的一天，他重复做了相同的实验。但是，那一天整天都是阴天。第二天，他又将感光板拿到室外，但仍然是阴沉沉的天。显然，两天里放出的荧光还不到晴天10分钟放出的多。他为了等待晴天的到来，将感光板收进了壁橱。但是，其后又过了两天仍然没出太阳。无奈，他将感光板显了影。他想，铀化合物几乎没有发出荧光，当然，发出的X射线也不会多，所以，在感光板上，根本不会出现图像，即使能映出也非常淡。然而，显影后的感光板上，图像清晰可见，图像与银币的影子同上次实验时照得一样清楚，贝克勒尔非常吃惊。这次实验的结果证明，铀化合物即使不用

太阳照射使它发出荧光，也仍然释放X射线。为了慎重起见，他和上次一样，准备了放有结晶体与银币的感光板，完全不用阳光照射，把它放入黑黑的壁橱中过了几天。然后将感光板显影，依旧出现了清晰的图像和影子。他进一步研究后发现，铀化合物放出的并不是X射线，而是另一种射线——铀化合物的射线。

1896年5月18日，贝克勒尔宣布：发射铀射线的能力是铀元素的一种特殊性质，和采用哪一种铀化合物无关。铀及其化合物终年累月地释放铀射线，纯铀所产生的铀射线比硫酸铀酰钾强三到四倍。铀射线是自然产生的，不是任何外界原因造成的。

知识链接

铀

铀为银白色金属，是重要的天然放射性元素，也是最重要的核燃料，元素符号为 U。铀在接近绝对零度时有超导性，有延展性，并具有微弱放射性。1938年发现铀核裂变后，铀逐渐成为主要的核原料，也开始被用作热核武器氢弹的引爆剂。

铀的化学性质活泼，可以和所有的非金属作用（惰性气体除外），能与多种金属形成合金，空气中容易氧化，生成一层发暗的氧化膜，高度粉碎的铀在空气中极易自燃，块状铀在空气中易于氧化失去金属光泽，在空气中加热即燃烧。

云雾室

1894年秋天，英国物理学家威尔逊到苏格兰的山区度假。清晨，威尔逊站在山顶望着喷薄而出的红日及山间变幻莫测的云雾，不禁心旷神怡、浮想联翩。他看着、想着，突然心中一动："这么美丽的云雾是怎样形成的？人类可不可以造出云雾来？"

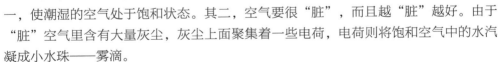

威尔逊

威尔逊在世界著名的物理实验中心卡文迪许实验室工作。这里拥有世界一流的科学家和仪器设备。度假回来后，威尔逊进入实验室，开始探索云雾的秘密。

通过长期的研究，威尔逊发现云雾的形成包括两个条件。其一，使潮湿的空气处于饱和状态。其二，空气要很"脏"，而且越"脏"越好。由于"脏"空气里含有大量灰尘，灰尘上面聚集着一些电荷，电荷则将饱和空气中的水汽凝成小水珠——雾滴。

发现了云雾形成的原理，威尔逊进一步想，能不能通过这个发现做些对科学有用的事呢？理论上讲，在一只干净的瓶子里形成了过饱和的空气，若是一个肉眼看不到的带电微粒闯进去，那么在带电微粒周围会立刻凝结成一串串雾点，而且这些雾点随着微粒运动形成一条径迹，显示带电粒子经过的路线。如果真能实现这个过程，那无疑对基本粒子的研究具有重大意义。

威尔逊继续探索着，经过艰苦的努力实现了上述设想，发明了"云雾室"。借助

云雾室，人们看到了过去只能猜测而无法看到的原子核反应过程，了解到原子核的一些衰变现象，发现很多基本粒子。为了纪念威尔逊的功绩，科学家们给这种仪器起了个名字——威尔逊云雾室。威尔逊也因为发明云雾室荣获了1927年诺贝尔物理学奖。

3.2.3　原子能的开发与利用

原子能的和平利用始于第二次世界大战结束后的20世纪50年代初，主要是建立核发电站。

（1）原子武器的研制

美国总统罗斯福充分意识到核裂变的军事价值，制订了著名的曼哈顿计划，提出了设计和制造第一颗原子弹的任务。

1942年12月2日，参与实施计划的芝加哥科学家完成了自持的链式反应，实现了里程碑式的突破。

1945年7月16日，代号为"瘦子"的第一颗TNT当量为2.1万吨的内爆型钚燃料式原子弹在美国试验成功。

1945年8月6日，美军用B-29型轰炸机向日本广岛投下了未经试验的代号为"小男孩"的枪型铀弹，导致广岛市78150人死亡，51400人受伤；3天后，又在长崎投下了一颗代号为"胖子"的试验弹钚弹的复制品，导致长崎市23700人死亡，25000人受伤，造成了史无前例的人间惨剧。

（2）原子能的和平利用

1942年12月2日，世界上第一座核反应堆在费米领导下在美国芝加哥大学建成。该反应堆由400吨石墨、6吨金属铀和50吨氧化铀组成，控制棒是镉。

1954年6月，世界上首座核电站在苏联建成。1962年，由于核浓缩技术的发展，核能发电的成本已低于火力发电的成本。20世纪90年代初，世界上核发电总量已占总发电量的16%。

人物小史与趣事

费米（1901—1954），出生于罗马。

1934年费米用中子代替α粒子对周期表上的元素逐一攻击直到铀，发现了中子引起的人工放射性，还观察到了中子慢化现象，并给出它的理论，为后来重核裂变的理论与实践打下了基础，为此，1938年获诺贝尔物理学奖。

在1939年哈恩发现核裂变后，费米马上意识到次级中子和链式反应的可能性。在裂变理论的基础上，费米很快提出一种假说：当铀核裂变时，会放射出中子，这些中子又会击中其他

费米

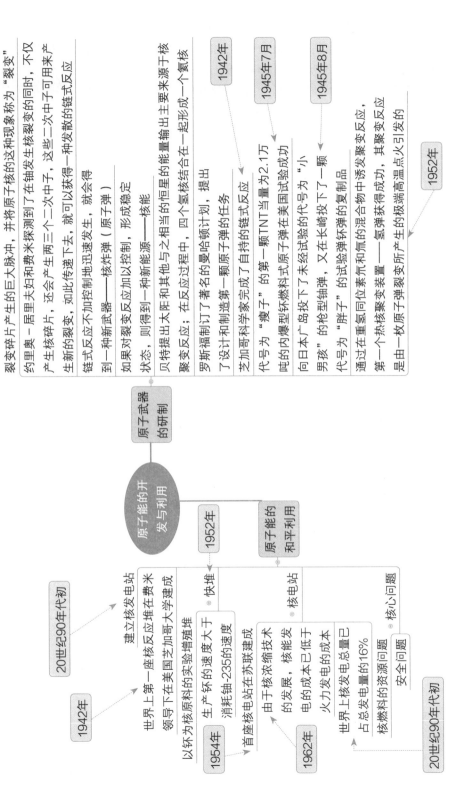

铀核，于是就会发生一连串的反应，直到全部原子被分裂。这就是著名的链式反应理论。根据这一理论，当裂变一直进行下去时，巨大的能量就将爆发。如果制成炸弹，它理论上的爆炸力是TNT炸药的2000万倍！

1942年12月，费米领导的科学家小组建成了世界上第一座人工的裂变反应堆，他在芝加哥大学体育场的壁球馆试验成功了首座受控核反应堆，实现了可控核裂变链式反应。

费米是美国原子能大规模释放和利用的主要专家，他培养了第一代高能物理人才，仅诺贝尔奖获得者就有格莱、盖尔曼、张伯伦、李政道和杨振宁等。

> **知识链接**
>
> ### 人工放射性
>
> 人工放射性是自然界不存在，通过人工产生的放射性。只有少数几种重元素具有天然放射性。它们放射α射线、β射线或γ射线。
>
> 人工放射性核素主要是通过裂变反应堆与粒子加速器制备。前者，中子引起重核裂变，从产物中提取放射性核素，或利用反应堆产生的中子流照射靶核而成为放射性核素，它们大多是半中子核素，具有β^-放射性；后者，加速带电粒子轰击靶核反应产生放射性核素，它们通常是缺中子核素，具有β^+放射性。

3.3 无机化学新分支的形成与发展

无机化学是化学最古老而传统的分支，在近代有机化学形成之前，它几乎就是近代化学的全部。化学科学中一些最重要的基本概念和基本理论都是在无机化学早期发展过程中发现和形成的，现代化学的其他分支学科也是在无机化学的基础上分化、发展起来的。自近代有机化学形成以后，无机化学有些萧条冷落。然而进入20世纪50年代以后，由于现代科学技术的发展，对于具有特殊性能的无机材料生产的需要有力地推动了无机化学的发展，涌现了一些新兴的二级分支学科，从而开始了现代无机化学的复兴。

（1）稀有气体化学

美国阿贡实验室合成了二元化合物（XeF_2，XeO_3，XeO_4，KrF_2等）、三元化合物（$XeOF_4$，$XeOF_2$）、复合物（$XeF_9 \cdot SbF_5$，$XeF_2 \cdot 2SbF_5$，$XeF_3 \cdot 3SbF_5$，$XeF_3 \cdot Sb_2F_{11}$，$Xe_2F_{11} \cdot SbF_6$等）。

稀有气体化学研究的意义在于提供制备高氧化物所需的新型氟化试剂。

（2）稀土元素化学

稀土元素在光、电、磁等方面具有独特的性质，成为现代高新技术材料的主要资源。

1986年，发现含有稀土元素镧的高温超导材料，使超导材料的研究进入实用阶段。

（3）金属簇合物

金属簇合物是通过金属-金属键形成以多面体骨架为特征的聚集体。

目前大约已合成1000多种金属簇合物，包括最轻的金属锂[（$LiCH_3$）$_4$]、镧系元素（Tb_2Cl_3）和最重的铀[U_6O_4（OH）$_4$（SO_4）$_6$]。

（4）碳原子簇化合物

1985年9月，英国化学家克罗托在美国得克萨斯州的赖斯大学与该校的美国化学家斯莫利和柯尔合作进行模拟星际空间及恒星附近碳原子簇化合物形成过程的一系列实验时，从气化过程中获得了一些与含40～100个偶数碳原子相应的未知谱线。他们在论文中将其命名为"Buckminster-富勒烯"。实际上，在C_{60}中并没有"烯组成"，准确的名称应为"富勒碳"。

1990年，美国材料和电化学研究公司通过用电弧加热石墨的方法实现了C_{60}的商业生产。

1991年，哈金斯等合成了C_{60}（OsO_4）[4-CH_3C（CH_3）$_2C_5H_5N$]$_2$并完成了晶体结构解析，直接证明C_{60}的球形结构。

"富勒碳"簇合物系列结构的发现是继碳四面体结构和苯环结构之后，碳化学结构理论发展的又一个里程碑。克罗托、斯莫利和柯尔共同获得1996年诺贝尔化学奖。

1991年，北京大学化学系和物理系的研究小组也成功地合成并研究了"富勒碳"，他们通过红外光谱、核磁共振、质谱等方法测得的数据均接近国际水平。

以C_{60}为代表的碳簇合物及其衍生物是一个崭新的研究领域，可以通过笼中装入不同的金属原子改变其化学性质。

（5）夹心化合物

金属原子处于两个平行或近似平行的平面环之间的一类化合物，如二茂铁。

1952年，英国化学家威尔金森和德国化学家费歇尔等根据磁化率、红外吸收光谱和偶极矩测量，提出二茂铁的夹心结构。他们认为这个化合物的结构是五角反棱柱结构，但也不排除棱柱结构。

二茂铁在火箭燃料添加剂、汽油抗爆剂和橡胶、硅树脂熟化剂以及紫外线吸收剂方面的应用，引起了对大量过渡金属夹心化合物的合成、结构和反应性能的研究，已形成现代无机化学研究的又一个新领域。

人物小史与趣事

斯莫利

斯莫利（1943—2005），美国有机化学家，出生于美国俄亥俄州的阿克伦。

1985年9月，斯莫利与克罗托、柯尔一起，用大功率激光轰击石墨靶做为期11天的碳气化实验，期望得到单键和三键交替出现、又长又直的氰基聚炔烃分子。他们依靠先进的质谱仪仔细进行观察，竟意外地在质谱图上观察到在C_{60}原子的位置上产

导图

无机化学新分支
的形成与发展

稀有气体化学
- 稀有气体氙与气态化合物六氟化铂铂发生了反应 ←---- 发现 ← 巴利特利
- 成功合成二氟化氙和四氟化氙 ←---- 发表 ←《惰性气体化合物》
- 陆续合成了二元化合物、三元化合物、复合物等
- 意义在于提供制备高需氧化物所需的新型氟化试剂

稀土元素化学
- 外层电子结构基本相同，内层4f电子能级相近
- 在光、电、磁等方面具有独特的性质
- 含稀土元素的分子筛在石油催化裂化中的应用
- 硫氧钇铕在电子激发下会产生鲜艳的红色荧光，能使彩色电视屏的亮度提高1倍
- 发现高磁能积的稀土永磁材料
- 发现含有稀土元素镧的高温超导材料

金属簇合物
- 通过金属－金属键形成以多面体骨架为特征的聚集体
- 已合成1000多种金属簇合物
- 金属簇合物中，金属与金属之间存在四重键 ←---- 科顿
- 金属原子间存在双键和三键

碳原子簇化合物
- 以C₆₀为标志性物质的有封闭笼状结构的碳原子簇物质 ←---- 克罗托与斯莫利和柯尔
- 富勒碳 ←---- 发现
- 通过用电弧加热石墨的方法实现了C₆₀的商业生产
- 证明C₆₀的球形结构
- 北京大学研究小组成功合成并研究了"富勒碳"

夹心化合物
- 二茂铁 ←---- 制得 ← 鲍逊与基利
- 二茂铁的夹心结构
- 应用：火箭燃料添加剂、汽油抗爆剂以及橡胶、硅树脂熟化剂以及紫外线吸收剂 ←---- 威尔金森和费歇尔

生了强烈的特征峰，而且表现出与石墨、金刚石完全不同的性质。他们对此产生了浓厚的兴趣，并认为这是一项新的发现，可能是除石墨、金刚石外碳的第三种同素异形体——C_{60}分子。

1985年11月14日，他们在英国《自然》杂志上发表文章，宣布了他们的重大发现。C_{60}的发现就像当年凯库勒提出苯的结构一样，开拓了一个新的研究领域。他们三人为此荣获了1996年诺贝尔化学奖。

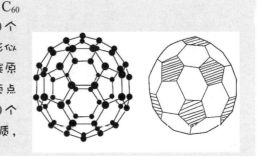

知识链接

C_{60}

C_{60}分子是一种由60个碳原子构成的分子，它形似足球，因此又名足球烯。C_{60}是单纯由碳原子结合形成的稳定分子，它具有60个顶点和32个面，其中12个为正五边形，20个为正六边形。其分子量为720。C_{60}是单质，是石墨、金刚石的同素异形体。

3.4　有机化学分支的形成与发展

3.4.1　有机化学理论的新进展

20世纪以来，现代有机化学理论的发展主要体现在有机分子结构与性能的关系研究、有机化学反应机理研究，以及用理论计算化学的方法理解、预见和发现新的有机化学现象等方面。

（1）有机反应机理研究

1937年，美国哥伦比亚大学的罗伯茨和金博尔提出了中间体碳正离子可能具有特殊的立体化学稳定性的见解。

1906年，费歇尔首先使用"walden inversion"一词来表示一系列的光学活性物质被转变为其对映体的反应。

1935年，休斯用碘的放射性同位素取代（＋）-2-碘辛烷中碘的反应这一极具说服力的实验实例，为这一反应机理提供了有力的证据。

从20世纪50年代开始，立体化学概念就迅速而广泛地渗透到化学研究的各个领域。

澳大利亚有机化学家康福思和瑞士有机化学家普雷洛格通过对酶促生物合成的研究，开拓了有机分子反应立体化学的新领域，他们二人也因此而共同荣获1975年诺贝尔化学奖。他们的工作从某种意义上讲，还开创了现代分子设计研究的先河。

自20世纪60年代，群论、图解论和集合论等已被系统地用于检查分子的对称性，

导图

有机化学理论的新进展

有机反应机理研究

《有机分子中原子的空间排布和不饱和化合物导致的几何异构现象》 — 威利森努斯 提出 — 发表

马来酸和延胡索酸反应需同时从分子的一边进行消除或加成 — 罗伯茨和金博尔 提出

中间体碳正离子可能具有特殊的立体化学稳定性 — 柯曼 提出

空间障碍理论

瓦尔登转化 — 瓦尔登

经过单电子转移的自由基链式反应机理 — SRN I 反应机理

"电子转移过程理论" — 马库斯 提出

伍德沃德-霍夫曼规则 — 伍德沃德与霍夫曼 提出 — 解释 — 协同周环反应

分子结构与性能的关系研究

线性自由能关系已推广用于探讨生命化学、药物化学中的结构与性能的关系

有机物分子结构的测定主要采用各种波谱（紫外、红外、核磁共振、质谱）和X射线单晶衍射分析等

结构复杂的生物大分子或存在量极微的有机化合物的测定，依靠分析仪器设备才能实现

活性中间体研究

冈伯格 — 三苯甲基游离基 — 三苯甲基自由基化学的开端

诺里斯和凯尔曼 — 三苯甲基碳正离子

布赫内 — 苯和重氮乙酸乙酯的反应 — 中可能涉及卡宾中间体

克拉克和拉普沃茨 — 反应中间体研究和自由基 — 安息香缩合反应中可能包含碳负离子中间体

帕内特 — 甲基自由基和乙基自由基的存在 — 甲基自由基和乙基自由基

弗洛里 — 自由基反应的研究

弗里德尔维奇 — 超氧化歧化酶 — 自由基生物学

比尔曼 — 碳正离子

库恩 — 碳负离子

美国普林斯顿大学的化学教授米斯洛采用这种研究方法揭示芳香甲烷化合物立体化学中的一些精细问题。

早在20世纪60年代中期，就有人对亲核取代反应的离子型机理进行研究，提出了经过单电子转移的自由基链式反应机理。不久即得到公认，被命名为SRN Ⅰ反应机理并写入教科书。

美国斯坦福大学化学教授陶布因对金属有机物的电子转移反应机理研究而荣获1983年诺贝尔化学奖。

美国加州理工学院化学教授马库斯提出，电子转移反应速率取决于电子给体与受体间的距离、反应自由能的变化以及反应物与周围溶剂重组能的大小。

（2）活性中间体研究

1901年，诺里斯和凯尔曼分别独立发现了溶液中稳定的三苯甲基碳正离子。

1903年，德国化学家布赫内等提出在苯和重氮乙酸乙酯的反应中可能涉及卡宾中间体。

1907年，克拉克和拉普沃茨提出在安息香缩合反应中可能包含碳负离子中间体。

20世纪30年代，碳正离子已被普遍接受。

人物小史与趣事

库恩（1900—1967），生于奥地利维也纳，1918年在维也纳大学学习，1921年在慕尼黑大学读博士学位，1922年获博士学位后留校研究糖化酶，1926～1928年任苏黎世大学教授，1929年任海德堡大学教授，1937年任凯泽医学研究所所长。

1931年库恩使用液-固色谱法，用碳酸钙做吸附剂分离出三种胡萝卜素异构体，即α-胡萝卜素，β-胡萝卜素，γ-胡萝卜素。库恩测定出了纯胡萝卜素的分子式；同年，他又扩大液-固吸附色谱法的应用，制取了叶黄素结晶；并从蛋黄中分离出叶黄素；另外还把腌鱼腐败细菌所含的红色类胡萝卜素制成了结晶。从此，吸附色谱法才迅速为各国的科学工作者所注意和应用，促使这种技术不断发展。

因库恩对类胡萝卜素和维生素研究工作的贡献，瑞典皇家科学院于1939年授予他1938年度的诺贝尔化学奖。但由于德国纳粹的阻挠，库恩未能前往斯德哥尔摩领奖。按规定，发出授奖通知一年内未去领奖，奖金自动回归诺贝尔基金会。战后，当库恩在1949年7月去斯德哥尔摩补做受奖学术报告时，只领回了诺贝尔金质奖章和证书。

1938年库恩又成功地分离出维生素B_6，并测定了它的化学结构。之后，库恩主要从事抗生素的合成和性激素的研究工作，继续在化学领域做出贡献。

吸附色谱法

吸附色谱法常叫作液—固色谱法（LSC），它是基于在溶质和用作固定固体吸附剂上的固定活性位点之间的相互作用，可以将吸附剂装填于柱中、覆盖于板上、或浸渍于多孔滤纸中。吸附剂是具有大表面积的活性多孔固体，例如硅胶、氧化铝和活性炭等。活性点位例如硅胶的表面硅烷醇，一般与待分离化合物的极性官能团相互作用。分子的非极性部分（例如烃）对分离只有较小影响，所以液—固色谱法十分适用于分离不同种类的化合物（例如，分离醇类与芳香烃）。

3.4.2　元素有机化学

元素有机化学是研究以元素周期表中大多数元素（金属、非金属以及稀有气体）的原子为中心原子的有机化合物的分支学科。元素有机化学是比普通有机化学更广泛的有机化学分支，也是一门正在发展极富希望的前沿学科，其主要分为金属有机化学和杂原子有机化学两大领域。

（1）金属有机化学

弗兰克兰于1852年提出了每一种原子和其他原子结合时能力是一定的，即原子价学说。

武兹与德国化学家费蒂希发现了著名的武兹-费蒂希反应，即卤苯与卤代烷和金属钠作用生成苯的同系物的反应。

1888年，L.迈尔和他的学生进行了有机镁化合物的研究，发现其具有强烈的反应活性。

1898年，法国化学家巴比埃利用已知的札依采夫反应时，试图用金属镁代替金属锌，并将其应用到有机化合物的制备中，但未能进行下去。

格利雅试剂（格氏试剂）成为最经典的化学术语之一，围绕着它已形成了一个独特的研究领域，仅截至格利雅逝世前，与其有关的研究论文已达6000余篇。

格利雅也因此与他的老师萨巴蒂埃共同荣获1912年诺贝尔化学奖。

1890年，瑞典化学家桑德迈尔发现，在CuX存在下，重氮盐中的重氮基被卤素取代生成卤代烃，该反应称为桑德迈尔反应。

自20世纪50年代起，以二茂铁的发现为标志，金属有机化学出现了前所未有的飞跃发展：齐格勒-纳塔催化剂的发明；以乙烯氧化为乙醛的瓦克尔流程和烯烃络合催化的应用；20世纪60年代钴、铑催化机理的研究；20世纪70年代簇合物催化机理的研究；20世纪80年代以来金属有机化合物在精细有机、特种材料合成以及医疗诊断中的应用等诸多研究领域都取得了丰硕的成果。

（2）杂原子有机化学

1953年，维悌希开始研究磷叶立德[（C_6H_5）$_3P^+$—CH_2^-]（亚烷基三苯基磷烷）和醛、酮反应，即维悌希反应。这个反应解决了过去通过格利雅试剂制取烯烃总是得到两种混合物的难题，从而使得由醛、酮制取特定烯烃的历程为之一新。

这一研究对于合成碳碳双键化合物起重要作用，维悌希与发现硼氢化反应的美国化学家布朗共同荣获1979年诺贝尔化学奖。

氟利昂（freon）的问世，带来了制冷技术的一次革命性变化，有机氟化学也随之迅速发展起来。

1963年，美国化学家利普斯科姆利用其于20世纪50年代创造的低温X射线衍射法，研究了硼氢化合物和它们的衍生物，确定这类化合物属于缺电子键，提出了硼氢化合物的三中心键的概念，并在其专著《硼的氢化物》中给予阐述，他也因此而获得1976年诺贝尔化学奖。

20世纪20年代，德国化学家斯托克利用其创造的真空技术，在封闭系统的玻璃仪器中制得并研究了一系列有机硅化合物：SiH_4、Si_2H_6、Si_3H_8、Si_4H_{10}、Si_5H_{12}、Si_6H_{14}及其卤素衍生物。

人物小史与趣事

利普斯科姆（1919—2011），美国物理学家，化学家，美国科学院院士，美国科学艺术研究院院士。

利普斯科姆1941年毕业于肯塔基州立大学，1946年获加州理工学院博士学位，第二次世界大战期间在美国科研与开发计划署工作，1946～1959年，在明尼苏达大学任教，1959年起，任哈佛大学化学系教授，不久任系主任。

利普斯科姆1949年后开始对硼烷、碳硼烷及其一系列衍生物进行系统研究。关于硼烷的结构，早在半个世纪前曾有人做过研究，但都未能真正解释明白硼烷及其衍生物组分的多样化结构的复杂性。利普斯科姆利用低温X射线衍射方法等测定了多种硼烷结构。根据他测定的结果，硼烷分子具有代表性的结构是一种笼状的空间三维结构，并经核磁共振试验验证。他的研究结果表明：硼烷是一种"缺电子化合物"，属于三中心两电子键结构。由此可解释B—H—B和B—B—B键，圆满地阐明了硼烷分子的复杂结构。他还通过数学方法推算出硼烷及其离子可能存在的数目，预示了它们的结构。他还深入研究了络合物的价键理论、定域的分子轨道、群论、分子内转动势垒、分子的电性和磁性，以及核磁共振谱中的化学位移等问题，进一步从理论上阐明这类化合物的结构原理，以及它们的反应特性和规律。利普斯科姆由于在研究硼烷结构方面的突出贡献而获1976年诺贝尔化学奖，著有《硼的氢化物》和《硼氢化物及其有关化合物的核磁共振研究》等。

导图

元素有机化学

研究金属有机分子第一人
- 弗兰克兰
- 原子价学说
- 乙基锌
- 有机锌化合物

有机合成中增长碳链的经典反应
- 瑞福马斯基反应
- 制备高级称烷烃的经典反应
- 武兹反应
- 合成合长直链烷基的芳香烃
- 武兹－费蒂希反应

强烈的反应活性
- 迈尔
- 有机镁化合物
- 格利雅试剂
- RMgX型化合物

促使重碳化合物转变成苯的衍生物
- 利用烷基铜的良好反应性能
- 加特曼－桑德迈尔反应
- 有机铜化合物

金属有机化学

有机钠化合物

硅和镁→硅化镁→硅烷
- 维勒
- 在封闭系统的玻璃仪器中制得并研究了一系列有机硅化合物及其衍生物
- 有机硅化学

有机硼化学
- 斯托克
- 硼氢化合物（硼烷）
- 硼烷的氢桥结构
- 朗格特－希金斯
- 质子化的双键结构
- 皮策
- 布朗
- 硼氢化反应
- 硼氢化合物的三中心键
- 利普斯科姆
- 《硼的氢化物》

杂原子有机化学

有机氟化学
- 斯瓦茨
- 氟氯烷
- 氟利昂
- 氟化手段、含氟理活性物质（含氟药物）研究、特种含氟功能材料（全氟型离子交换膜）以及寻找新型氟利昂

有机磷化学
- 维悌希
- 获得除氮以外其他ⅤA族元素的五苯基衍生物
- 磷叶立德（亚烷基三苯基磷烷）和醛、酮反应
- 维悌希反应
- 合成碳碳双键化合物

知识链接

络 合 物

络合物即配位化合物，为一类具有特征化学结构的化合物，由中心原子或离子（统称中心原子）和围绕它的称为配位体（简称配体）的分子或离子，完全或部分由配位键结合形成。

通常，配位化合物的稳定性主要指热稳定性和配合物在溶液中是否容易电离出其组分（中心原子和配位体）。配位本体在溶液中的离解平衡与弱电解质的电离平衡很相似，也有其离解平衡常数，称为配合物的稳定常数 K。K 越大，配合物越稳定，即在水溶液中离解程度小。

络合物是化合物中较大的一个子类别，广泛应用于日常生活、工业生产及生命科学中，近些年来的发展尤其迅速。它不仅与无机化合物、有机金属化合物相关联，并且与现今化学前沿的原子簇化学、配位催化及分子生物学都有很大的重叠。

3.4.3　合成有机化学

现代有机化学在基础理论和元素有机化学等方面得到长足发展的同时，合成有机化学也得到了蓬勃发展。1860年以前虽然已经有相当数量人工合成的有机化合物问世，但合成有机化学发展的高潮却开始于19世纪后半叶。

（1）贝特罗对有机合成反应研究的奠基工作

1855年，贝特罗进行了有关甲醇、丙醇以及高级醇的合成研究，拟定了一个制取醇类的普遍通用的路线。

1856年，贝特罗用CS_2与H_2S混合气体通过红热的铜而制得甲烷。接着他通过加热甲酸钡也得到了甲烷，同时还收集到了一系列副产物，如乙烯、丙烯、丁烯、戊烯和乙炔等。

1860年，贝特罗在他发表的专著《有机合成化学》中介绍了一些有机合成的一般原则和方法，并提出有机化学家有责任设法合成无机物以外的化合物。

贝特罗坚信可以通过非有机的来源制得重要的自然界存在或不存在的各类有机化合物。

贝特罗最先提出采用"合成"这个词来表达这种过程。

（2）典型有机合成方法的建立

1864年，德国化学家费蒂希利用金属钠将氯苯与碘甲烷缩合为甲苯：

$$\bighexagon\!\!-\!\!Cl+CH_3I+2Na \longrightarrow \bighexagon\!\!-\!\!CH_3+NaCl+NaI$$

法国化学家卡奥尔斯用PCl_5卤化酸制得酰氯：

$$RCOOH+PCl_5 \longrightarrow RCOCl+POCl_3+HCl$$

法国化学家贝夏姆普利用PCl_3将醇转化为卤代烷：

$$3ROH+PCl_3 \longrightarrow 3RCl+H_3PO_3$$

法国化学家日拉尔提出利用酰氯合成羧酸酐：

$$RCOONa+R'COCl \longrightarrow RCOOCOR'+NaCl$$

1882年，德国化学家霍夫曼发现了霍夫曼重排反应：

$$RCONH_2 \xrightarrow{NaOH+Br_2} RNCO \xrightarrow{H_2O} RNH_2$$

1883年，德国化学家柯提斯在制取重氮乙酸酯时首次得到了脂肪族偶氮化合物，然后又制取了其他类型的偶氮化合物：

$$\text{〇—N}=\text{NCl}+\text{〇—NH}_2 \longrightarrow \text{〇—N}=\text{N–NH—〇}+\text{HCl}$$

1887年，德国化学家盖布瑞尔提出由邻苯二甲酰亚胺的钾盐出发与卤代烷反应合成伯胺的方法，即盖布瑞尔合成法。

1901年，法国化学家格利雅发明了格利雅试剂·

$$RX+Mg \xrightarrow{干乙醚} RMgX$$

格利雅试剂的发明为合成有机化学提供了一件强有力的新武器，被广泛用于各种有机化合物的合成，特别是仲醇和叔醇、羧酸等的合成。

（3）有机合成原料路线的转变

早在1839年，美国费城大学化学教授黑尔就在偶然中用电弧加热石灰和氰化汞的混合物得到了电石，并发现这种物质遇水后会产生一种刺鼻气味的气体（乙炔）。

接着，人们又从乙炔出发，成功地制得了乙醛、乙酸、氯乙烯、丙烯腈、四氯乙烷和丁二烯等一系列有机化工重要原料。于是关于乙炔（电石）的化学研究便发展起来。

世界上第一座电石厂于1895年在美国建成后，随着电力工业的发展，制造电石的成本逐步降低，从而使其逐渐成为有机合成工业的另一重要原料。

人物小史与趣事

日拉尔（1816—1856），法国有机化学家，他提出的理论和所做的实验促进了有机化学的发展。但由于他在学术争论中的观点比较尖锐及其他原因，受到法国同事的排斥，以致得不到良好的工作条件。虽然身处逆境，他还是百折不挠地坚持科学研究。

日拉尔

日拉尔生于斯特拉斯堡，曾在卡尔斯鲁厄高等技术学校、莱比锡大学和吉森大学跟随李比希和其他德国化学家学习。

1838年成为巴黎理工学院杜马教授的助手。

1841年获得蒙彼利埃大学的博士学位，1844年成为该校化学教授。

1848年回到巴黎任教。

1851年与罗朗共同创建了教学实验室。

1855年成为斯特拉斯堡大学教授。

1843年日拉尔建议改革原子量系统，把分子量定义为：物质在气态时占有和2克氢相同体积的蒸气的质量，这样导出的化学式称为"二体积式"。

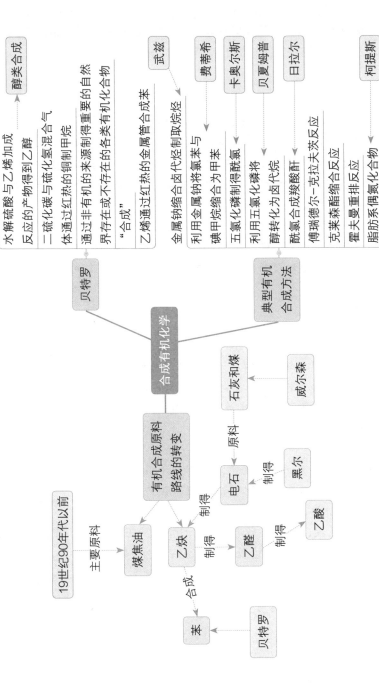

1844年，在对有机物进行分类的工作中，他提出"同系物"的概念，确立了有机化学的同系物理论。

1853年，他在研究取代反应的基础上提出了"类型论"，把当时已知的有机化合物分别纳入水、氯化氢、氨、氢四种基本类型；还发现多种酸酐、苯酚、喹啉、酰替苯胺类化合物、乙酰氯和酰基氯等；提出过有机化学的"残基学说"。

知识链接

有 机 物

狭义上的有机化合物主要是由碳元素、氢元素组成，是一定含碳的化合物，但是不包括碳的氧化物（如一氧化碳、二氧化碳）、碳酸、碳酸盐、氰化物、硫氰化物、氰酸盐、金属碳化物、部分简单含碳化合物（如 SiC）等物质。但广义有机化合物可以不含碳元素。有机物是生命产生的物质基础，所有的生命体都含有机化合物。

甲烷（CH_4）是最简单的有机化合物，在自然界的分布很广，俗称瓦斯，也是含碳量最小（含氢量最大）的烃，也是天然气、沼气、油田气及煤矿坑道气的主要成分。它可用来作为燃料及制造氢气、炭黑、一氧化碳、乙炔、氢氰酸及甲醛等物质的原料。

知识链接

同 系 物

通常把结构相似、分子组成相差若干个"CH_2"原子团的有机化合物互相称为同系物。同系物通常出现在有机化学中，同系物必须是同一类物质（含有相同且数量相等的官能团，羟基例外，酚和醇不是同系物，如苯酚和苯甲醇）。

格利雅（1871—1935），法国化学家。1893年格利雅入里昂大学学习数学，毕业后改学有机化学，1901年获博士学位，1905年任贝桑松大学讲师，1910年在南锡大学任教授，1919年起，任里昂大学终身教授，1926年当选为法国科学院院士。

1901年格利雅研究用镁进行缩合反应，发现烷基卤化物易溶于醚类溶剂，与镁反应生成烷基氯化镁（即格利雅试剂），还对铝、汞有机化合物及萜类化合物均进行过广泛的研究。他还研究过羰基缩合反应和烃类的裂化、加氢、脱氢等反应；在第一次世界大战期间研究过光气和芥子气等毒气。格利雅因发现格利雅试剂而与P.萨巴蒂埃共同获得1912年诺贝尔化学奖。他还是许多国家的科学院名誉院士和化学会名誉会员，著有《有机化学专论》等。

铝

铝（Al）是一种银白色轻金属，在潮湿空气中能形成一层防止金属腐蚀的氧化膜。铝粉和铝箔在空气中加热能猛烈燃烧，并发出炫目的白色火焰。铝易溶于稀硫酸、硝酸、盐酸、氢氧化钠和氢氧化钾溶液，难溶于水。

铝是活泼金属，在干燥空气中铝的表面立即形成致密氧化膜，使铝不会进一步氧化并能耐水；但铝的粉末与空气混合则极易燃烧；熔融的铝能与水猛烈反应；高温下能将许多金属氧化物还原为相应的金属；铝是两性的，易溶于强碱，也能溶于稀酸。

格利雅试剂

格利雅试剂简称格氏试剂，是含卤化镁的有机金属化合物，因含有碳负离子，所以属于亲核试剂。

格氏试剂是共价化合物，镁原子直接与碳相连形成极性共价键，碳为负电性端，故格氏试剂是极强的路易斯碱，能从水以及其他路易斯酸中夺取质子，因此格氏试剂不能与水、二氧化碳接触。格氏试剂的制备和引发的反应需要在无水、隔绝空气条件下进行。

3.4.4　天然产物化学

自有机化学形成开始，化学家就对天然物质怀有浓厚的兴趣，特别是对生物有机体的营养和代谢产物尤其好奇。伴随着生理学、医学和生命科学的发展，以研究对生命发生重要作用的天然产物为主的天然产物化学逐步发展成为有机化学的一个分支学科，其中有关药物方面的内容已独立为药物化学。

（1）碳水化合物

早在18世纪，拉瓦锡就分析了糖的化学组成，并确认其中氢、氧的比例与水相同。

1791～1808年，法国化学家普罗斯特通过对植物中甜味汁液的广泛研究，确定葡萄糖、果糖与蔗糖是相同物质（化学组成相同）。

1870年以前，化学家已经用光学法和化学法对糖类进行了研究。

1891年，费歇尔根据葡萄糖、果糖和甘露糖形成相同脎的事实，结合其他实验，确定了葡萄糖的五元环呋喃型结构。1894年，费歇尔已弄清了20多种糖的结构式。

1926年，英国化学家哈沃斯和赫斯特通过实验修正了费歇尔的五元环结构。1929年，哈沃斯在其关于糖的经典著作《糖的结构》中首次提出"构象"这一术语，用来描述六元环的椅式和船式构型。

（2）生物碱

早在19世纪上半叶，在我国的本草医药学中，许多生物碱都已被发现，如吗啡碱、乌头碱、奎宁碱等。

1952年，美国化学家盖茨实现了吗啡全合成，曾轰动一时。

1944年，美国化学家伍德沃德等正式合成了早在20世纪初就已确定结构的奎宁碱。1956年，伍德沃德又实现了萝芙藤生物碱的全合成。

100多年来，对生物碱的提取、提纯、结构测定和合成的研究为有机化学创立了许多新的方法与技术，为立体化学理论的发展做出了重要贡献。

（3）嘌呤类化合物

嘌呤是嘧啶和咪唑并联而成的杂环化合物，其衍生物构成嘌呤类化合物，是生命必需的物质和组成遗传物质的基础。

早在1766年，舍勒就从尿结石中析离出尿酸，但直到1870年，李比希和维勒才确定其组成，并为与嘌呤相关的化合物命名。

1875年，德国维尔茨堡大学有机化学家麦第卡斯提出了尿酸的化学式。

1881年，费歇尔开始研究咖啡因，对这一类化合物的研究一直持续到1914年，因此他的成就是最为卓著的。1897年，他从尿酸中获得这一大类化合物的母体——嘌呤。他以嘌呤为核心确立了这类化合物的结构，并进行了系统命名。

经过费歇尔和同事的共同辛勤努力，于1902年终于理清了嘌呤及其衍生物之间的相互关系，并合成了大约150种嘌呤衍生物，对这个化合物系列进行了详尽阐述。

（4）萜类化合物

早在16世纪，人们已经知道用水蒸气蒸馏法从植物的叶、茎、根、皮、籽、实和花朵中提取香料。

1838年，法国有机化学家杜马和佩利戈特确定了樟脑、茴脑和龙脑的实验式，但这类化合物结构的确定还是19、20世纪之交才实现的。

1893年，布雷特正确地测定了樟脑的结构；1903年，柯姆帕成功合成了樟脑。

1909年，瓦拉赫在《萜和樟脑》一书中总结了对萜类化合物的研究成果。1910年，他因这方面的突出成就获诺贝尔化学奖。

（5）甾族化合物

对甾族化合物的研究开辟了许多有机化学新的研究领域，不仅开发出许多重要的药物，为人类生活做出很大贡献，还推动了对有机化学基本理论的深入探讨。

1901年，德国有机化学家温道斯开始有关胆固醇结构的研究和测定工作，持续了近30年。

1912年，德国化学家维兰德开始研究胆酸，发现其分离出的胆酸有三种，结构与胆固醇相近。二人由于在这方面的卓越成就，维兰德获得1927年诺贝尔化学奖，温道斯获得1928年诺贝尔化学奖。当时他们给出了一个含有假定部分的胆固醇结构。1932年，通过硒脱氢作用和X射线数据才最终确认胆固醇的真实结构。

　　1929年，德国化学家布特南特陆续析离出雄甾醇酮、孕甾烯二酮等多种性激素，并很快阐明了它们的结构。

　　同年，由于发现了肾上腺皮质提取物可以延长切除肾上腺皮质动物的生命，从而掀起了副肾皮质素物质研究的热潮，在几年内，从肾上腺提取物中析离出了几十种甾族化合物。

　　20世纪40年代以前，甾族激素的取得主要来源于动物，数量十分有限。

　　20世纪50年代，人们利用甾族植物的皂苷，使这类化合物尤其是肾上腺皮质激素可以大量生产。特别是由于成功地利用生物氧化，简化了甾族激素合成的步骤，提高了产率，使甾族激素的生产及研究得到了进一步繁荣发展。

　　（6）海洋天然产物开发

　　人们对海洋生物的认识与使用由来已久。在我国，早在《神农本草经》中就描述了海藻、文蛤和牡蛎的医药用途。明朝李时珍的《本草纲目》已记载近百种以海洋生物为基础的医药的性味、功能和药用价值。

　　20世纪60年代，海洋天然产物的开发进入了发展阶段；1967年，美国海洋生物技术学会举办了世界上第一次有关海洋天然产物的学术会议，提出了"向海洋要药"的口号，推动了海洋天然产物的开发。

　　1967～1970年，相关论文和报告就发表了643篇，产生了一系列研究成果：测定沙蚕毒素结构（1962年）；测定河豚毒素结构（1964年）；发现柳珊瑚中含有高达1.4%的前列腺素（1969年）；全合成河豚毒素（1972年）等。

　　1985年，由莱因哈特领导的小组发现第一个海洋抗肿瘤药物并进入临床研究。

　　20世纪90年代以来，每年有500～800个新型海洋天然产物被发现，其中约40%以上有生物活性数据报道。

　　海洋生物中分离出的一些结构非常特殊、生理活性极强、生理作用特殊的天然产物具有非常重要的研究价值和十分广阔的应用前景，必将发展成为有机化学的新兴分支学科。

⬡ 人物小史与趣事

　　温道斯（1876—1959），出生于柏林一个平民家庭，曾于柏林大学攻读医学，后来在费歇尔的影响下，改学有机化学和生物化学，成了费歇尔的助手。1897年在柏林大学获学士学位。1899年他在德国弗赖堡大学获得博士学位。1901年温道斯开始进行胆固醇（胆甾醇）结构的研究与测定工作，持续了约30年。温道斯1903年发表了第一篇题为《胆甾醇》的首创性论文。1907年他合成了组胺，这是一种具有重要的生理学性质的化合物。他还发现很多其他化合物也具有与胆甾醇相类似的结构特点和性质，他把这类化合物归并成一族，命名为甾族化合物。温道斯是甾族

温道斯

导图

《神农本草经》 → 海藻、文蛤和牡蛎的医药用途

以海洋生物为基础的医药的性味、功能和药用价值 ← 《本草纲目》

鱼肝油
海藻胶 ·以海洋生物为基础的制剂
藻酸

测定沙蚕毒素结构
测定河豚毒素结构
柳珊瑚中含有高达1.4%的前列腺素 · "向海洋要药" 海洋天然产物开发
全合成河豚毒素

莱因哈特 → 海洋抗肿瘤药物

胆固醇
胆酸
甾体皂素
肾上腺皮质激素 · 分类
性激素
维生素

氢化环戊基菲四环骨架 · 特点 甾族化合物

温道斯研究和测定胆固醇结构
维兰德发现分离出的胆酸有三种，结构与胆固醇相近 胆固醇和胆酸
硒脱氢作用和X射线数据确认胆固醇结构

布特南特析离出性激素类化合物
肾上腺提取物中析离出了几十种甾族化合物
利用甾族植物的皂苷，进行大规模生产 · 甾族激素
生物氧化简化了甾族激素合成的步骤

精油的主要成分之一
16世纪 水蒸气蒸馏法从植物的叶、茎、根、皮、籽、实和花朵中提取香料

单萜
倍半萜
二萜 · 分类 萜类化合物
三萜
多萜

杜马和佩利戈特确定了樟脑、茴脑和龙脑的实验式
1838～1903 布雷特正确地测定了樟脑的结构 · 樟脑
柯姆帕成功合成了樟脑

瓦拉赫测定了一系列萜烯的结构式

1895～1909 ← 《萜和樟脑》

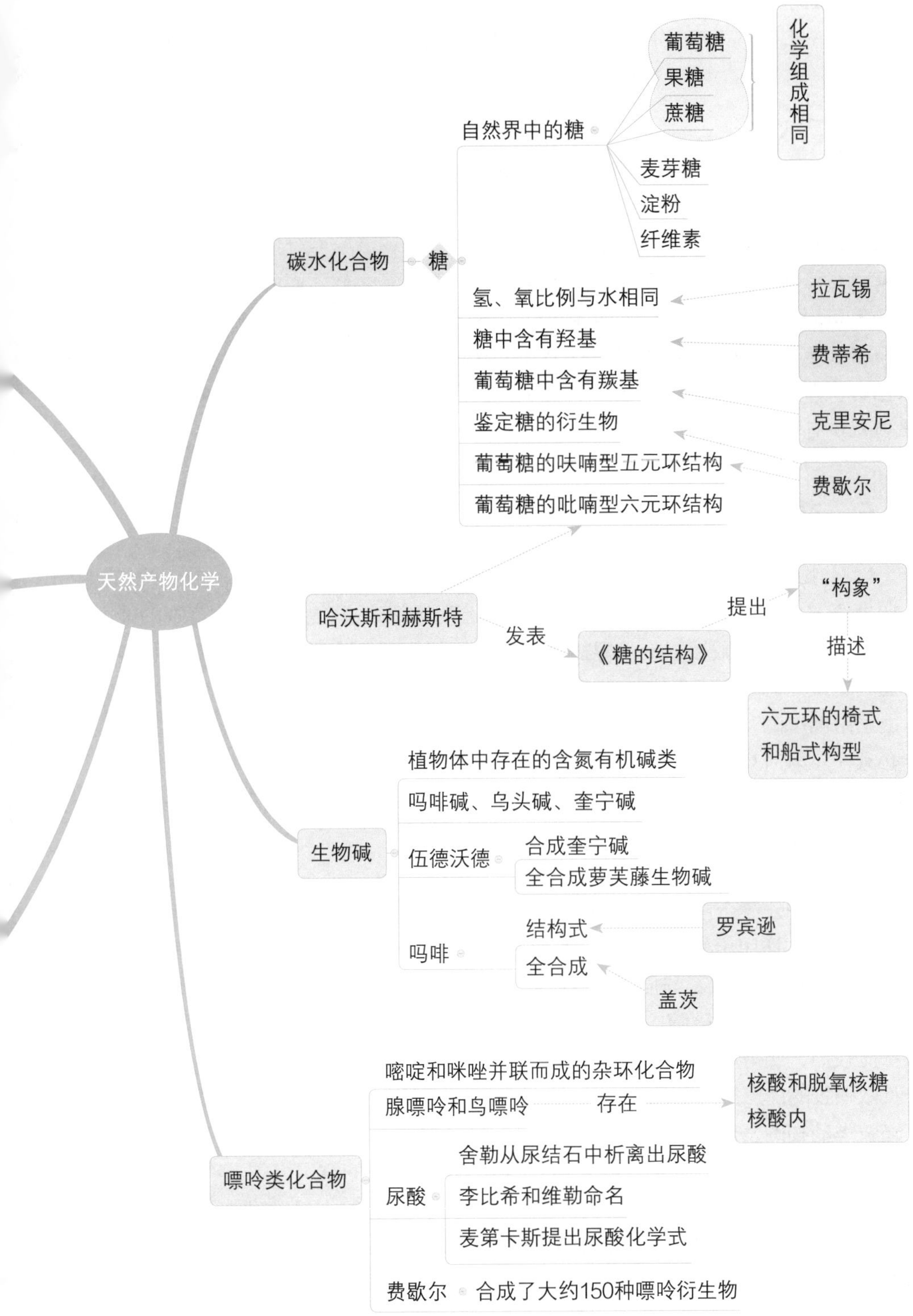

葡萄糖
果糖
蔗糖
} 化学组成相同

自然界中的糖
麦芽糖
淀粉
纤维素

碳水化合物 — 糖

氢、氧比例与水相同 ← 拉瓦锡
糖中含有羟基 ← 费蒂希
葡萄糖中含有羰基 ← 克里安尼
鉴定糖的衍生物 ←
葡萄糖的呋喃型五元环结构 ← 费歇尔
葡萄糖的吡喃型六元环结构

天然产物化学

哈沃斯和赫斯特 —发表→ 《糖的结构》 —提出→ "构象"
↓描述
六元环的椅式和船式构型

植物体中存在的含氮有机碱类
吗啡碱、乌头碱、奎宁碱
生物碱 — 伍德沃德 — 合成奎宁碱
全合成萝芙藤生物碱
吗啡 — 结构式 ← 罗宾逊
全合成 ← 盖茨

嘧啶和咪唑并联而成的杂环化合物
腺嘌呤和鸟嘌呤 —存在→ 核酸和脱氧核糖核酸内
嘌呤类化合物 — 尿酸 — 舍勒从尿结石中析离出尿酸
李比希和维勒命名
麦第卡斯提出尿酸化学式
费歇尔 — 合成了大约150种嘌呤衍生物

化合物的主要创始人。1913～1915年温道斯在奥地利因斯布鲁克大学任应用医药化学教授，1915～1944年，任哥廷根大学化学教授和化学实验室主任，是哥廷根、柏林、普鲁士、巴伐利亚科学院院士，伦敦化学学会名誉会员。

知识链接

胆固醇

胆固醇又称胆甾醇，是一种环戊烷多氢菲的衍生物。早在18世纪人们已经从胆石中发现了胆固醇。胆固醇广泛存在于动物体内，尤其以脑及神经组织中最为丰富，在肾、脾、皮肤、肝和胆汁中含量也较多。其溶解性与脂肪类似，不溶于水，易溶于乙醚、氯仿等溶剂。胆固醇是动物组织细胞必不可少的重要物质，它不仅参与形成细胞膜，而且是合成胆汁酸、维生素D以及甾体激素的原料。胆固醇经代谢还可以转化为胆汁酸、类固醇激素、7-脱氢胆固醇，而且7-脱氢胆固醇经紫外线照射就会转变为维生素D_3，因此胆固醇并非是对人体有害的物质。

3.4.5　药物化学

（1）药物化学的起源

19世纪末，由于有机化学理论的发展，人们了解和认识复杂有机化合物的能力大大提高，于是在西方掀起了一股寻找具有药用价值化学品的热潮。德国有机化学家艾里希是其中最热情的探索者之一。

由于游离态的"六零六"不稳定，一般先制成二盐酸盐。但二盐酸盐不能直接使用，必须在注射前30分钟转变成一钠盐或二钠盐，这使得临床使用很不方便。

"九一四"虽然可以直接使用，但它仍未消除"六零六"具有的两个缺点，即对人体有一定的毒性和长期使用会产生抗药性。

（2）磺胺类药物

此后，人们陆续合成了大量的磺胺类化合物，仅仅在1938～1943年几年间就超过了1000种，其中适用于作药物的有：磺胺吡啶（1938年），磺胺噻唑、磺胺胍（1940年），磺胺嘧啶、磺酰乙酰胺（1941年），琥珀酰磺胺噻唑、邻苯二甲酰磺胺噻唑（1942年），磺胺甲基嘧啶、磺胺二甲嘧啶（1943年）等。这几种磺胺药的药效时间一般都比较短，使得用药次数频繁，对于患者不够方便。

长效磺胺的优点是服药后在人体内维持有效浓度的时间较长，因而方便了患者。

磺胺类药物的发现和发展是人类对疾病斗争的一次重大胜利。由于磺胺类药物成本低、抗菌效果好、使用方便，直至今日仍是一大类有效的常用抗菌药物。

（3）抗生素类药物

1936年，奥地利药物学家弗洛里和德国化学家钱恩开始在英国牛津大学重新研究青霉素。

1940年，他们得到了粗制品，发现其对葡萄球菌、链球菌、肺炎双球菌、脑炎双球菌、淋病双球菌和螺旋体都有非常高的抑制活性。

1941年，他们开始进行临床试验，结果非常成功。

1942年，钱恩制成了一种纯净的化学药粉。

不久，人们根据霍奇金的研究结果明确了其化学结构。

由于青霉素具有很广泛的医疗谱带，药效好，毒性小，因此自1944年投产以来，发展很快，在其大量使用的同时又发现了头孢菌素。

青霉素在化学医疗上的成功，使其在第二次世界大战后期取代了磺胺，同时引起了人们对抗生素进一步研究的热情。此后，陆续有其他抗生素问世。

1945年5月12日，第一次在人类身上应用链霉素获得成功。

1948年，美国化学家福尔克斯测定了其化学结构。链霉素适用于治疗革兰氏阴性菌所引起的传染病，对抗酸的菌类也有效，尤其对治疗结核病很有效，缺点是其毒性比青霉素大，并容易产生抗药性。

1947年，析离出氯霉素；1949年测定出其化学结构并实现了人工合成。由于氯霉素有2个手性碳原子，因此有4个旋光异构体，天然的是其中之一，而合成的含有其他异构体，所以合成氯霉素药效低于天然氯霉素。

人物小史与趣事

弗莱明

弗莱明（1881—1955），英国生物化学家、微生物学家。弗莱明于1923年发现了溶菌酶。

1928年首先发现了青霉素。后澳大利亚药理学家弗洛里、英国生物化学家钱恩进一步研究改进，并成功用于医治疾病，三人共同获得1945年的诺贝尔医学奖。青霉素的发现使人类找到了一种具有强大杀菌作用的药物，结束了传染病几乎无法治疗的时代；人类进入了合成新药的新时代。

瓦克斯曼

瓦克斯曼（1888—1973），美国著名微生物学家，生于俄国普里鲁基，于1910年离俄赴美，进入拉特格斯大学学习，1915年毕业，1916年成为美国公民。后来，他去加利福尼亚大学深造，1918年在该校获博士学位，此后回到拉特格斯大学任教。

1943年美国科学家瓦克斯曼从链霉菌中得到了链霉素，这是继青霉素后第二个生产并用于临床的抗生素，开创了结核病治疗的新纪元。1945年，特效药链霉素的问世使肺结核不再是不治之症。

1939年，在药业巨头默克公司的资助下，瓦克斯曼领导其学生开始系统地研究从

导图

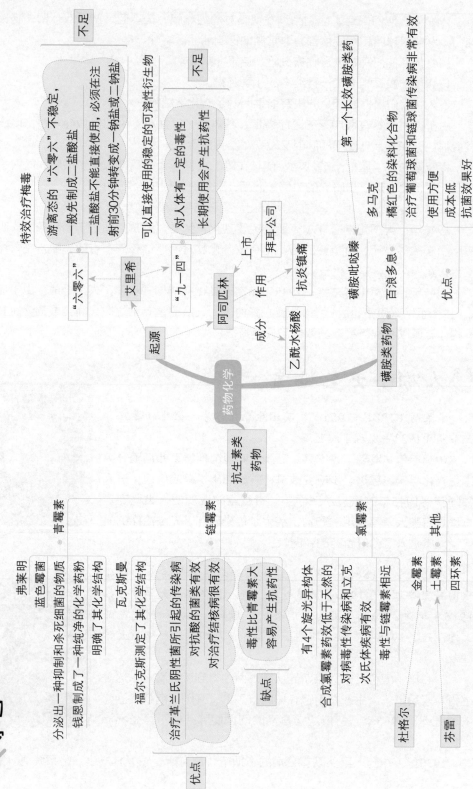

药物化学

起源

"六零六" ← 艾里希

"九一四"

特效治疗梅毒

不足

游离态的"六零六"不稳定，一般先制成二盐酸盐
二盐酸盐不能直接使用，必须在注射前30分钟转变成一钠盐或二钠盐

可以直接使用的稳定的可溶性衍生物

不足

对人体有一定的毒性
长期使用会产生抗药性

阿司匹林

上市 拜耳公司

作用 → 抗炎镇痛

成分

乙酰水杨酸

磺胺类药物

磺胺吡啶 多马克

橘红色的染料化合物
治疗葡萄球菌和链球菌传染病非常有效

百浪多息

优点

第一个长效磺胺类药

使用方便
成本低
抗菌效果好

抗生素类药物

弗莱明

青霉素

蓝色霉菌

分泌出一种抑制和杀死细菌的物质
钱恩制成了一种纯净的化学药粉
明确了其化学结构

瓦克斯曼

链霉素

福尔克斯测定了其化学结构
治疗革兰氏阴性菌所引起的传染病
对抗酸的菌类有效
对治疗结核病很有效

缺点

毒性比青霉素大
容易产生抗药性

氯霉素

有4个旋光异构体
合成氯霉素药效低于天然的
对病毒性传染病和立克次氏体疾病有效
毒性与链霉素相近

杜格尔

金霉素

苏雷

土霉素

其他

四环素

优点

土壤微生物中分离抗细菌的物质，他后来将这类物质命名为抗生素。

1942年瓦克斯曼作为第一位土壤微生物学家当选为美国科学院院士，不久又当选法国科学院院士。1954年由他创建的瓦克斯曼微生物研究所，现在是国际微生物学术活动的中心之一。

链 霉 素

链霉素是一种氨基葡萄糖型抗生素，分子式为 $C_{21}H_{39}N_7O_{12}$。

链霉素是一种从灰链霉菌的培养液中提取的抗生素，是氨基糖苷碱性化合物，它与结核杆菌菌体核糖核酸蛋白体蛋白质结合，具有干扰结核杆菌蛋白质合成的作用，从而起到杀灭或者抑制结核菌生长的作用。

青霉素的发现

弗莱明在医学院毕业后分配到英国的一支细菌部队中任职。后来，第一次世界大战爆发，他也上了前线。战场上很多伤员因伤口溃烂、化脓感染而带来难以忍受的痛苦，给他留下极为深刻的印象。当他见到伤员被痛苦折磨的样子和因伤口感染无法医治而惨死时，深感内疚，并且发誓要解决伤口感染这个难题。因此，从1928年开始，他集中精力钻研伤口的感染、溃烂、生脓长疮的祸根——葡萄球菌。

他将这种细菌接种在培养皿上，给予些培养液，让其生长发育，并观察细菌的形态及生长发育的规律，目的是寻求解决办法。

一天早晨，他像以往一样，进入实验室后第一件事就是检查一下细菌生长情况。检查中见到有一个培养皿中的葡萄球菌几乎比昨日少了一半，这属于正常现象，这可能是由于葡萄球菌被其他细菌污染而停止生长所致。一般的处理办法是将其倒掉重新培养。正当弗莱明要倒掉培养皿上的细菌之际，他转念一想，为什么不看看到底是被何种菌污染的呢？

他仔细观察这被污染的培养皿，发现上面长了一层常见的绿霉，又发现在这绿霉周围的葡萄球菌都不能生长。这是怎么回事呢？为寻求答案，他继续进行实验，他用白金丝挑了一点霉菌，置于培养皿内进行培养，并用显微镜细心观察该霉菌的生长情况。发现开始时长出一点白色的绒毛，随后白色的绒毛就逐渐变成了一层绿色，如"地毯"一般，又看到，在每一绒毛的头上都长出伸向四周的非常强悍的细毛。

通过观察，他认为，这种霉菌的生长力这么强，恐怕不仅是和葡萄球菌争夺养分，很可能它还能够分泌出什么物质来直接杀死葡萄球菌。于是，弗莱明将这种霉菌的培养液仔细进行过滤收集后，将其滴入一个长满葡萄球菌的培养皿内。

几小时后观察发现，那些长在培养皿里的可恶的葡萄球菌全部消失得无影无踪了。见此，弗莱明高兴得跳了起来，他又分离了一些霉菌的培养液，继续进行实验。

通过实验，他发现这种霉菌不但可杀灭葡萄球菌，而且对许多病菌的生长和发育都有抑制作用。接着，弗莱明又将这种霉菌培养液的滤液加水稀释，获得不同质量分数的溶液，然后分别对几种细菌进行杀伤实验。结果发现，当滤液为1%时可以杀死链球菌；为1：300时，就可阻止葡萄球菌的生长和繁殖；为1：800时还能够杀死肺炎球菌。

由于这种霉菌可将其他一些病菌杀死或抑制它们的生长，因此将其称为抗生素。弗莱明将这第一个抗生素命名为"青霉素"。

直到1941年，经过英国的钱恩、澳大利亚的弗洛里的进一步研究与完善，"青霉素"才真正投入工业生产并且得到纯品，从而广泛应用于临床，取得良好的效果。

溶菌酶的发现

1921年，对眼睛的抵抗力颇感兴趣的弗莱明提出一个质疑："人的眼睛终日张着，难免不受细菌的侵害，但为什么眼睛却很少受细菌的感染呢？"带着这个问题，他进行了实验研究。将细菌接种到眼泪中，结果发现，被接种的细菌会立即死去。于是，弗莱明断定，人的眼泪中存在着一种可以致细菌于死地的化学物质。经过数年的实验研究，他终于在眼泪中找到了一种未知的蛋

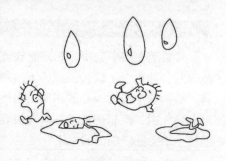

白质。因为它遇到细菌时，细菌的细胞壁很快就会溶化掉，从而导致细菌丧失抵抗力而消亡，所以科学家们称这种能够溶解细菌细胞壁的蛋白质为溶菌酶。的确，眼泪中的溶菌酶杀菌力很强，特别是对金黄色葡萄球菌、大肠杆菌等具有惊人的杀伤力。限于当时的科学技术水平，弗莱明对溶菌酶的化学结构以及它的杀菌机理，却是一无所知。直到20世纪60年代，用电子计算机武装起来的分析蛋白质序列器诞生后，化学家们才搞清楚溶菌酶的结构。

知识链接

溶 菌 酶

溶菌酶是一种分子量不大的蛋白质，由129个氨基酸组成，平常缩成球状，在电子显微镜下像个鸡蛋，活性部分在第35个与第52个氨基酸上，如将这两个氨基酸换掉或制成衍生物，溶菌酶就会立刻失去活性。

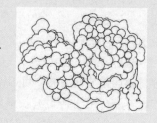

溶菌酶袭击细菌，主要依靠的是第35个氨基酸——谷氨酸上的羧基以及第52个氨基酸——天冬氨酸上的羧基，这两个羧基就像两把铁钳，能钳断细菌细胞壁上糖蛋白的糖键，从而破坏细胞壁，使得细菌遭受灭顶之灾。

3.5 现代分析化学发展

3.5.1 传统定量分析化学的革新

对于传统定量分析尤其是重量分析和容量分析技术的改进，实际上早在19世纪末就已经有所进展。进入20世纪后，伴随着阿伦尼乌斯的电离学说等溶液新理论逐渐得到公认，带来了定量分析的新发展。

（1）重量分析方法的发展

首先是有机试剂化学合成的发展，使人们更有效地应用各种有机沉淀剂和指示剂，丰富了沉淀分离手段，从而推动了氧化还原滴定的发展。

1907年，布龙克提出了重量分析操作法。

1909年，索伦森提出了pH的概念，并做出了一份约100种酸碱指示剂的研究报告。

1910年，德国汉堡辐射化学家包弟希引用了N-亚硝基-β-苯胲胺（铜铁试剂）以分离铁和铜。

1911年，蒂泽德研究了指示剂的灵敏度。

1921年，蒂泽德等提出了如何控制二元酸滴定的方法。

1923年，德国慕尼黑大学化学教授法扬斯证实，如果使用两种指示剂，碘化物和氯化物可同时在一个溶液中进行滴定，从而解决了沉淀滴定法的一个关键难题。

1925年，捷克化学家克诺普第一个明确推荐二苯胺作为氧化还原指示剂。

1929年，克诺普的妻子库拜科娃又进一步提出了一系列很有价值的三芳基甲烷型化合物作为氧化还原指示剂。

1931年，美国分析化学家柯尔托夫等证实，二苯磺酸作为重铬酸钾法滴定铁的指示剂更有效。

进入20世纪后，结晶化学、胶体化学以及化学反应机理研究成果的应用，使得人们研究沉淀形成机理和条件对沉淀性质及纯度的影响成为可能。到了二三十年代，逐渐形成了两种截然相反的观点。

美国分析化学家柯尔托夫于1928年首先提出，从极浓的溶液中进行沉淀可以产生很大的内部张力，因此，在稀释母液后，沉淀很容易发生重结晶作用，从而更便于得到净化。

1932年，德国化学家哈恩更明确地主张从稀溶液中进行缓慢沉淀的方法。

（2）容量分析方法的发展

1948年，施瓦岑巴赫根据EDTA在水溶液中几乎可以与所有金属阳离子形成络合物且稳定性差别很大这一特点，提出以KCN为Cd^{2+}、Zn^{2+}、Cu^{2+}、Ni^{2+}、Co^{2+}等的掩蔽剂，以NH_4F为Al^{3+}的掩蔽剂。

1956年，捷克斯洛伐克分析化学家蒲希比出色地用三乙醇胺解决了掩蔽Fe^{3+}的问题。

导图

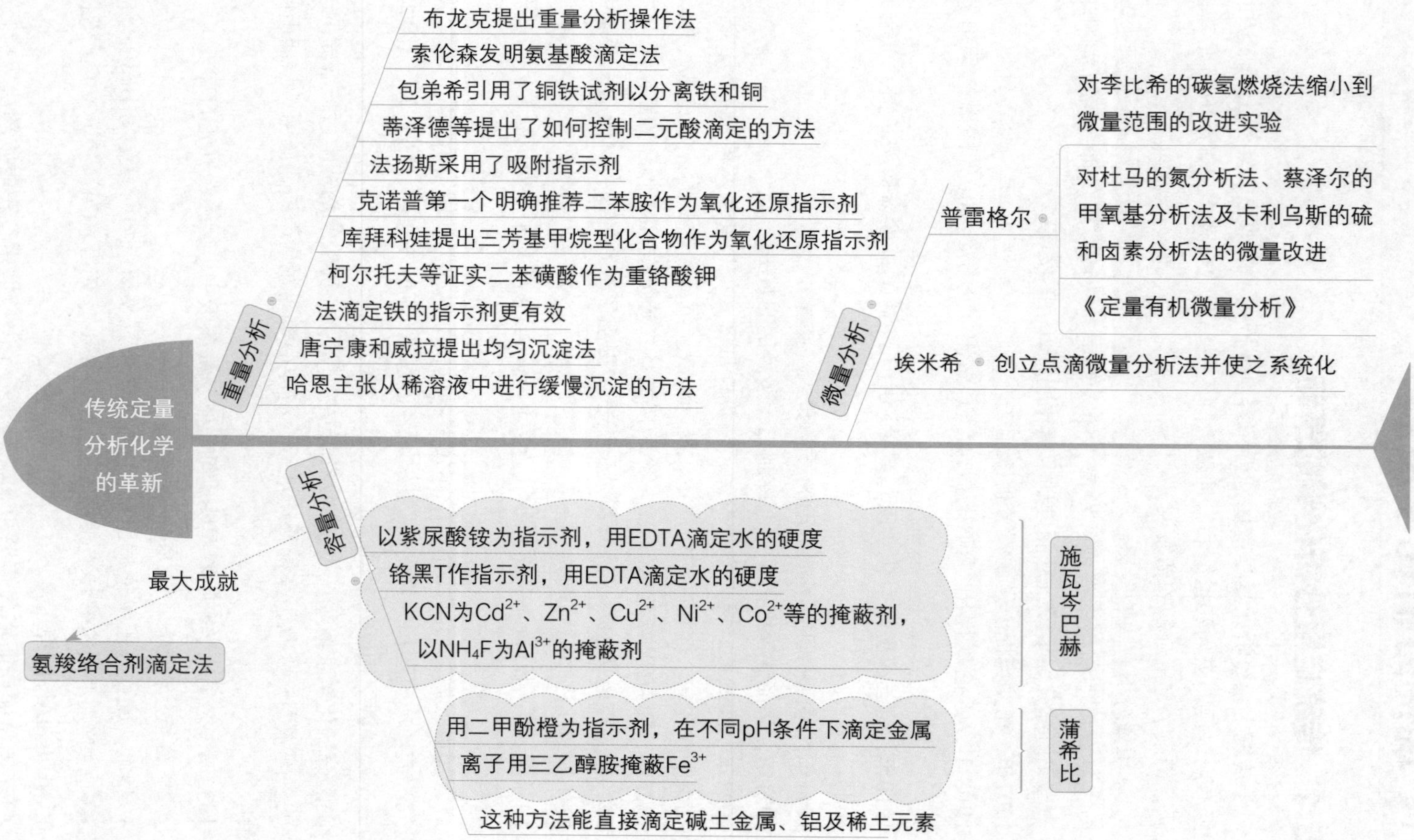

传统定量分析化学的革新

布龙克提出重量分析操作法
索伦森发明氨基酸滴定法
包尔希引用了铜铁试剂以分离铁和铜
蒂泽德等提出了如何控制二元酸滴定的方法
法扬斯采用了吸附指示剂
克诺普第一个明确推荐二苯胺作为氧化还原指示剂
库拜科娃提出三苯甲烷型化合物作为氧化还原指示剂
柯尔托夫等证实二苯胺磺酸作为重铬酸钾
法滴定铁的指示剂更有效
唐宁康和威拉提出均匀沉淀法
哈恩思主张从稀溶液中进行缓慢沉淀的方法

里程碑

普雷格尔

对李比希的碳氢燃烧法缩小到微量范围的改进
对杜马的氮分析法、蔡泽尔的甲氧基分析法及卡利乌斯的硫和卤素分析法的微量改进

里程碑

埃米希 · 创立点滴微量分析并使之系统化
《定量有机微量分析》

施瓦岑巴赫

浦希比

里程碑

以紫脲酸铵为指示剂，用EDTA滴定水的硬度
铬黑T作指示剂，用EDTA滴定水的硬度
KCN为Cd^{2+}、Zn^{2+}、Cu^{2+}、Ni^{2+}、Co^{2+}等的掩蔽剂，以NH_4F为Al^{3+}的掩蔽剂
用二甲酚橙为指示剂，在不同pH条件下滴定金属
用三乙醇胺掩蔽Fe^{3+}
这种方法能直接滴定碱土金属、铝及稀土元素

最大成就

氨羧络合剂滴定法

至20世纪60年代，有近50种金属元素的离子都能用此法直接滴定（含回滴法），还有16种能间接滴定。由于这种方法能直接滴定碱土金属、铝及稀土元素，因此弥补了此前容量分析的很大缺陷。

（3）微量分析方法的发展

1910年，普雷格尔在维也纳自然研究会上公开演示了对李比希的碳氢燃烧法缩小到微量范围的改进实验，这是他对有机分析进行3年多切实有效改进研究后的典型展示。

普雷格尔的其他重要成果还有对杜马的氮分析法、蔡泽尔的甲氧基分析法及卡利乌斯的硫和卤素分析法的微量改进，用于微量熔点测定以及测定凝固点下降和沸点升高仪器的研制等。这些方法可以对几毫克的试样进行全面分析。

人物小史与趣事

普雷格尔（1869—1930），生于奥地利克伦茵城。1904年普雷格尔在研究胆酸时，由于从胆汁中获得的胆酸太少，促使他研究有机物的微量分析技术。利用他和库尔曼共同设计的可以精确到微克级的微量天平和微量分析技术，只用1～3毫克试样就可以进行比较迅速和准确的定量分析。

1912年他又建立了涉及碳、氢、氮、卤素、硫、羰基等的一整套微量分析方法，由此创立了有机化合物的微量分析法和微量化学学科，为促进有机化学、分析化学的发展，也为现代纯科学、医学和工业的发展做出了突出的贡献。为表彰普雷格尔的这一贡献，1923年瑞典皇家科学院授予了他诺贝尔化学奖。他创办的《微量化学学报》至今仍在发行。

1930年12月13日，普雷格尔因病去世，享年61岁。遵他遗嘱，把所有诺贝尔奖奖金和遗产捐献给维也纳科学院作基金，利息奖给有贡献的微量分析化学家。奥地利政府决定将格拉茨医学院化学系改名为普雷格尔医药化学研究所，该名称一直沿用至今。

微量分析

微量分析一般指试样质量为0.1～10毫克或体积为0.01～1毫升的化学分析。常采用点滴分析和显微结晶分析等方法。

3.5.2　电分析化学的形成与发展

自伏特发明了电堆电池以后，这种装置很快就被用于科学研究的各个领域。分析化学家也开始尝试利用，但成效甚微，直到19世纪60年代，也只有最简易的电解分析法取得了一些确有实效的成果，电分析化学的形成与发展也就是以此为起点的。

（1）电解分析法

1869年，德国铁路公司化学师鲁考将其自1860年就开始研究的从氰化钾溶液中电沉积出铜和银的方法推荐给德国一家冶金公司，并改进采用硫酸为底液。

1873～1878年，利用这种方法测定汞、铅、锌、锰和镉的方案陆续形成。

（2）电容量分析法

1893年，莱比锡大学奥斯特瓦尔德学院化学家贝仑特发表了第一篇电位滴定论文。他以$Hg/Hg_2(NO_3)_2$作参比电极，以Hg为指示电极，用KCl、KBr及KI滴定$Hg_2(NO_3)_2$，并绘出了第一幅电位滴定曲线。他还曾以$Ag/AgNO_3$作参比电极，以银片为指示电极，用$Hg_2(NO_3)_2$滴定KI溶液。不久，又出现了醌氢醌电极，但也不理想。

1931年，美国分析化学家柯尔托夫等提出了用不同金属电极（如Pt-Pd、Pt-W）的双金属电位法和使用相同金属（Pt-Pt）的电流法。

1941年以后，柯尔托夫等又设计了旋转铂微电极和各种金属、石墨、玻璃等电极进行各类电位滴定和恒电流滴定。至此，电位滴定成为分析化学一个相当繁荣的领域。

1922年，德国哥廷根大学扬德尔对电导滴定法加以改进，通过电流计指针的偏转指示滴定终点。

（3）极谱分析法

进入20世纪后，捷克的一些物理化学家就把对电毛细现象的研究进一步发展到对滴汞电极的深入研究。

"极谱法"是海洛夫斯基在研究铝的电化学过程中，为了解决由于汞柱毛细管作用的异常现象而引起的误差和影响时创造的一种科学分析方法。

1926年，海洛夫斯基等又根据扩散电流理论和能斯特方程导出了极谱波方程，从理论上解释了去极剂的半波电位与其浓度无关的原因。所有这些奠定了极谱定量和定性分析的理论基础。

1938年，在极谱分析中开始利用示波器，并在此基础上开展交流示波极谱和阴极射线示波极谱的研究，进而发展成为现在的单扫极谱法。

1959年，美国路易斯安那大学化学家德拉哈依导出了不可逆波、动力波方程式，完善了单扫极谱法的理论基础。

1950年，澳大利亚悉尼大学化学家布来耶尔将交流极谱应用于分析化学，3年后发展成为用于有机物和表面活性物分析的张力波法。

1952年，巴克尔设计了能消除电容电流对电解电流干扰的"方波极谱"，提高了分析灵敏度和两波间隔的分辨率。

"阳极溶出法"把痕量金属离子预先电解浓集在滴汞上，然后向正电位（阳极）方向扫描，使浓集在滴汞上的金属溶出，从而给出大小与已还原的金属量成正比的氧化电流。

20世纪60年代，对各种极谱催化波机理的研究和利用使得极谱分析的灵敏度得到进一步提高。

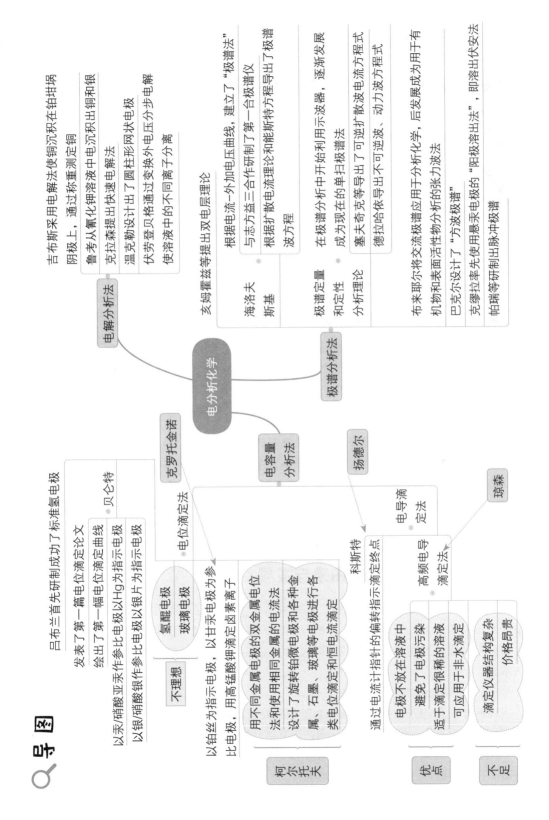

导图

电分析化学

电解分析法

吉布斯采用电解法使铜沉积在铂坩埚阴极上，通过称重测定铜

鲁考从氰化钾溶液中电沉积出铜和银

克拉森提出了快速电解法

温克勒设计出了圆柱形网状电极

伏劳登贝格通过变换外电压分步电解使溶液中的不同离子分离

极谱分析法

亥姆霍兹等提出双电层理论

海洛夫斯基
- 根据电流—外加电压曲线，建立了"极谱法"
- 与志方益三合作研制了第一台极谱仪
- 根据扩散电流方程和能斯特方程导出了极谱波方程

极谱定量和定性
- 在极谱分析中开始利用示波器，逐渐发展
- 成发展为现在的单扫描极谱法

分析理论
- 塞夫奇克等导出了可逆扩散波方程式，动力波方程式
- 德拉哈依依导出不可逆、动力波波方程式
- 布来耶尔将交流极谱应用于分析化学，后发展成为用于有机物和表面活性物分析的张力波法
- 巴克尔设计了"方波极谱"
- 克缪拉率先使用悬汞电极的"阴极溶出法"，即溶出伏安法
- 帕瑞等研制出脉冲极谱

电位滴定法

吕布兰首先研制成功了标准氢电极

发表了第一篇电位滴定论文

绘出了第一幅电位滴定曲线

以汞硝酸亚汞电极比汞电极以Hg为指示电极

以银/硝酸银作参比电极以银片为指示电极

贝仑特

以铂丝为指示电极，以甘汞电极为参比电极，用高锰酸钾滴定因素离子

不理想
- 氢醌电极
- 玻璃电极

克罗托金诺

电容量分析法

扬德尔

柯尔托夫
- 用不同金属电极的双金属电位法和使用相同金属电位的电流法
- 设计了旋转铂微电极和各种金属、石墨、玻璃等电极进行各类电位滴定和恒电流滴定

电导滴定法

科斯特
- 通过电流计指针的偏转指示滴定终点

高频电导滴定法

优点
- 电极不放在溶液中
- 避免了电极污染
- 适于滴定很稀的溶液
- 可应用于非水滴定

琼森

不足
- 滴定仪器结构复杂
- 价格昂贵

人物小史与趣事

海洛夫斯基

海洛夫斯基（1890—1967），捷克著名电化学家。1914年海洛夫斯基获伦敦大学理学学士学位，1918年获该校哲学博士学位，毕业后在唐南实验室从事电化学研究，一战期间服役三年，1921年在伦敦大学又获科学博士学位，不久被破格提升为教授，1926～1954年，任布拉格大学教授。

1922年，他用滴汞电极研究电解溶液时发生的电化学现象，总结出电流–电极电位曲线，从而发现了极谱。1925年他与日本化学家志方益三发明了极谱仪，使极谱仪分析法广泛地用于分析各种物质。1935年他推导了极谱波的方程式，说明了极谱定性分析的理论基础。1941年海洛夫斯基将极谱仪与示波器联用，提出示波极谱法。

海洛夫斯基因发明和发展极谱法而荣获1959年诺贝尔化学奖。

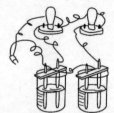

1950年他任捷克斯洛伐克极谱研究所所长，1952年被选为捷克科学院院士，1965年被选为伦敦皇家学会会员，曾任伦敦极谱学会理事长和国际纯粹与应用物理学联合会副理事长。

知识链接

极 谱 法

极谱法是通过测定电解过程中所得到的极化电极的电流–电位（或电位–时间）曲线来确定溶液中被测物质浓度的一类电化学分析方法。在1922年由捷克化学家J. 海洛夫斯基建立。极谱法与伏安法的区别在于极化电极的不同。极谱法是使用滴汞电极或其他表面能够周期性更新的液体电极作为极化电极；伏安法是使用表面静止的液体或固体电极作为极化电极。

3.5.3　波谱分析法的由来与发展

以紫外–可见光谱、红外光谱、核磁共振谱及质谱这"四谱"为核心，包括原子发射光谱与原子吸收光谱、荧光分析等在内的波谱分析技术已经成为现代分析化学的主要分析手段。波谱分析已经成为现代化学工作者分析和合成新型化合物极有价值的技术。

（1）早期光谱学理论的研究

1800年，英国天文学家赫歇尔通过测量处于太阳光谱中不同部位的辐射温度，发现了红外辐射光谱，但由于他的兴趣在天文学，故没有进一步研究这个现象。

1802年，英国化学家武拉斯顿在用狭缝代替网孔改进牛顿的实验时，发现太阳光谱被一些与接缝平行的暗线不规则地断开。

　　1814年，夫朗和费利用改进了的分光镜观察到太阳光谱中的500多条暗线，这就是著名的"夫朗和费暗线"。

　　夫朗和费还观察了行星光谱，分析了地球上各种光源（如烛光、油灯、酒精灯乃至电弧）的光谱。

　　1822年，赫歇尔的儿子、英国天文学家J. 赫歇尔研究了有色火焰的光谱，并指出"不同物体火焰的颜色在许多情况下，提供了一个检测其微小含量的非常迅速简捷的方法"。

　　1852年，瑞典物理学家安斯特罗姆认识到：某种金属和它的化合物给出相同的光谱。也就是说，在火焰光谱中，某条或某些特征谱线的出现表明其中存在某种元素。

　　1832年，布莱乌斯特在解释"夫朗和费暗线"时认为，太阳光谱中暗线的产生可能是被比光源温度低的气体吸收了光源发出的光造成的。

　　1860年，德国著名物理学家和化学家基尔霍夫在研究碱金属和碱土金属元素的火焰光谱及伴随发生的自蚀现象时，证实了这一结论。

导图

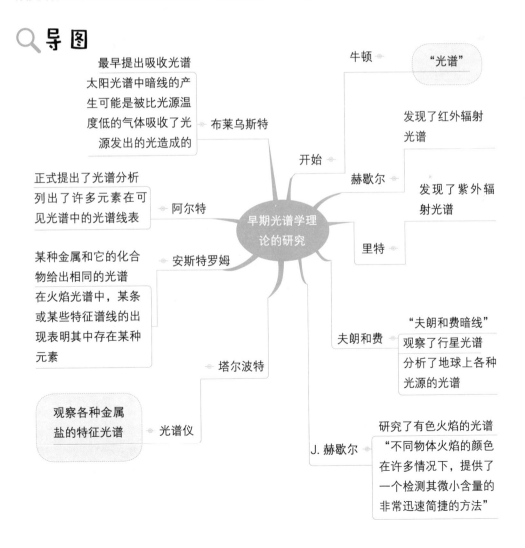

（2）原子发射与吸收光谱分析

1961年，美国科学家里德预言了电感耦合等离子体（ICP）将成为原子发射光谱分析新光源的可能性。

1898年，美国纽约出版的一本书中曾记载了一个原始的原子吸收实验，但并未付诸实际应用。

1958年，化学家德威得发表了他用原子吸收法测定植物中锌、镁、铜、铁等元素的实验报告。

1965年，化学家威尔斯将氧化亚氮-乙炔火焰成功地用于火焰原子吸收光谱法，将温度提高到近3000℃，从而使可测的元素从30多种扩展到70多种。

🔍 导 图

本生和基尔霍夫设计了第一台发射光谱分析仪

接连不断地发现新元素

洛克耶认为：光谱定性分析依靠谱线的强弱

罗马金提出"黑度差分析线对法"

衍射光栅→光栅镀银→凹面光栅

摄谱仪

改进激发光源

原子发射光谱

里德预言电感耦合等离子体（ICP）将成为原子发射光谱分析新光源的可能性

格林菲德等及温特和法塞尔分别独立研究成功发射光谱分析光源的ICP

大量ICP光谱仪问世

原子发射与吸收光谱分析

沃尔什发表的《原子吸收光谱在化学分析中的应用》正式提出将其用于化学分析

阿尔克麦得研制了第一台原子吸收光谱仪

德威得用原子吸收法测定植物中锌、镁、铜、铁等元素

原子吸收光谱

关键性问题

如何提高原子化装置的温度

威尔斯将氧化亚氮-乙炔火焰成功用于火焰原子吸收光谱法，将温度提高到近3000℃

马斯曼和吕沃夫分别研究了无火焰石墨炉原子化器

光源设计

高强度空心阴极灯

光源脉冲供电和双光束

（3）分子吸收光谱分析

1862年英国人米勒系统研究了紫外区的光谱，并指出物质的吸收情况与基团、原子和分子的性质有关。

1891年，朱利叶斯利用氯化钠盐片测定了20多种有机化合物的红外光谱。

自1903年起，美国物理学家科布伦茨对128种有机化合物的红外光谱进行了多年的测量研究，并于1905年发表了著作《红外光谱研究》，从而确定了红外吸收光谱与分子结构之间的特定关系。

20世纪30年代，能发射紫外与可见连续光谱的汞灯和氢灯相继问世，特别是光电接收器和热点接收器的引入，大大扩展了这一技术的应用范围。

1930年以后，由于许多关键元器件如大尺寸红外光栅、椭球镜、灵敏热电偶等相继问世，红外光谱仪的性能有所提高。

1947年，终于研制成了具有实用价值的第一代红外分光光度计——自动记录式双光束棱镜红外光谱仪。

1950年在英国召开了一次红外光谱讨论会，对这一分析技术的发展起到了推动作用。

1961年，美国珀金-埃尔默公司首先制成了精密型前置棱镜-光栅和滤光片-光栅红外光谱仪。由于它自动化程度高，分辨率和能量也高，并且对空调要求不高，很快取代了棱镜红外光谱仪。

1962年问世的采用干涉调频分光的傅里叶变换红外光谱仪（FI-IR）以及计算机化色散型红外分光光度计（CDS）构成了第三代红外分光光度计。

第四代红外分光光度计——利用激光技术、具有惊人自分辨率的自旋反转激光拉曼和激光二极管红外光谱仪也已问世。

在红外光谱仪不断改进发展的同时，红外吸收特性图谱的归纳整理、绘制翻译工作也开展起来。1952年，化学家米勒等发表了159种化合物的红外吸收光谱和30余种基团的吸收带。

（4）荧光光谱分析

17世纪，波义耳和牛顿等科学家对荧光现象做过更详细的描述，但对这一现象的解释却一直没有进展。

英国物理学家斯托克斯于1864年提出应用荧光作为分析手段。

19世纪末，人们已经知道包括荧光素、曙红、多环芳烃在内的600多种荧光化合物。

1905年，伍德发现了共振荧光现象。

1914年，弗兰克和赫兹利用电子冲击发光进行定量研究。

1922年，弗兰克和卡瑞发现了增感荧光。

1924年，瓦威留斯进行了荧光产率的绝对测定。

1926年，嘎沃拉进行了荧光寿命的直接测定等。

1939年，兹沃尔金和拉杰茨曼发明了光电倍增管，使得使用分辨率更高的单色器成为可能，进而增加了灵敏度。

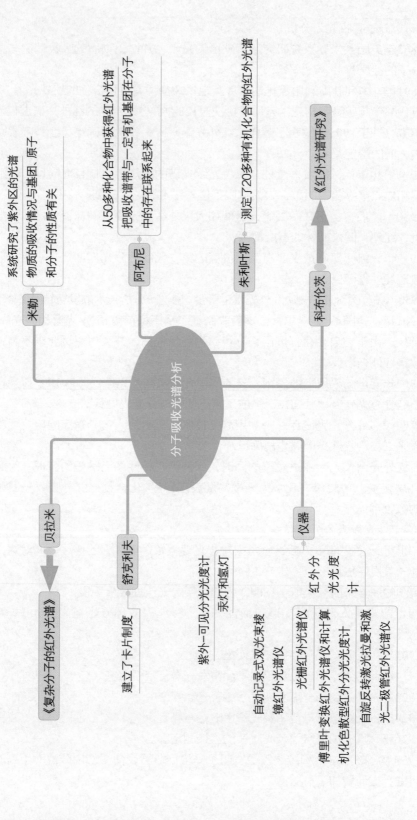

导图

《复杂分子的红外光谱》

分子吸收光谱分析

米勒
系统研究了紫外区的光谱
物质的吸收情况与基团、原子
和分子的性质有关

阿布尼
从50多种化合物中获得红外光谱
把吸收谱带与一定有机基团在分子
中的存在联系起来

朱利叶斯
测定了20多种有机化合物的红外光谱

科布伦茨
《红外光谱研究》

贝拉米

舒克利夫
建立了卡片制度

仪器

紫外—可见分光光度计
汞灯和氢灯

红外分光光度计

自动记录式双光束棱
镜红外光谱仪
光栅红外光谱仪
傅里叶变换红外光谱仪和计算
机化色散型红外分光光度计
自旋反转激光拉曼和激
光二极管红外光谱仪

导图

荧光光谱分析

荧光现象分析

荧光现象分析

高俩尔斯勒德：首次荧光分析工作

里比曼：荧光与化学结构关系的经验法则

伍德：共振荧光现象

弗兰克和赫兹：电子冲击发光进行定量研究

弗兰克和卡瑞：增感荧光

瓦威留斯：荧光产率的绝对测定

嘎沃拉：荧光寿命的直接测定

仪器及步骤

仪器及步骤

杰特和维斯特设计出第一台光电荧光计

兹沃尔金和拉杰夫发明了光电倍增管

杜顿和拜勒提出荧光光谱的手工校正步骤

斯特德推出了第一台自动光谱校正装置

荧光历史

荧光历史

荧光的波长比入射光的波长稍长

"荧光"

荧光猝灭现象

1943年，杜顿和拜勒提出了一种荧光光谱的手工校正步骤。

1948年，斯特德推出了第一台自动光谱校正装置并于1952年实现商品化。

（5）核磁共振谱分析

1952年，舒里加入了瓦里安公司，他使核磁共振（NMR）从纯物理领域转向化学。

NMR光谱仪由于分辨率低，仅能测定乙醇的核磁共振谱，后来被具有增进磁分辨能力和磁场强度的40兆赫 NMR光谱仪取代。

此后5年内生产了60兆赫NMR光谱仪。

1962年，瓦里安公司引进了A-60型NMR光谱仪。由于其稳定性好，易操作，NMR分析技术成为各种化学实验室中广泛应用的分析技术。

🔍导图

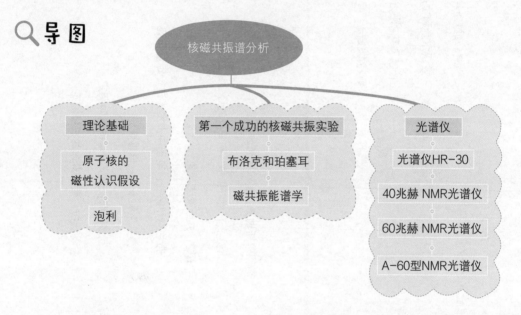

（6）质谱分析

1919年，英国物理学家阿斯顿引进了速度聚焦，改进了汤姆逊的质谱仪。他用这台仪器研究了50多种非放射性元素，发现了天然存在的287种核素中的212种，并第一次证明了原子质量的亏损。

1935年，泰勒改进了阿斯顿的仪器，使之用于研究有机化合物的质谱，从而使其进入了生产技术领域，加快了其发展速度。

1940年，美国联合电力公司（CEC）的CEC-21-101型质谱仪首先用于有机物分析。

此后，1951年布鲁温又将其用于石油化工。

20世纪80年代以来，质谱发展更加迅速，相继出现了各种类型、各种用途的质谱仪。

2002年，美国科学家芬恩因采用电喷雾离子化技术（ESI）确认了分子量为40000的多肽及蛋白（精确度达0.01%）而荣获诺贝尔化学奖。

🔍 导 图

雏形质谱仪
- 没有聚焦的抛物线质谱装置
- J.J.汤姆逊
- 研究各种同位素
- 发现了 ^{22}Ne
- 第一张质谱
- 认识到质谱仪是一种具有巨大潜力的新型分析工具

单聚焦质谱仪
- 登普斯特
- 发现了锂、钙和镁的同位素

质谱分析 — 仪器

速度聚焦质谱仪
- 阿斯顿
- 发现了212种天然存在核素
- 第一次证明了原子质量的亏损

泰勒改进阿斯顿的仪器，用于研究有机化合物的质谱

CEC-21-101型质谱仪
- 首先用于有机物分析
- 用于石油化工 ← 布鲁温

色谱-质谱-计算机系统

⬡ 人物小史与趣事

恩斯特

　　恩斯特（R.Ernst），瑞士物理化学家，1933年生于瑞士温德萨，1962年获得苏黎世著名的瑞士联邦技术研究院博士学位。1963年加入瓦里安公司从事傅里叶变换核磁共振的研究。1991年，以发明傅里叶变换核磁共振分光法和二维核磁共振技术而获得诺贝尔化学奖。

> 知识链接
>
> ### 核 磁 共 振
> 　　核磁共振（NMR）是基于原子尺度的量子磁物理性质。含有奇数质子或中子的核子，具有内在的性质：核自旋、自旋角动量。核自旋产生磁矩。NMR观测原子的方法，是将样品放在外加强大的磁场下，现代的仪器一般采用低温超导磁铁。核自旋本身的磁场，在外加磁场下重新排列，大部分核自旋会处于低能态。我们额外施加电磁场来干涉低能态的核自旋转向高能态，然后回到平衡态便会释放出射频，这就是NMR信号。凭借这样的过程，可进行分子科学的研究，例如分子结构、动态等。

3.5.4　色谱分析的兴起与发展

色谱法又称为色层法或层析法，起初是作为一种分离手段来研究的。20世纪50年代，人们把这种分离手段与检测系统联合使用，构成了一种独特的分析方法。

（1）色层分离法的产生

高佩尔斯勒德发现有机染料混合物通过在滤纸上的"爬行"可以清楚地分离成层。于是他将不同组分在固定时间内"爬行"的高度作为定性分析的依据，并于1901年发表了他对这项研究的综合报道。

1897年，美国地质学家戴里发现，当石油通过碳酸钙的细粉柱时，石油会被分离成几个部分。

1906年，俄国植物学家茨维特在研究植物色素的过程中，创立了他命名为色层法的分离技术，从而奠定了色谱法的基础。

库恩进行了一系列的维生素和胡萝卜素的离析与结构分析并取得了重大的研究成果，因而获得1938年诺贝尔化学奖。

（2）离子交换分离法的兴起

1861年，哈尔姆获得了用天然硅酸盐处理甜菜糖水溶液，除去其中的钠盐和钾盐的技术专利。从此，沸石及其他一些硅酸盐开始作为离子交换剂应用于工业。

1931年，库尔格伦发现磺化的赛璐珞中的H^+能置换水中的Cu^{2+}并可用强酸促使铜解附。

20世纪50年代后，美国Dow化学公司开始成批生产二乙烯苯与苯乙烯共聚而成的各种型号的树脂，商品名为"Dowex"，并迅速行销世界各地。

20世纪40年代末，利用离子交换树脂高产率地成功分离了一系列化学性质极其相似的稀土元素，显示了离子交换树脂的卓越效能。

1941年，英国里兹毛纺研究所生物化学家马丁和辛格提出了与分馏类似的柱体理论，并进行了"理想塔板"数的计算。

1955年，英国哈韦尔原子能研究所的留格考夫对这个计算结果加以修正，并列表指出分离产物的纯度是分离因数的函数。

（3）分配色谱法的形成

1938年，辛格在研究乙酰氨基酸时发现它们在氯仿和水之间的分配系数有显著差异。

1941年，马丁与辛格阐述了分配色谱的理论，认为分配色谱与回流的分馏法相似。这种观点奠定了后来发展起来的气相色谱和高效液相色谱的理论基础。

纸上色谱法很快应用到酚类、脂肪酸、氨基酸、生物碱、膦酸酯、染料、糖类、甾类化合物、肽类、酶类以及蛋白质、核糖、天然色素、维生素、激素、抗生素等复杂有机物的离析上。

（4）气相色谱与高效液相色谱分析法的崛起

气相色谱法实际是将分配色谱中的一个液相改为气相，因此其基本原理与分配色谱相同。

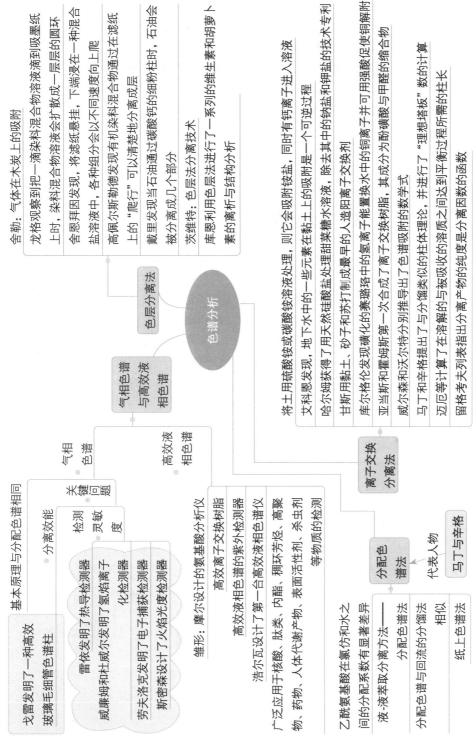

导图

色谱分析

色层分离法

- 舍勒：气体在木炭上的吸附
- 龙格观察到把一滴染料混合物溶液滴滴到吸墨纸上时，染料混合物溶液扩散成一层层的圆环
- 舍恩拜因发现，将滤纸悬挂，下端浸泡在一种混合盐溶液中，各种组分会以不同速度向上爬
- 高佩尔斯德威发现有机染料混合物通过在滤纸上的"爬行"可以清楚地分离成层
- 戴里发现当石油通过碳酸钙的细粉料柱时，石油会被分离成几个部分
- 茨维特：色层法分离技术
- 库恩利用色层法进行了一系列的维生素和胡萝卜素的离析与结构分析

气相色谱与高效液相色谱

- 气相色谱
  - 基本原理与分配色谱相同
  - 戈雷发明了一种高效玻璃毛细管色谱柱
  - 关键问题
    - 分离效能
    - 检测灵敏度
  - 雷依发明了热导导检测器
  - 威廉姆威尔发明了氢离子化检测器
  - 劳夫洛克发明了电子捕获检测器
  - 斯密森设计了火焰光度检测器
- 高效液相色谱
  - 锥形：摩尔设计的氨基酸分析仪
  - 高效液相色谱的紫外检测器
  - 浩尔瓦设计了第一台高效液相色谱仪
  - 广泛应用于核酸、肽类、内酯、稠环烃、高聚物、药物、人体代谢产物、表面活性剂、杀虫剂等物质的检测

离子交换分离法

- 将土用硫酸铵或碳酸铵溶液处理，则它会吸附铵盐，同时有钙离子进入溶液
- 艾科恩发现，地下水中的一些元素在黏土上的吸附是一个可逆过程
- 哈尔姆获得了用天然硅酸盐处理甜菜糖水溶液，除去其中的钠盐和钾盐的技术专利
- 甘斯用黏土、砂子和苏打制成最早的人造阳离子交换剂
- 库尔格伦发现氢离子的铜子并可用强酸促使铜解附
- 亚当斯和霍姆斯第一次合成了离子交换树脂，其成分为酚磺醛与酚的缩合物
- 威尔森和沃斯特分别推导出了色谱吸附的数学式
- 马丁和辛格提出了与分馏类似的柱体理论，并进行了"理想塔板"数的计算
- 迈厄等计算了在溶解的与板吸收的溶质之间达到平衡过程所需的柱长
- 留格考夫列表指出分离出产物的纯度是分离因数的函数

分配色谱法

- 代表人物
- **马丁与辛格**
  - 乙酰氨基酸在氯仿和水之间的分配系数有显著差异
  - 液-液分配分离方法──分配色谱法
  - 分配色谱与回流式分馏法相似
  - 纸上色谱法

1954年，雷依发明了测定流出气热导率的热导检测器，但灵敏度较低。

1958年，澳大利亚学者威廉姆和杜威尔发明了氢焰离子化检测器，扩大了线性范围，但需要燃气（H_2）和助燃气（空气）配合。

1965年，德国学者斯密森设计并使用了火焰光度检测器（硫磷检测器）等。

进入20世纪50年代，继气相色谱之后，又出现了高效液相色谱分析技术。这种方法是以微小固体颗粒为固定相，在高压下输送液体流动相。

1962年，美国杜邦公司生产出能承受高压的高效离子交换树脂。

1963年，可用于高效液相色谱的紫外检测器问世，于是，实现高效液相色谱分析的条件成熟。

人物小史与趣事

马丁

马丁，英国分析化学家，1910年3月1日生于伦敦，1932年获剑桥大学学士学位，1936年获博士学位。1933年马丁在剑桥营养学研究所工作时，专门从事食物营养成分的分析，并于1934年在《自然》杂志上发表《维生素E的吸收光谱》一文，1936年任利兹羊毛工业研究所化学师，从事毛织物的染色研究，1946年在诺丁汉制靴研究所研究生物化学，发表了论文《复杂混合物中的小分子多肽的鉴定》，介绍了利用电泳和纸色谱鉴别小分子多肽。1957年马丁在国家医学研究所任职，1973年任舒塞克斯大学教授。马丁和R.L.M.辛格共同发明分配色谱法，用于分离氨基酸混合物中的各种组分，还用于分离类胡萝卜素。由于这一贡献，马丁和辛格共获1952年诺贝尔化学奖。1953年马丁和A.T.詹姆斯发明气相色谱法，利用不同的吸附物质来分离气体，广泛用于各种有机化合物的分离和分析。

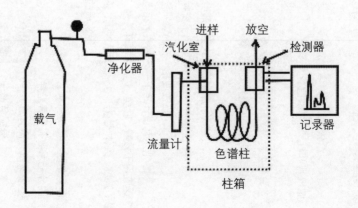

知识链接

分配色谱法

在分析化学领域，液-液萃取分离在金属分离上广泛应用，这种方法是使用硅胶进行吸附水，水重为硅胶自身质量的50%，然后装成柱体，再将氨基酸混合物的溶液加到柱体上，这时用含少量丁醇的氯仿进行色谱分离。这种方法能够使氨基酸分离，称为分配色谱法。这种方法是借助了被分离物质在两相中分配系数的差别进行分配。

硅胶又称担体，它在分配色谱中只起负担固定液的作用，基本上呈惰性，被称为静止相；氯仿液被称为流动相。

辛格，英国生物化学家。1914年10月28日辛格生于英国利物浦，1928～1933年在曼彻斯特学院学习，后转入剑桥大学，1936年获文学学士学位，1941年获哲学学位，1941～1943年在利兹羊毛工业研究所任生物化学师。1943～1948年辛格在伦敦利斯特预防医学研究所工作，1948～1967年任阿伯丁罗威特研究所蛋白质化学研究室主任，1967年后任诺里奇食品研究所生物化学师，曾任英国和平大会副主席。1950年辛格被选为英国皇家学会会员，是爱丁堡皇家学会、英国化学会、英国生物化学会、英国营养学会、法国生物化学会、美国生物化学家协会会员，1949～1955年任《生物化学杂志》编委。

辛格主要研究把物理化学方法用于蛋白质及有关物质的离析和分析，与马丁共同发明分配色谱法，尤其是纸色谱，而共同获得1952年诺贝尔化学奖。辛格获奖时年仅38岁。

3.5.5　放射化学分析的产生与发展

1913年，匈牙利化学家海维西、奥地利化学家帕内特首先在化学研究工作中应用了放射性示踪剂，成为放射化学分析的起源。

（1）同位素稀释分析

1932～1933年，海维西等用RaD作指示剂测定花岗岩中的微量铅。

1939年左右，里特伯格等进一步发展了同位素稀释法，使这种方法迅速发展且普遍应用于生物化学领域。

（2）放射性滴定分析

1955～1958年，苏联分析化学家阿里马林的方法是利用放射性同位素为指示剂，测量一定条件下滴定过程中溶液的放射性变化，作出放射性度量值对滴定剂用量的曲线并据此确定滴定终点。

1956年，苏联化学家科连曼提出用亚铁氰化钾滴定Cu^{2+}，用^{65}Zn为指示剂（与Cu^{2+}发生共沉淀）；次年，他又以$^{65}Zn^{2+}$为指示剂，以双硫腙三氯甲烷溶液用萃取法连续滴定Cu^{2+}和Zn^{2+}。

（3）活化分析

1962年，Ge（Li）漂移型半导体探测器的发明和推广应用以及多道能谱仪的进一步发展，极大地提高了测量仪器的分辨率，再结合计算机技术，更加有效地提高了分析的效率，使得大约三分之二的元素只要有1μg或更少就可进行测定，有几种元素甚至低于10^{-4}μg也可以进行测定。

（4）同位素测定年代

利用放射性方法研究矿物的寿命，早在1907年就有人提出，当时是用铀的半衰期和所积累的氦的数量估算。

利比正是因这一卓越贡献而荣获1960年诺贝尔化学奖。

🔍 导图

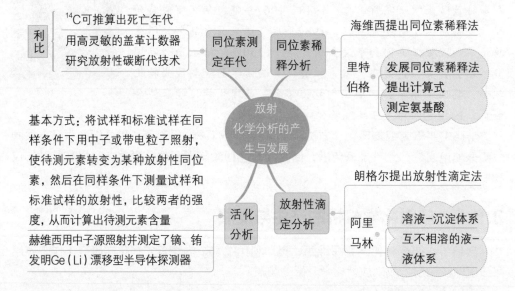

⬡ 人物小史与趣事

海维西，瑞典化学家，1885年8月1日生于匈牙利布达佩斯，早期在布达佩斯大学接受教育，1908年在德国弗赖堡大学获博士学位，1920～1926年，在丹麦哥本哈根大学理论物理学研究所工作，1926年起，在德国弗赖堡大学任物理化学教授，1935年离开德国去丹麦，1943年任斯德哥尔摩大学教授。

海维西1912年和帕内特合作，用铅-210作为铅的示踪物，测定了铬酸铅的溶解度。1923年他和科斯特在哥本哈根发现了元素铪，对原子的电子层结构理论和元素周期性的阐明有重要意义。此外，他和戈尔德施米特一起提出了镧系收缩原理。1934年他又用磷的放射性同位素研究了植物的代谢过程，还用示踪方法对人体生理过程进行研究，测定了骨骼中无机物组成的交换。由于在化学研究中用同位素作示踪物，海维西获得1943年诺贝尔化学奖，并获得1959年和平利用原子能奖。此外他曾获

得法拉第奖章、科普利奖章、玻尔奖章和福特奖金，著有《人工放射性》《X射线化学分析》《放射性指示剂》《放射性同位素事件研究》等。

溶解度

在一定温度下，某固态物质在100克溶剂里达到饱和状态时所溶解的质量，叫作这种物质在这种溶剂里的溶解度。

影响固体溶解度大小的因素：

①溶质、溶剂本身的性质　同一温度下溶质、溶剂不同，溶解度不同。

②温度　大多数固态物质的溶解度随温度的升高而增大；少数物质（如氯化钠）的溶解度受温度的影响很小；也有极少数物质（如熟石灰）的溶解度随温度的升高而减小。

影响气体溶解度的因素：

①温度　温度越高，气体溶解度越小。

②压力　压力越大，气体溶解度越大。

3.6　物理化学理论的系统化

3.6.1　化学热力学研究的进一步深入

进入20世纪以后，化学热力学在将宏观的经典热力学进一步完善的同时，研究对象从可逆过程进入不可逆过程，发展成为不可逆热力学。

（1）热力学第三定律的提出

1900年，美国哈佛大学化学教授里查兹根据电池的电动势测量了在化学电池中可逆进行的几个化学反应的 ΔS° 值对温度的函数关系。

1920年前后，美国物理学家乔克取得某些分子结构的数据和熵值，并采用统计热力学和量子力学的方法对实验结果进行理论分析，为热力学第三定律提供了大量令人信服的证据。

1927年，美国化学家路易斯指出，普朗克的补充并不准确，液体和无定形体在绝对零度时其熵不等于零，只有纯粹完美晶体在绝对零度时才具有零熵。

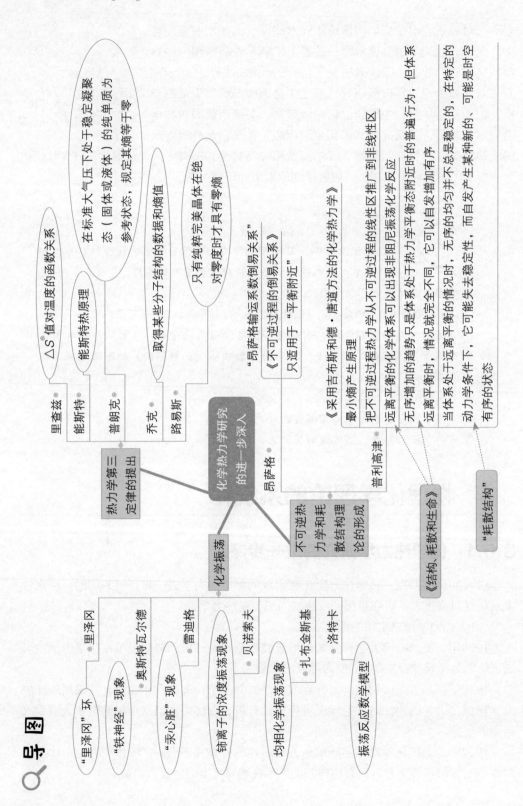

导图

（2）不可逆热力学和耗散结构理论的形成

美籍挪威化学家昂萨格在1929～1931年把热力学理论进一步推广应用于研究不可逆过程，发现了一些新规律和特点。

1945年，普利高津证明了在非平衡态的线性区和外界的约束（限制条件）相适应的非平衡定态（不随时间变化的非平衡态）的熵具有极小值。这一结论与昂萨格倒易关系共称线性非平衡态的两块基石。

自20世纪40年代末开始，普利高津着手研究如何把不可逆过程热力学从不可逆过程的线性区推广到非线性区。

1955年，普利高津提出远离平衡的化学体系可以出现非阻尼振荡化学反应的理论预言。

1969年，普利高津得出结论：无序增加的趋势只是体系处于热力学平衡态附近时的普遍行为，但体系远离平衡时，情况就完全不同，它可以自发增加有序。

（3）化学振荡的发现

1958年，苏联化学家贝诺索夫观察到黄色四价铈离子时隐时现的浓度振荡现象。

1964年，苏联化学家扎布金斯基进一步研究发现了均相化学振荡现象。

1967年，英国化学家希金斯在系统总结以往他人工作的基础上明确指出，要实现振荡反应，必须在反应系统中有反馈存在。

人物小史与趣事

普利高津

普利高津1917年生于莫斯科，1945年在比利时布鲁塞尔自由大学获得博士学位后留校工作，两年后被聘为教授。他主要研究非平衡态的不可逆过程热力学，提出了"耗散结构"理论，并因此于1977年获得诺贝尔化学奖。

普利高津在他的《确定性的终结》中，通过考察西方的时间观，向我们展示，只要遵循现实世界的概率过程，我们就将远离僵化的决定论力学。他指出，量子力学可以推广到用来证明时间的天然不可逆性；时间先于大爆炸。普利高津解构了确定性世界观，认为人类生活在一个可确定的概率世界，生命和物质在这个世界里沿时间方向不断演化，确定性本身是一个错觉。

3.6.2　溶液理论的再发展

广义的溶液有气态、固态和液态三种。但气体分子相互间作用不大，固态物质的组成粒子长程有序，都比较容易理解，只有液态物质的结构因其状态介于气、固之间，较为复杂，因此逐步形成了溶液理论的多元化发展。

（1）围绕电离理论的争论

1912年，有人根据动力学和静力学的原理发展了溶液学说，认为离子的相互静电作用破坏了离子的直线运动。

同年，英国化学家米尔纳指出：在强电解质溶液中，由于受静电力的影响，离子不能随意分布。每一个离子被带相反电荷离子占优势的离子氛所围绕，因此溶液的渗透压与应用理想气体定律所得的值有偏差。他还导出了强电解质溶液的冰点降低与稀释度之间的关系式。

1926年，挪威物理化学家昂萨格引入了物质热运动即布朗运动对离子直线运动的影响，得出了著名的德拜-休克尔-昂萨格稀溶液电导极限公式，它反映了溶液中离子的动态行为。德拜和休克尔还得出了一个反映溶液平衡静态行为的电解质平均活度系数的极限公式。

1973～1979年，美国理论化学家皮策考虑强电解质溶液中存在的三种势能：一对离子间的长程静电势能、两个粒子间短程"硬心效应"产生的排斥能和三个离子间的相互作用能，提出了半经验式的统计力学电解质溶液理论，建立了形式简洁包括了三种势能因素的普遍方程。

1991年，皮策在《电解质溶液活度系数》（第二版）第三章中详细介绍了他的电解质溶液理论。

（2）非电解质溶液理论的进展

1931年，斯卡查德用比较抽象的方法导出了混合液体分子间相互作用能的公式。

1933年，希尔德布兰德借助连续径向分布函数重新推导，得出正规溶液的混合热公式，称为斯卡查德-希尔德布兰德公式。

自1950年以后普利高津等提出了结合其创立的胞腔模型和保形溶液理论的"平均势能模型"理论，使得对非电解质溶液的处理有了更高一级的近似。

还有一些物理化学家依据溶液的宏观热力学性质是个别分子微观作用的反映，完全从统计热力学出发在液体分布函数理论的基础上提出了一系列新的溶液理论。

（3）酸碱理论的不断完善

自19世纪末，在朦胧的酸碱概念基础上产生了阿伦尼乌斯的离子理论后，相继产生了酸碱质子理论、酸碱电子理论以及软硬酸碱理论。

路易斯酸碱电子理论极大地扩展了酸碱的范围，从无机物到有机物，从简单的化合物到复杂的络合物，从水溶液到非水溶液体系，几乎无所不包。

路易斯

🔷 人物小史与趣事

路易斯（1875—1946），美国物理化学家，生于马萨诸塞州的一个律师家庭。他智力超群，1896年在哈佛大学获得学士学位，1898年获得硕士学位，1899年获博士学位。1900年在德

导图

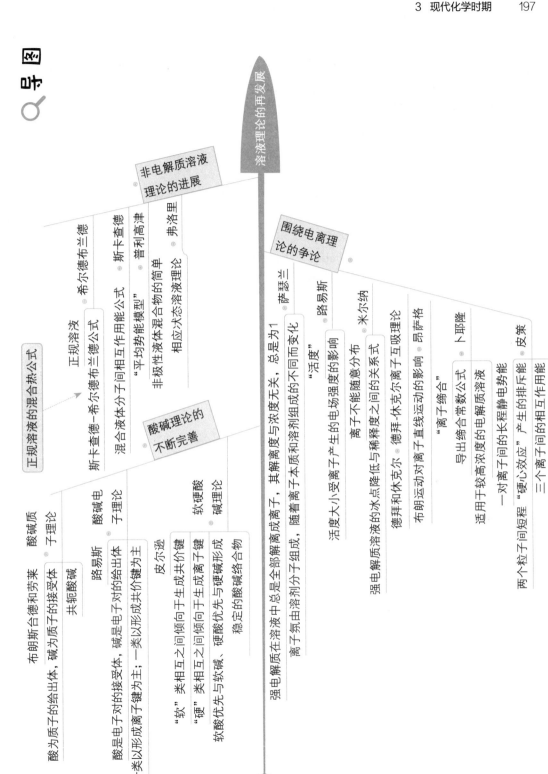

国哥廷根大学进修，回国后在哈佛任教。

路易斯于1901和1907年，先后提出了逸度和活度的概念，对于真实体系用逸度代替压力，用活度代替浓度。这样，原来根据理想条件推导的热力学关系式便得以推广用于真实体系。

1916年，路易斯和柯塞尔同时研究原子价的电子理论。路易斯主要研究共价键理论。路易斯在《原子和分子》（1916年）和《价键及原子和分子的结构》（1928年）中阐述了他的共价键电子理论的观点，并列出无机物和有机物的电子结构式。路易斯提出的共价键的电子理论，基本上解释了共价键的饱和性，明确了共价键的特点。

1921年他又把离子强度的概念引入热力学，发现了稀溶液中盐的活度系数取决于离子强度的经验定律。1923年他与兰德尔合著《化学物质的热力学和自由能》一书，对化学平衡进行深入讨论，并提出了自由能和活度概念的新解释，该书曾被译成多种文本。1923年他从电子对的给予和接受角度提出了新的广义酸碱概念，即所谓的路易斯酸碱理论。

酸

化学上是指在溶液中电离时产生的阳离子完全是氢离子的化合物。如：$HCl = H^+ + Cl^-$，$HNO_3 = H^+ + NO_3^-$，$H_2SO_4 = 2H^+ + SO_4^{2-}$。

碱

在化学上，碱是指在水溶液中电离出的阴离子全部是氢氧根离子，与酸反应形成盐和水的化合物。如：$KOH = K^+ + OH^-$，$NaOH = Na^+ + OH^-$，$Ba(OH)_2 = Ba^{2+} + 2OH^-$。碱通常指味苦的、溶液能使特定指示剂变色的物质（如使紫色石蕊变蓝，使酚酞变红等），其水溶液的pH值大于7。

除氢氧化锂、氢氧化钠、氢氧化钾、氢氧化钡、氢氧化钙（微溶）和一水合氨（氨水）外，其余的碱基本上都难溶于水，其中，氢氧化钙的溶解度会随温度的升高而减小。

盐

在化学中，盐是指金属离子或者铵根离子与酸根离子所组成的化合物。如：$KNO_3 = K^+ + NO_3^-$，$Na_2SO_4 = 2Na^+ + SO_4^{2-}$，$BaCl_2 = Ba^{2+} + 2Cl^-$。

3.6.3　胶体化学的兴起

20世纪40年代，苏联科学家杰里雅金、朗道以及荷兰科学家费韦和奥弗贝克等各自独立地建立了关于各种形状的粒子之间相互吸引能与双电层排斥能的计算方法，并据此对憎液胶体的稳定性进行了定量处理，第一次从理论上定量地解释了粒子形状比较简单的胶体的稳定性，对胶体化学的发展产生了重大影响。

（1）胶体特性的早期观察

早在1663年，就有人用氯化亚锡还原金盐制得了紫色的金溶胶，但对胶体进行系统研究则是在19世纪初开始的。

1838年，德国科学家阿舍森用往蛋白的水溶液中加橄榄油的方法，做了最早的保护胶体和乳状液形成机理的实验。但是他当时并没有认识到这一点。

1857年，法拉第在使一束光线通过一个玫瑰红色的金溶胶时，首先发现了溶胶的光散射现象。

1861～1864年，英国化学家格雷厄姆对胶体的多方面研究，产生了一门学科——胶体化学。

1882年，德国化学家舒尔策发现，高价金属的盐对溶胶的絮结作用比低价金属的盐更有效，从而最先认识到盐的组成中荷正、负电组分的价数与胶体凝聚作用的关系。

1898年，德国化学家布雷迪格利用胶体的电泳性质制备了铂、铱、银、金等金属溶胶。

1907年，瑞典化学家斯维德伯格在其发表的题为《胶体溶液的理论研究》的博士论文中，用其设计的"电粉碎法"不仅制备了重金属的有机溶胶，还在低温下制备了碱金属的有机溶胶。

1923年，斯维德伯格研制出的超离心机为观测胶体提供了另一种有效手段。

（2）胶体基本性质的理论研究

胶体的科学定义是进入20世纪后，由F.W.奥斯特瓦尔德的第二个儿子C.W.W.奥斯特瓦尔德提出来的。

1907年，在对各类型胶体进行综合研究后，C.W.W.奥斯特瓦尔德概括其共性，提出了胶体物质的近代科学定义：它是一种多相体系，由分散相胶粒和分散介质构成。分散相胶粒可以是固相、液相、气相。

同年，俄国化学家魏曼用200多种物质做实验，证明任何物质都既可呈晶体状态，也可呈胶体状态，也明确提出了胶体的概念。

1863年，威纳提议用液体分子对悬浮粒子的不规则撞击来解释胶粒的热运动（布朗运动）。

关于布朗运动的两个新见解：其一，胶体粒子之所以不断改变运动方向是因为不断受到液体分子的碰撞；其二，粒子运动的路径与速度表现为在指定时间间隔内的平均位移。

1924年，斯特恩提出了多层吸附理论与相关的模型，较好地解释了胶体的电动现象。

导 图

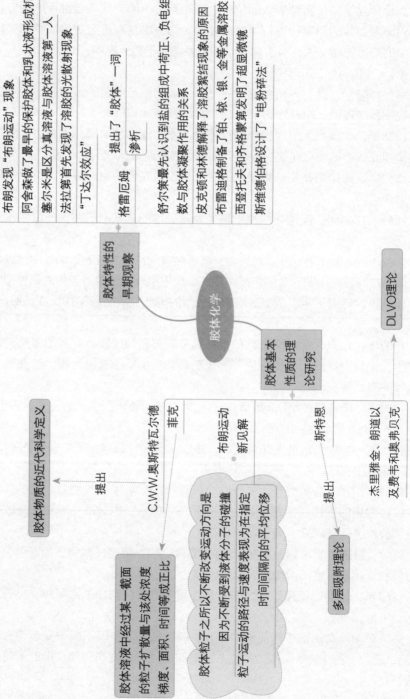

胶体化学

胶体特性的早期观察

氯化亚锡还原金盐制得紫色金溶胶

列伊斯发现"电泳"现象

布朗发现"布朗运动"现象

阿舍森做了最早的保护胶体和乳状液形成机理实验

塞尔米区分真溶液与胶体溶液的光散射现象第一人

法拉第首先发现了溶胶的光散射现象

"丁达尔效应"

格雷厄姆 · 提出了"胶体"一词

渗析

舒尔策最先认识到盐的组成中荷正、负电组分的价数与胶体凝聚作用间的关系

皮克顿和林德解释了溶胶絮结现象的原因

布雷迪格制备了铂、铱、银、金等金属胶

西登托夫和齐格蒙第发明了超显微镜

斯维德伯格设计了"电粉碎法"

胶体基本性质的理论研究

胶体物质的近代科学定义

提出 ←---

C.W.W.奥斯特瓦尔德

菲克

胶体溶液中经过某一截面的粒子扩散量与该处浓度梯度、面积、时间等成正比

布朗运动新见解

胶体粒子之所以不断改变运动方向是因为不断受到液体分子的碰撞

粒子运动的路径与速度表现为在指定时间间隔内的平均位移

斯特恩

提出 ---→

多层吸附理论

DLVO理论

杰里雅金、朗道以及费韦和奥弗弗贝克

人物小史与趣事

丁达尔效应

当一束光线透过胶体，从入射光的垂直方向可以观察到胶体里出现的一条光亮的"通路"，这种现象叫丁达尔现象，也叫丁达尔效应。

在光的传播过程中，光线照射到粒子时，如果粒子大于入射光波长很多倍，则发生光的反射；如果粒子小于入射光波长，则发生光的散射，这时观察到的是光波环绕微粒而向其四周放射的光，称为散射光或乳光。丁达尔效应就是光的散射现象或称乳光现象。由于溶胶粒子大小一般不超过100纳米，小于可见光波长（400～700纳米），因此，当可见光透过溶胶时会产生明显的散射作用。而对于真溶液，虽然分子或离子更小，但因散射光的强度随散射粒子体积的减小而明显减弱，因此，真溶液对光的散射作用很微弱。此外，散射光的强度还随分散休系中粒子浓度的增大而增强。所以说，胶体有丁达尔现象，而溶液没有，可以采用丁达尔现象来区分胶体和溶液。

> **知识链接**
>
> ### 溶 液
>
> 溶液是由一种或几种物质分散到另一种物质里，组成的均一、稳定的混合物，被分散的物质（溶质）以分子或更小的质点分散于另一物质（溶剂）中。物质在常温时有固体、液体和气体三种状态。因此溶液也有三种状态，大气本身就是一种气体溶液，固体溶液混合物常称固溶体，如合金，一般溶液只是专指液体溶液。液体溶液包括两种，即能够导电的电解质溶液和不能导电的非电解质溶液。在生活中常见的溶液有蔗糖溶液、碘酒、澄清石灰水、稀盐酸、盐水、空气等。
>
> 溶液的特征有三个：均一性；稳定性；混合物。

布朗运动

物质诚然由原子构成，但是在相当长一段时期内人们都无法直接观测原子，扫描隧道显微镜的应用填补了这项空白，现在科研人员可以利用显微镜观察、移动或定位原子，这项技术同时也适用于分子。在此之前，布朗运动的发现及研究成为分子存在的决定性依据。

布朗

1827年，苏格兰植物学家罗伯特·布朗在用显微镜观察悬浮在水中的花粉颗粒时，发现细胞颗粒在不停地做无规则运动。在布朗研究基础上，爱因斯坦与让·佩兰指出，微粒的无规则运动是由分子的热运动引起的。在全脂牛奶中加入少量苏丹红四号染色剂（每100毫升牛奶中加入0.05克染色剂），即可观察到脂肪颗粒在各个方向的无规则运动，实际上这种无规则运动是由水分子撞击所致。

由上文可知，液体分子的不平衡碰撞引起了微粒间的不规则运动，在此基础上，麦克斯韦与玻耳兹曼提出了气体动力学理论。通过计算得出，溴分子在25℃常温下的气体扩散速度约为800千米/时。这些简单的实验证明了分子间的不规则运动以及温度变化对其产生的影响。气体动力学理论解释了气体分子运动的宏观属性，在此基础上就不难理解波义耳–马略特定律：一定质量的空气，在温度保持不变时，其压力和体积成反比。若容器内气体体积减小，那么在相对小的空间内，气体分子对容器壁的撞击增加，由此导致作用于容器壁的压力增大。查理定律指出，一定质量的气体，在体积恒定情况下，其压力与热力学温度成正比。这也不难理解随着温度升高，气体分子平均动能，即作用在容器壁的撞击力增大，由此导致压力增大。

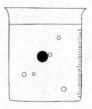

> **知识链接**
>
> **胶　体**
>
> 胶体又称胶状分散体，是一种均匀混合物。在胶体中包含两种不同状态的物质，一种呈分散状，另一种呈连续状。分散状的物质通常是由微小的粒子或液滴所组成，分散质粒子直径位于1～100纳米之间的分散系；胶体是一种分散质粒子直径介于粗分散体系与溶液之间的一类分散体系，这是一种高度分散的多相不均匀体系。
>
> 胶体能发生丁达尔现象，产生聚沉、电泳现象、渗析作用，具有吸附性等性质。

3.6.4　化学反应动力学的新成就

进入20世纪以后，化学反应动力学开始从研究温度、浓度、压力等简单因素逐渐深入到催化剂、光照、添加剂等复杂因素对化学反应熟练度影响以及各类化学反应的机理研究，特别是伴随着化工生产的迅速发展，催化反应已成为化学工业的主体生产过程，据统计，其中大约80%与催化反应关系密切。因此，有关化学反应的具体过程和途径及催化作用原理成为化学动力学的研究新领域。

（1）基元反应速率的理论探讨

19世纪末，德国化学家戈尔德施密特认为双分子气体反应中，活化分子是气体中那些速度具有比分子平均速度更大或活化能高于分子平均动能的分子。

1909年，德国化学家特劳兹再次强调反应物分子必须处于"活化状态"才能发生反应，并首先从麦克斯韦-玻耳兹曼分布定律得出活化分子的百分数。

1929年，英国化学家欣谢尔伍德提出了单分子反应的微观理论，认为复杂分子内部运动能也可以对活化能有所贡献。

1951年，美国化学家马库斯和赖斯引入了过渡态模型，进一步将其发展成为RRKM理论。

（2）链反应的研究及自由基学说的兴起

1916年，德国化学家能斯特认为过程中的活性中间体就是氢和氯的自由原子。

1919年，丹麦化学家克里斯琴森指出生成HBr的光合反应也是链反应。

1923年，克里斯琴森和另一位丹麦化学家克拉麦斯进一步将链反应的概念延伸到非光化反应中，指出N_2O_5的分解反应也是链反应。

1924年，克里斯琴森用链反应机理成功地解释了某些均相反应的负催化现象，并提出可以利用均相反应的负催化现象来发现链反应。

1926～1927年，奥地利化学家库恩等分别证实了能斯特对HCl光合反应链式机理的解释。

1925年，英国化学家泰勒提出了自由基在化学反应过程中可能是相当普遍的革命性见解。

1934年，赖斯和赫兹菲尔德利用自由基假说解释了很多有机化合物的热分解为什么是一级反应以及它们的活化能为什么比C—C键能小。

美国芝加哥大学的波兰化学家卡拉斯系统研究了HBr对不饱和有机化合物的加成反应，成为运用自由基机理解释有机化学反应的权威人士。

加拿大光谱学家赫兹伯格分别在1956年和1959年获得了CH_3和CH_2的光谱，证明其基态结构大体上是平面的。

（3）快速反应动力学研究

从20世纪30年代开始，化学界广泛利用各种物理学原理和手段对快速反应进行研究，逐步形成了各种研究快速反应的方法。

诺里什、波特、艾根正是由于对快速反应研究方法的杰出贡献而共享了1967年诺贝尔化学奖。

（4）微观反应动力学研究

1955年，戴茨和泰勒首先用交叉分子束方法研究了钾原子和溴化氢的碰撞过程。

美国物理化学家赫希巴赫等得到了用这一方法研究基元反应所获得的第一个动态学信息。

1969年，加拿大物理化学家波拉尼等将激光技术应用于化学反应研究，建立了研究基元反应产物能分配的红外发光实验装置。

（5）催化作用原理的深入探讨

1916～1922年，美国化学家朗缪尔发表了一系列有关单分子表面膜的行为和性质以及有关固体表面吸附作用的研究成果，提出了著名的单分子层吸附等温式。

1919年，泰勒开始研究气体反应催化剂的表面特性，首先通过分析固体表面对气体的吸附作用力的性质，区分了物理吸附和化学吸附。

1925年，泰勒证明通常条件下，表面活性是可变的；认为化学反应主要发生在表面的某些活性中心，或者说仅在活性中心处才发生催化反应。

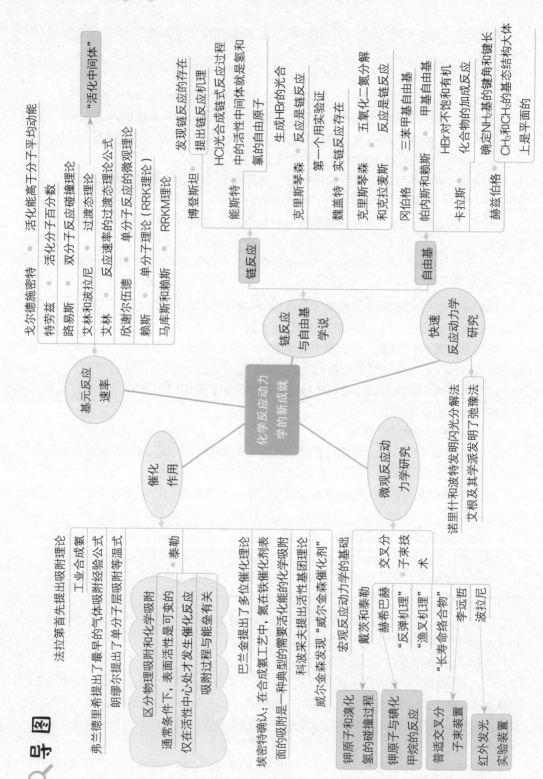

导图

化学反应动力学的新成就

基元反应速率

- 戈尔德施密特
- 特劳兹 — 活化能高于分子平均动能
- 路易斯 — 活化分子百分数
- 艾林和波拉尼 — 双分子反应碰撞理论
- 艾林 — 过渡态理论
- 欣谢尔伍德 — 反应速率的过渡态理论公式
- 赖斯 — 单分子反应理论（RRK理论）
- 马库斯和赖斯 — RRKM理论
- 单分子反应的微观理论

博登斯坦 — 发现链式反应的存在 · 提出链式反应过程

能斯特 — HCl光合成链式反应过程中的活性中间体就是氢和氯的自由原子 → "活化中间体"

克里斯琴森 — 生成HBr的光合 · 反应是链反应

魏盖特 — 第一个用实验证实链反应

克里斯琴森和克拉麦斯 — 五氧化二氮分解反应是链反应

链反应与自由基学说

冈伯格 — 三苯甲基自由基

帕内斯和帕赖斯 — 甲基自由基

卡拉斯 — HBr对不饱和有机化合物的加成反应

赫兹伯格 — 确定NH₂基的键角和键长 · 确定CH₃和CH₂的基态结构大体上是平面的

链反应

自由基

快速反应动力学研究

诺里什和波特发明闪光光解分解法

艾根及其学派发明了弛豫法

催化作用

法拉第首先提出吸附理论

工业合成氨

弗兰德里希提出了最早的气体吸附经验公式

朗缪尔提出了单分子单层吸附等温式 — 泰勒

埃密特确认：在合成氨工艺中，氮在铁催化剂表面的吸附是一种典型的需要活化能的化学吸附

科波来夫提出活性基团理论

威尔金森发现"威尔金森催化剂"

- 区分物理吸附和化学吸附
- 通常条件下，表面活性是可变的
- 仅在活性中心处才发生催化反应
- 吸附过程与能垒有关

巴兰金提出了多位催化理论

微观反应动力学研究

宏观反应动力学的基础

戴冶和泰勒

交叉分子束技术

赫希巴赫 — "反跳机理" · "渔叉机理" · "长寿命络合物"

李远哲

波拉尼

钾原子和溴化氢的碰撞过程 → 钾原子与碘化甲烷的反应

普适交叉分子束装置

红外发光实验装置

1930年，泰勒又证明吸附过程与能垒有关。

同年，美国化学家埃密特确认：在合成氨工艺中，氮在铁催化剂表面的吸附是一种典型的需要活化能的化学吸附。

20世纪50年代～60年代初，多相催化理论中兴起了从电子迁移现象探讨催化作用化学键本质的固体电子理论。

1960年，苏联化学家沃肯施坦提出表面自由价理论，但并未从本质上解决催化剂的选择问题。

20世纪50年代，均相催化理论有了巨大发展，特别是前已述及的齐格勒和纳塔的聚合催化络合催化剂的工业化应用，促使了催化剂应用和催化理论研究达到又一个新高峰。

人物小史与趣事

谢苗诺夫于1896年4月15日出生在俄罗斯伏尔加河畔的萨拉多夫。

1927年以后，谢苗诺夫系统研究了链反应机理。他认为，化学反应有着极为复杂的过程，在反应过程中有可能形成多种"中间产物"。在链式反应中，这种"中间产物"就是"自由基"，"自由基"的数量和活性决定着反应的方向、历程和形式。链反应不仅有简单的直链反应，还会形成复杂的"分支"，所以，谢苗诺夫还提出了"支链式"反应的新概念。

在理论上，谢苗诺夫广泛研究了各种类型的链式反应，提出了链式反应的普遍模式，他还试图用这种反应机理解释新发现的化学振荡现象。在应用上，谢苗诺夫把链式反应机理用于燃烧和爆炸过程的研究，揭示出燃烧和爆炸的联系和区别。他指出：燃烧是缓慢的爆炸，爆炸则是激烈的燃烧；并指出了燃烧和爆炸的机制。

谢苗诺夫通过研究，丰富和发展了链式反应的理论，奠定了支链式反应的理论基础和实验基础。

1956年，诺贝尔基金会为了表彰谢苗诺夫和英国化学家欣谢尔伍德在化学反应动力学和反应历程研究中所取得的成就，让他两人分享了该年度的诺贝尔化学奖。

知识链接

燃　烧

燃烧是指可燃物跟氧气发生的一种发光发热的剧烈的氧化反应。

燃烧的条件：①可燃物；②氧气（或空气）；③可燃物的温度要达到着火点。

3.6.5　电化学现象认识的深化

自从伏特电堆出现以后，由于化学家利用它实现了水和苛性碱的电解，从而引起了科学界的很大震动，也引起了化学家围绕着其为什么会产生稳定电流的电化学理论进行研究。同时进一步研制更加理想的电池，使自发产生的化学反应转变为释放电能的过程的电化学工业也蓬勃发展起来。

（1）电池与电化学工业的发展

1839年，英国物理学家格罗夫发明了第一个氢、氧燃料电池。

1881年，法国科学家福尔通过把PbO_2直接涂抹在铅板上的革新工艺，回避了冗长的"成形"工序才实现了批量生产。

1888年，卡斯尼采用作负极的锌皮兼作容器，并用潮湿的氯化铵代替其溶液，对这种干电池进行了改进。

早在1836年，英国就已经出现了电镀银，并于1840～1841年在伯明翰建立了电镀银的工厂。

1839年，俄国出现了电镀铜的印刷制版法。

1840年，出现了利用氰化物电解液的电镀银、金、铜的工艺。此后又相继出现了镀镍法（1869年）、镀镉法（1894年）等。

1865年，出现了电解精炼铜工艺。

1896年，德国的两位工程师斯特劳夫和布劳尔合作设计出在水泥隔膜式电解槽中电解食盐溶液生产苛性钠和氯气的新工艺，随后发展成为重要的电化学工业。

（2）电化学理论研究的兴起

1879年，德国物理学家亥姆霍兹对电动现象提出了解释，认为在固体-液体界面的两侧间存在一个固定的分别荷正、负电的"双电层"，类似于一个平行板电容器，有一个电场横穿其中。

1904年，法国物理学家佩兰进一步简化了亥姆霍兹的公式推导。

1888年，德国化学家能斯特开始根据范霍夫和阿伦尼乌斯的理论研究电解质扩散的理论。

1893年，德国莱比锡大学化学教授勒布兰发现氢离子在阴极上放电，析出氢气；氢氧根离子在阳极上放电，析出氧气。

1899年，化学家喀斯拜里研究了分解电压与电极性质的关系，测定了氢气、氧气在各种金属电极上析出的实际电势，并将气体明显析出时的电势超出平衡电势的部分称为"超电势"。

1905年，德国维尔茨堡大学物理学家塔菲尔总结出电流密度与该电流密度下超电势的关系式。

进入20世纪40年代以后，电极过程动力学逐步成为电化学基础理论的主要发展方向。20世纪60年代，对电极过程的基本规律已经有了比较全面、系统的了解。

导图

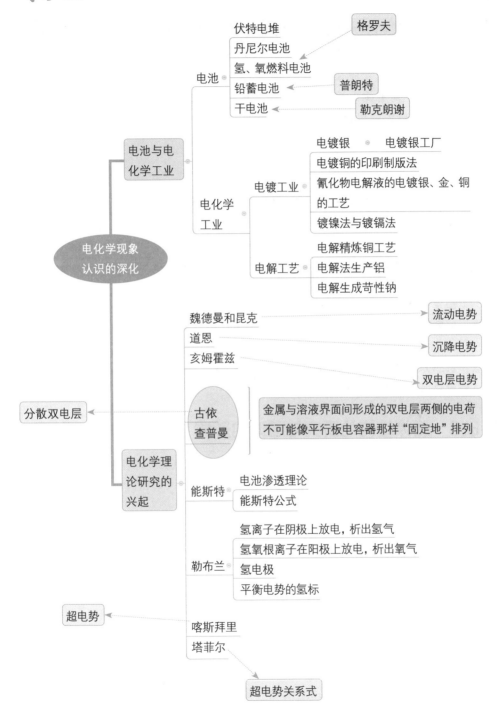

人物小史与趣事

亥姆霍兹

赫尔曼·路德维希·斐迪南德·冯·亥姆霍兹（1821—1894），德国生物物理学家、数学家，"能量守恒定律"的创立者，在生理学、光学、电动力学、数学、热力学等领域中均有重大贡献。他研究了眼的光学结构，发展了梯·扬格的色觉理论，即扬格–亥姆霍兹理论；对肌肉活动的研究使他丰富了早些时候朱利叶斯·迈耶和詹姆斯·焦耳的理论，创立了能量守恒学说。

能量守恒定律

能量守恒定律即热力学第一定律，是指在一个封闭（孤立）系统中的总能量保持不变。

能量守恒定律可以表述为：一个系统的总能量的改变只能等于传入或者传出该系统的能量的多少。总能量为系统的机械能、热能及除热能以外的任何形式内能的总和。

如果一个系统处于孤立环境，即不能有能量或质量传入或传出系统。对于此情形，能量守恒定律表述为"孤立系统的总能量保持不变。"

能量既不会凭空产生，也不会凭空消失，它只会从一种形式转化为另一种形式，或者从一个物体转移到其他物体，而能量的总量保持不变。能量守恒定律是自然界普遍的基本定律之一。

3.6.6　晶体结构的研究与理论的形成

人类对晶体结构的认识经历了一个由表及里、由宏观到微观的过程。古人最早接触的晶体物质是某些矿物，大概在石器时代，人们就在采集石料、制作工具和生活用品时注意到一些矿物的外形特征了。

（1）对晶体一般规律的认识

1784年，法国地质学家哈维推出了关于晶体结构的完整理论。

1830年，德国结晶学家赫塞尔对晶体外形存在的一系列对称元素及其组合方式进行了推导。

1869年，俄国结晶学家伽多林用数学方法得出几乎完全相同的结论后，才引起人们的注意。

1848年，法国巴黎综合工科学校教授布拉维提出了更加完善的晶体内部结构的点阵理论。

1897年，英国结晶学家巴洛提出晶体中圆球的密堆积结构。

（2）X射线衍射分析方法的建立

1912年，劳厄推导出了决定晶体衍射方向的劳厄方程。

1913年，布拉格父子利用X射线衍射法证明了在NaCl和KCl晶体中无分立的NaCl、KCl分子存在，这类化合物是正、负离子在空间周期性排列的无限结构。

1918～1919年，德国物理学家玻恩和哈伯分别独立提出借热化学循环推导点阵能的实验值。玻恩与朗德和马德隆等提出点阵能的理论计算法，利用X射线衍射测定的晶体结构数据计算点阵能。

1926年，瑞士出生的挪威地球化学家戈尔德施密特推算出80余种离子的半径。

1928年，戈尔德施密特在研究了大量含氧酸尤其是硅酸盐矿物的结构后，总结归纳出离子化合物形成的规则。

1929年，英国化学家考克斯确定了维生素C的结构。

1934年，美国晶体学家帕特森提出的函数方法使X射线衍射分析过程从经验性的猜测、假设发展成为一定程度的逻辑推理。1937年，傅里叶级数方法也被应用于结构分析。

20世纪30年代末，系统研究晶体结构和分子结构的理论和方法逐渐建立起来。

（3）X射线衍射方法的发展与应用

1942～1949年，英国女化学家霍奇金与他人合作得到了晶状维生素B$_{12}$的第一张X射线衍射照片，并在此后的十余年间，通过发表一系列论文阐明了这个复杂分子的原子排列立体结构。

1957年，英国生物化学家肯德鲁用特殊的X射线衍射技术及电子计算机测定了鲸肌红蛋白晶体的第一个三维电子密度分布图。

1960年和1963年，肯德鲁又将这一测定的分辨率进一步深化为2×10^{-10}米和1.4×10^{-10}米的结构分析水平。

1959年，英国生物化学家佩鲁茨在分辨率为5.5×10^{-10}米结构分析水平上完成马血红蛋白的结构测定。

1968年，英国化学家克卢格将晶体结构分析原理应用于电子显微学，建立了三维重构技术，使电子显微镜的视野从二维空间扩展为三维空间，开创了"晶体电子显微学"，并利用这一技术揭示了核酸-蛋白质复合物的结构。

1971～1972年，我国科学家在分辨率为2.5×10^{-10}米和2.8×10^{-10}米的结构分析水平上完成了胰岛素晶体结构的测定工作。

20世纪70年代以前，X射线衍射法测定结构一直沿用30年代的帕特森法。

20世纪70年代，通过对底片上斑点强度的分析，确定晶体分子内各原子位置。这种方法用于确定微小的生物分子（如激素、维生素和抗生素等）的三维结构。

鲍林

👁 人物小史与趣事

1901年2月18日，鲍林出生在美国俄勒冈州波特兰市。在科学研究方面他主要从事分子结构的研究，特别是化学键的类型

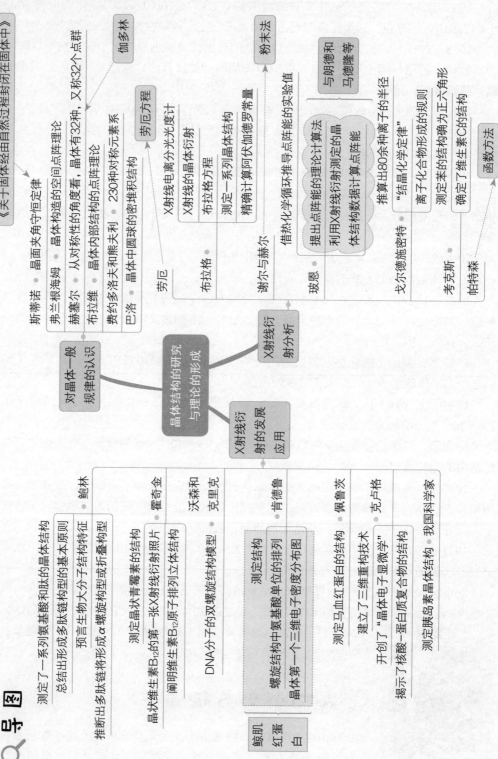

及其与物质性质的关系。他提出的元素电负性标度、原子轨道杂化理论等概念，为每个化学工作者所熟悉。

由于鲍林在杂化轨道理论研究以及用化学键理论阐明复杂的物质结构，而获得了1954年的诺贝尔化学奖。鲍林还把化学研究推向生物学，他实际上是分子生物学的奠基人之一。他花了很多时间研究生物大分子，特别是蛋白质的分子结构，为蛋白质空间构象打下了理论基础。

在化学键方面成就卓著的鲍林，除1954年荣获诺贝尔化学奖外，还曾荣获1962年诺贝尔和平奖，他是至今唯一一位单独两次获得诺贝尔奖的人。

1957年，鲍林联合全球2500名科学家发表著名的《鲍林呼吁书》，表明全世界科学家反对核战争，热爱和平的愿望；1958年，鲍林又得到1万多名科学家的支持，他把宣言交给了联合国秘书长哈马舍尔德，向联合国请愿。同年，他写了《不要再有战争》一书，以丰富的资料说明了核武器对人类的重大威胁。1959年8月，他参加了在日本广岛举行的禁止原子弹、氢弹大会。

1994年8月19日，鲍林以93岁高龄在加利福尼亚逝世。鲍林曾被英国《新科学家》周刊评为人类有史以来20位最杰出的科学家之一，与牛顿、居里夫人及爱因斯坦齐名。

3.6.7　光化学的形成与发展

光化学是研究光与物质相互作用所引起的永久性化学变化的化学新兴分支学科。光化学过程是地球上最普遍也是最重要的化学过程之一。

1782年，瑞士化学家塞内比尔发现不同颜色的光使氯化银变色的时间不同。

1801年，波兰化学家里特发现潮湿的氯化银暴露在太阳光谱下，首先变色的是紫外部分，最不容易变色的是红光。

1913年，德国化学家博登斯坦发现一个光子可以引发数百万个分子反应。

1839年，法国物理学家达盖尔向巴黎科学院表演了他的照相方法。他用热的浓盐溶液洗涤，可以使被碘蒸气敏化过的镀银铜板只需25分钟曝光就能显像并保持永久。

1841年，英国发明家塔尔波特发明了克罗式照相法（碘化银照相法），其显影方法与现在基本相同。1851年，他进一步改进了照相方法，使底片的感光时间大为缩短，但其影像的清晰度不够。

1873年，德国化学家沃格尔观察到某些物质可充当卤化银感光的敏化剂，这一发现为改进照相胶卷提供了基础。

1884年，美国发明家伊斯特曼获得了把明胶涂于纸上的照相"胶片"发明专利。1888年，他将这种胶片用于发明的柯达照相机。1889年，他采用赛璐珞作为照相胶片，真正使胶片这一称呼名副其实。这种胶片一直沿用到1951年。

1904年，德国人霍莫尔卡发现一种染料（底片红）可使卤化银乳剂对整个可见光谱尤其是对光谱中橙色和红色谱区敏感，全色胶卷就是由此发展起来的。

导图

显著方面

有机光化学

起源于1900~1915年

恰米奇安等研究光对有机物作用产生的化学反应性质和规律

反应类型与范围迅速扩充并向有关学科渗透

广泛开展快速激发态初原过程机理研究

反应机理研究的新途径的探索

研究方向

配合物光化学

开始于20世纪50年代

激发态配合物的电子传递和能量传递

金属配合物光敏剂的开发及其在太阳能转换和存储中的应用

围绕特定功能的新型超分子体系的设计、合成及结构和特性的研究

照相光化学

起源于1727年

舒尔策对硝酸银和白垩的混合物曝光后会变黑的观察

尼普斯得到了第一张永久性影像

达盖尔的照相方法

塔尔波特发明了克罗式照相法（碘化银照相法）

麦克斯韦得到了第一个彩色照片

沃格尔观察到某些物质可充当卤化银感光的敏化剂

光化学

形成

舒尔策观察到硝酸银和白垩的混合物曝光后会变黑

塞内比尔发现不同颜色的光使氯化银变色的时间不同

里特发现潮湿的氯化银暴露在太阳光谱下，首先变色的是紫外部分，最不容易变色的是红光

德雷珀提出了光化学第一定律（格罗图斯-德雷珀定律）

本生和罗斯科提出了"光化诱导期"的概念

爱因斯坦提出了光化学反应第二定律

博登斯坦发现一个光子可以引发数百万个分子反应

激光技术使光学现象和新效应的总数远远超过了以往发现的普通光学现象和效应的总和

发展

伊斯特曼——把明胶涂于纸上制得"胶片"

采用赛璐珞作为照相胶片

霍莫尔卡发现底片红可使卤化银乳剂对橙色和红色谱区敏感——**发展**——全色胶卷

人物小史与趣事

伊斯特曼（1854—1932），美国发明家，柯达胶卷的发明人，并改进胶片材料为后来的活动影片出现提供了基础。

1884年，伊斯特曼获得了把明胶涂于纸上的照相"胶片"的发明专利权。

1888年，他开始出售使用这种照相胶片的柯达照相机，使得活动影片有了可能。

1924年，伊斯特曼用一种不太易燃的乙酸纤维素取代了赛璐珞。

伊斯特曼

知识链接

乙酸纤维素

乙酸纤维素是指乙酸作为溶剂，乙酸酐作为乙酰化剂，在催化剂作用下进行酯化，从而得到的一种热塑性树脂，是纤维素衍生物中最早进行商品化生产，且不断发展的纤维素有机酸酯。乙酸纤维素作为多孔膜材料，具有选择性高、透水量大、加工简单等特点。

乙酸纤维素用作照相胶片的片基，是某些黏合剂的组分之一，也用作合成纤维。

3.7 高分子化学的诞生和发展

3.7.1 高分子化合物的利用与早期合成

19世纪中叶，伴随着近代工业的发展，为了使一些天然高分子材料的性能更适应工业和日常生活的某些需要，人们开始对天然高分子材料进行改性，这也标志着人类对高分子化学研究的开始。

（1）天然橡胶的利用、开发与改性

哥伦布第二次航海（1493~1496年）时，在拉丁美洲的海地亲眼见到当地人用橡胶球做游戏。

1763年，两位英国科学家赫立桑和马凯尔都发现用松节油和乙醚可将凝固后的橡胶溶解成黏稠的胶浆，将其涂抹在织物或其他模型上，待溶剂挥发后就可得到橡胶制品。

1832年，德国人吕德斯多夫偶然发现，将橡胶与含3%硫黄的松节油共煮，可以减小其黏性。

1844年，古德伊尔的第一项专利被世界公认。

1851年，古德伊尔在国际博览会上展示了关于橡胶硫化的论文。

1853~1855年，古德伊尔又撰写了两本关于橡胶弹性的著作。

进入20世纪后，硫化橡胶工艺得到了进一步发展，美国阿克隆钻石橡胶公司的科学家发现苯胺可以加速硫化过程；后来又发现毒性较小的二苯胺硫脲促进剂。

1916年，炭黑开始成为橡胶的补强剂，这不仅降低了成本，而且大大改善了橡胶轮胎的强度和耐磨性。

20世纪50年代，以^{60}Co的γ辐射为代表的辐射交联引起了科学家的广泛兴趣，它可促进交联反应，优化橡胶性能。

（2）天然纤维素的利用、开发与改性

1865年，英国化学家阿贝尔对产品进行长时间的水煮打浆，最后进行干燥处理，得到了化学性质稳定的硝化棉。

1868年，阿贝尔建议把压缩的硝化棉用作高级炸药。

1884年，美国人伊斯特曼开始用硝化棉制作照相底片和电影胶片。但这种材料的最大缺点是易着火，于是人们尝试寻找安全的纤维素，乙酸纤维便应运而生。

1879年，弗兰奇蒙发现借助硫酸脱水，可以不必密封。

1894年，两位英国技师克劳斯和贝汶又发现用ZnCl₂代替硫酸效果更佳，并于该年开始小规模生产乙酸纤维。

1903年，迈尔斯发现不溶于丙酮的乙酸纤维经无机酸部分水解后，即可转变为可溶于丙酮的乙酸纤维，于是解决了乙酸纤维生产的溶剂问题，为大量工业化生产创造了条件。

1914年，瑞士德赖弗斯兄弟在美国和法国建立了两个乙酸纤维素工厂，产品主要用于飞机机翼表面涂漆。

1930年后，又发现了较安全的溶剂二氯甲烷，虽然成本较高，但易回收，生产工艺也简便，进一步完善了乙酸纤维的工业生产。

1907年，德国将乙酸纤维与硝化纤维掺和生产一种称为"Cellit"（赛立特）的塑料，但性能不够理想。

20世纪40年代中期，全世界乙酸纤维塑料产量是乙烯类塑料的两倍，但到了60年代，逐渐被后者取代。

1855年，安地玛将用桑枝作纤维原料制得的硝酸纤维溶在乙醚-乙醇混合溶液中，再将所得到的黏液用毛细针管进行抽丝，得到光亮、柔韧的人造丝。由于这种物质极易爆炸，因此无法推广应用。

1883～1884年，英国科学家斯万用硫化铵溶液对其进行脱硝处理，得到了稳定的脱硝硝化纤维，并用于制作煤油灯网罩。

1891年，夏尔多内在法国贝尚松建立世界上第一个人造丝生产厂。

1857年，德国人舍维茨发现纤维素可溶于铜氨溶液中，生成纤维素铜氨络合物。

1890年，德国科学家弗雷梅里和乌尔班进行纺丝，再用稀酸对其处理，便得到再生纤维，称为铜氨人造丝。

德国于1902年开始工业化生产铜氨人造丝，由于其很纤细，且柔软，强度也高，适于制作高级织物，曾有过一段黄金时期，但因成本昂贵，不久就被质优价廉的黏胶人造丝取代。

1900年，英国建成了年产1000吨的黏胶人造丝厂。

1911年，发现含1% ZnSO₄的硫酸凝固溶液会使人造丝的品质大为改善。由于这种生产工艺原料来源丰富且便宜，产品性能又好，很快就发展起来，到1912年其产量已超过天然丝。

1940年以后，这种纤维在轮胎生产中作为帘子线而得到广泛应用。

（3）早期高分子化合物的合成

1891年，克莱贝格用浓硫酸作催化剂，在甲醛过量情况下得到一种既难溶又难熔的多孔性物质，但因无法通过结晶提纯而终止了研究。

1909年，在美国工作的比利时人贝克兰德对这一反应进行了深入的研究后指出，

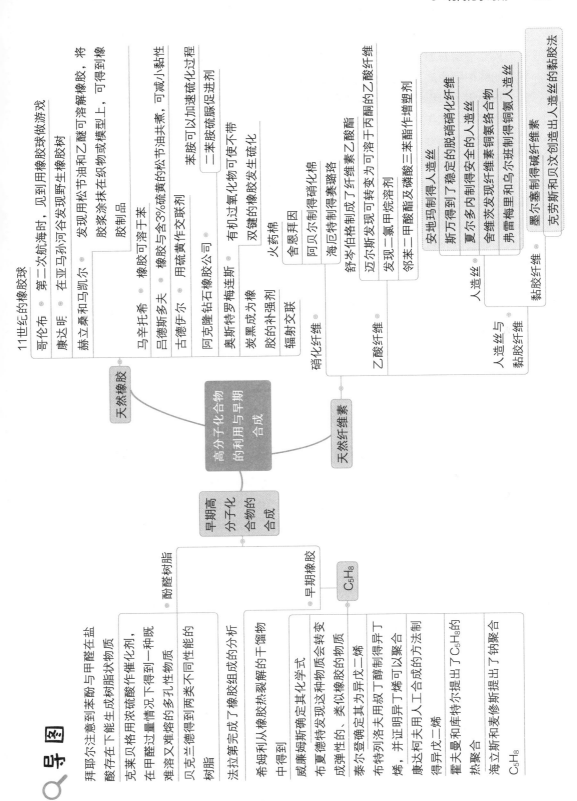

因反应条件不同，可得到两类不同性能的树脂。

贝克兰德开发了一种靠加热和加压使分子间进行化学反应而合成空间网状交联结构的酚醛树脂生产工艺，1910年开始正式投产，其产品主要用于电绝缘器材。

1925年，贝克兰德又将其改造为现在通用的两步法。

1826年，法国著名化学家法拉第应当时英国橡胶加工工艺家汉塞克的要求，完成了橡胶组成的分析。

1860年，英国化学家威廉姆斯确定了"faradayine"的化学式为C_5H_8。

1879年，法国化学家布夏德特在实验中发现"faradayine"会转变成弹性的、类似橡胶的物质。

1877年，他的学生康达柯夫用人工合成的方法制得异戊二烯，并于1900年发现与异戊二烯极相似的2,3-二甲基-1,3-丁二烯可发生聚合反应，生成类似橡胶的物质。

1909年，德国人霍夫曼和库特尔提出了关于C_5H_8的热聚合专利。

1910年，海立斯和麦修斯提出了关于用钠聚合C_5H_8的专利。

1912年，德国拜耳工厂的杜衣斯贝将其合成的橡胶轮胎在美国纽约展出，引起人们的注意。

1925年，因受英、荷、比、法等国的控制，天然橡胶的价格一再上涨，迫使美、德、苏等国重新进行合成橡胶研究。

人物小史与趣事

古德伊尔

古德伊尔（1800—1860），美国橡胶硫化过程的发明者。

古德伊尔发现橡胶虽然具有弹性、防水等优异性能，但遇热发黏、遇冷发硬，难以广泛应用。他从小便决心寻求改进方法，做了大量调查与实验，经过十几年反复钻研，终于在1839年发现天然橡胶和硫黄粉混合加热后可以使橡胶转化为遇热不黏、遇冷不硬的高弹性材料。

古德伊尔最先打开了大规模开发和使用弹性高分子材料的大门，其贡献被公认为橡胶工业乃至高分子材料划时代的里程碑。美国化学学会建立古德伊尔奖章，每年授予国际上对橡胶科学技术做出重大贡献的科技工作者。

知识链接

橡　胶

早期的橡胶是胶乳加工后制成的具有弹性、绝缘性、不透水及空气的材料，是高弹性的高分子化合物，分为天然橡胶与合成橡胶。橡胶制品广泛应用于工业或生活各方面。

通用橡胶是指部分或全部代替天然橡胶使用的胶种，包括丁苯橡胶、顺丁橡胶、异戊橡胶等，主要用来制造轮胎和一般工业橡胶制品。通用橡胶的需求量大，是合成橡胶的主要品种。

3.7.2　高分子化学理论的形成

进入20世纪20年代以后，高分子物质的结构与性能及其人工聚合的研究开始不断深入，形成了高分子化学理论，特别是大分子概念的提出标志着现代化学的一门新兴分支学科——高分子化学的诞生。

（1）大分子概念的提出

1920年，有机化学家毕克斯发表题为《关于聚合反应》的论文，明确反对把天然橡胶和纤维素的结构视为小分子物理缔合的观点，提出这些物质是共价键结构的长链高分子化合物。

1928年，德国著名化学家施陶丁格指出纤维素及橡胶分子的晶胞的大小或晶体的大小都与线型高分子的长度无关。

1932年，施陶丁格发表的论著全面奠定了高分子化学的理论基础，他因在高分子化学领域中的发现而荣获1953年诺贝尔化学奖。

（2）聚合反应理论的建立

美国工业化学家卡罗泽斯从1929年起研究了一系列缩合反应，他发现盐酸和乙烯基乙炔反应生成的2-氯代-1,3-丁二烯很容易聚合生成一种在某些方面优于天然橡胶的聚合物。

在系统寻求类似丝和纤维素的合成物时，卡罗泽斯制备了很多缩聚物，特别是聚酯和聚醚。正是基于这些研究成果，他终于实现了高分子化学的一个重要突破。

1936年，弗洛里详细阐述了尼龙缩聚物缩合反应的统计学结果和概率理论。

1949年，弗洛里提出关于高分子溶液摩擦性质的理论，在高分子链自由走动末端距概念的基础上，得出分子有效体积与自由卷曲链末端距之间的定量关系，最终发展成平均场理论。

1953年，弗洛里整理总结了这方面的理论研究成果，出版了世界公认的高分子化学权威专著《聚合物的化学原理》和《链状分子的统计力学》。他因在高分子化学领域的卓著成就获得了1974年诺贝尔化学奖。

早在1935～1938年，马克等根据链式反应中的稳定假定，得出聚合速率动力学方程。

1938～1942年，马维尔证明其中的单体大多数是以头尾相接的方式形成主链的。

1940年，普莱斯又证明通过引发剂分解出来的自由基以共价键方式连在聚合物的一端成为端基。

1945～1947年，巴特利特等又通过间歇照射光聚合方法测定了聚合反应中的各种速率常数。

1946～1949年，巴特利特等对过氧化物、偶氮异丁腈及其有关化合物以及过氧化氢和Fe^{2+}氧化还原体系等引发剂分别进行了深入研究。

（3）加成缩合反应工艺的革新

进入20世纪50年代后，日益发展的石油化工业提供了丰富便宜的烯烃产品，尤其是一系列新型聚合催化剂的发明，推动了加成聚合反应新工艺的产生，进而带来了以聚烯烃类化合物为代表的高分子化学工业的崭新时代。

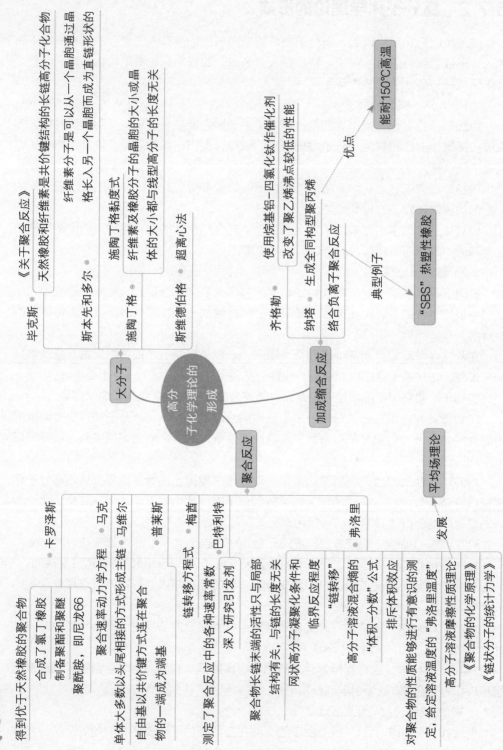

导图

高分子化学理论的形成

大分子

《关于聚合反应》

毕克斯 · 天然橡胶和纤维素是共价键结构的长链高分子化合物

斯本先和多尔 · 纤维素分子是共价键结构的长链通过晶
格长入另一个晶胞而成为直链形状的

施陶丁格 施陶丁格粘度式
· 纤维素及橡胶分子的晶胞的大小或晶
体的大小都与线型高分子的长度无关

斯维德伯格 · 超离心法

加成缩合反应

齐格勒 · 使用烷基铝-四氯化钛作催化剂
改变了聚乙烯沸点较低的性能

纳塔 · 生成全同构型聚丙烯
络合负离子聚合反应

能耐150℃高温

优点

"SBS" 热塑性橡胶

典型例子

聚合反应

得到优于天然橡胶的聚合物
卡罗泽斯 · 合成了天然橡胶
制备聚酯和聚醚
聚酰胺，即尼龙66

马克 · 单体大多数以头尾相接的方式形成主链
马维尔 · 自由基以共价键方式连在聚合
物的一端成为端基

普莱斯

梅奇 · 链转移方程式
巴特利特 · 测定了聚合反应中的各种速率常数
深入研究引发剂
聚合物长链末端的活性只与局部
结构有关，与链的长度无关
网状高分子凝聚条件和
临界反应程度

弗洛里 · "链转移"
高分子溶液混合熵的
"体积-分数"公式
排斥体积效应
对聚合物的性质能够进行有意识的测
定，给定溶液浓度的"弗洛里温度"
高分子溶液摩擦性质理论
《聚合物的化学原理》
《链状分子的统计力学》

平均场理论

发展

1957年，意大利蒙特凯蒂尼公司首先使塔纳的成果实现了工业化生产。

至20世纪70年代，高分子化学已从有机化学分离出来，真正发展成为一个完全独立的二级学科，并因高分子化学理论对分子结构与性能之间的相互关系的卓有成效的研究，为合成高分子的分子设计提供了有利条件。

人物小史与趣事

施陶丁格（1881—1965），德国化学家。1903年在哈雷大学获得博士学位，1926年任弗赖堡大学教授。

施陶丁格一生主要从事高分子化学研究，1924年他给出了高分子的明确定义，1947年出版了著作《大分子化学及生物学》。在这一著作中，他尝试描绘了分子生物学的概貌，为分子生物学这一前沿学科的建立和发展奠定了基础。为了配合高分子科学的发展，1947年起他主持编辑了《高分子化学》这一专业杂志。施陶丁格因对塑料开发做出贡献获得了1953年的诺贝尔化学奖。

3.7.3　高分子化学工业的建立与发展

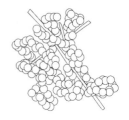

在高分子化学理论研究不断深入的同时，高分子化合物合成工艺也逐渐得到发展和完善，主要包括合成橡胶、合成塑料、合成纤维以及石油化学工业。

导图

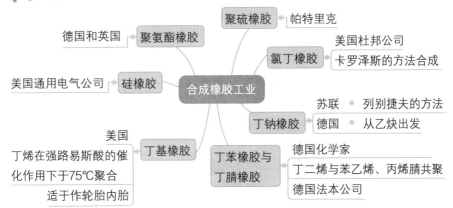

（1）合成橡胶工业

1931年，美国杜邦公司利用卡罗泽斯合成氯丁橡胶的方法进行了小量生产。苏联也利用列别捷夫的方法建成了万吨级丁钠橡胶的生产装置。德国也从乙炔出发采取同样的催化剂制取了丁钠橡胶。

1935年，德国法本公司首先实现丁腈橡胶的工业化生产。1937年，该公司在布纳化工厂建成丁苯橡胶生产装置。

1944年美国通用电气公司生产了硅橡胶，德国和英国生产了聚氨酯橡胶。

进入20世纪50年代以后，有效控制橡胶分子的立构规整性成为可能，推动合成橡胶工业进入生产立构规整橡胶的崭新阶段。

（2）合成纤维工业

1912年，德国化学家克拉特将聚氯乙烯溶解在热的氯苯中制成纺丝溶液，用湿法纺丝得到了纤维，获得了人工合成聚合纤维的第一个专利。

1940年，英国两位化学家温费尔德和迪克逊得到聚对苯二甲酸乙二醇酯纤维，即"的确良"。

1945年，英国卜内门化学工业公司进入工业化研究。

1946年，温费尔德改用对苯二甲酸二甲酯与乙二醇为原料，于1950年建成年产5万吨的工厂。

到了20世纪70年代，涤纶已成为合成纤维中发展最快、产量最大的品种。

1942年，赖恩（H.Rein）发现用二甲基甲酰胺作为聚丙烯腈的溶剂，制得的纤维品质好。

1952年，赖恩发现丙烯腈与少量其他乙烯基衍生物（如乙酸乙烯、甲基丙烯酸甲酯等）共聚会使纤维性能得到显著改善，这就是后来的"奥纶"。

20世纪50年代，日本和朝鲜的研究人员将聚乙烯醇纤维与甲醛反应，制成聚乙烯醇缩甲醛纤维即"维尼纶"，并首先在日本实现工业化生产。

🔍 导图

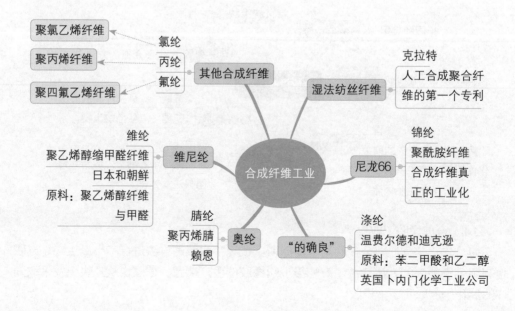

1953年，英国卜内门化学工业公司的希尔博士主编出版的《合成纤维》，总结了此前合成纤维工业的研究和生产实践成果，对合成纤维理论和加工工艺作了全面阐述，对以后的发展作了预测和展望。

进入20世纪60年代以后，石油化工的飞速发展进一步促进了合成纤维工业的发展，从而有更多品种的合成纤维问世。

1962年，世界合成纤维的产量超过羊毛产量，1967年又超过了人造纤维的产量。

（3）合成塑料工业

1910年，美国和德国就有人研究在紫外线和过氧化物存在下氯乙烯发生聚合生成聚氯乙烯，但一直无法对其进行加工。

1926年，美国人西蒙在偶然中发现聚氯乙烯粉料在加热下溶于高沸点溶剂中，冷却后得到的具有内增塑性质的聚氯乙烯柔软、易于加工。这一偶然发现打开了聚氯乙烯工业化生产的大门。

1931年，德国法本公司在比特费尔德用乳液法生产聚氯乙烯。

1937年，英国卜内门化学工业公司应用膦酸酯增塑剂生产聚氯乙烯。

1941年，美国又开发了悬浮法生产聚氯乙烯的技术，从此聚氯乙烯成为当时产量最大的热塑性塑料，被广泛用来代替某些钢材制造化工设备。目前聚氯乙烯产量在塑料中仅次于聚乙烯，居第二位。

1911年，英国的马修斯制成了聚苯乙烯，但因工艺复杂、树脂老化等问题，未能得到重视。

1930年，德国法本公司在解决了上述问题后，在路德维希港利用本体聚合法进行工业生产；1934年，美国也开始了工业生产，产品作为高频绝缘材料。目前聚苯乙烯产量在塑料中居第四位。

1933年，法伍赛特和吉布森在进行乙烯和苯甲醛高压下反应试验时发现了聚乙烯。

1939年，卜内门化学工业公司正式投入工业化生产，用高压气相本体法生产低密度聚乙烯。

1953年，德国齐格勒用烷基铝和四氯化钛作催化剂，将乙烯在低压下制成高密度聚乙烯。

1955年，聚乙烯由德国赫司特公司首先工业化。目前聚乙烯产量在塑料中居第一位，约占塑料总产量的20%。

1957年，意大利蒙特凯蒂尼公司将聚丙烯生产工业化。目前聚丙烯产量在塑料中居第三位。

从20世纪40年代开始，其他一些塑料产品，如聚酯、聚氨酯、有机硅树脂、氟树脂、环氧树脂等陆续问世。进入70年代，又有聚1-丁烯等新型聚烯烃塑料投入生产，同时还出现了多种具有高性能的工程塑料，合成塑料工业呈现一派欣欣向荣的繁荣景象。

导图

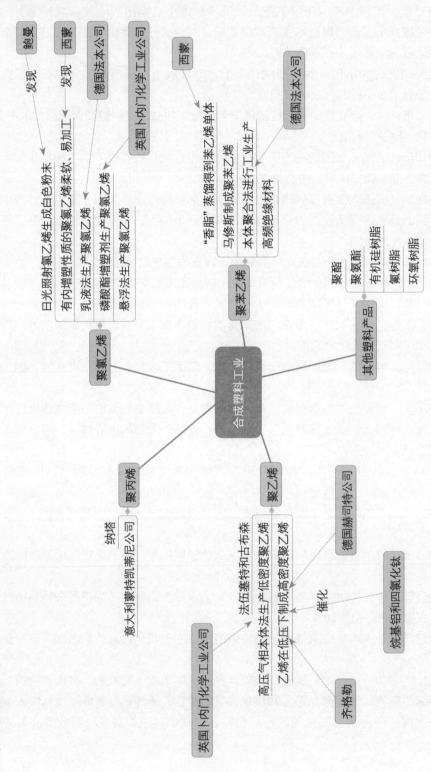

合成塑料工业

聚氯乙烯
- 鲍曼 —发现→ 日光照射氯乙烯生成白色粉末
- 西蒙 —发现→ 有内增塑性质的聚氯乙烯柔软、易加工
- 德国法本公司 → 乳液法生产聚氯乙烯
  - 磷酸酯增塑剂生产聚氯乙烯
- 英国卜内门化学工业公司 → 悬浮法生产聚氯乙烯

聚苯乙烯
- 西蒙 → "香脂"蒸馏得到苯乙烯单体
  - 马修斯制成聚苯乙烯
- 德国法本公司 → 本体聚合法进行工业生产
  - 高频绝缘材料

其他塑料产品
- 聚酯
- 聚氨酯
- 有机硅树脂
- 氟树脂
- 环氧树脂

聚丙烯
- 纳塔
- 意大利蒙特凯蒂尼公司

聚乙烯
- 英国卜内门化学工业公司 → 高压气相本体法生产低密度聚乙烯
- 法伍塞特和古布森 → 乙烯在低压下制成高密度聚乙烯
- 德国赫司特公司 —催化→
- 齐格勒 →
- 烷基铝和四氯化钛

人物小史与趣事

列别捷夫（1874—1934），苏联化学家，1900年毕业于圣彼得堡大学，1902年在该校工作，1915年在女子师范学院任化学教授，1917年在军事医学院任化学教授，1932年成为苏联科学院院士。他对双烯烃聚合作用进行过广泛研究。第一次世界大战期间，他在石油化学研究中，发现了热裂化石油产生各种双烯烃的方法。后来他感到苏联缺乏橡胶的严重性，于是致力于合成橡胶研究。1910年他用金属钠作催化剂，由丁二烯制成合成橡胶，从而闻名于世。1931年丁钠橡胶开始小型生产，他同年获列宁勋章。1932年开始大量生产丁钠橡胶，在当时丁钠橡胶是一种很好的天然橡胶代用品。

列别捷夫

知识链接

丁钠橡胶

丁钠橡胶是以金属钠为催化剂，由丁二烯气相或液相聚合而成的。它是聚丁二烯系列产品的一个品种，可溶于汽油、苯、甲苯等溶剂，溶液具有良好的黏结能力。在橡胶制品中具有较好的耐磨性和抗屈挠性，弹性低，阻尼性优越，黏着力小，耐寒性较好。

丁钠橡胶性能与天然橡胶相似，可用于制造一般橡胶制品，但强度较差，在逐渐淘汰中。

"护神"牌防弹衣

20世纪90年代的某一天，初出茅庐的中国"护神"牌防弹衣和来自美国的某型最先进防弹衣进行现场比试。试验开始前，来自大洋彼岸的专家，悠闲地坐在靠背椅上闭目养神，对挂在靶场正前方的两件防弹衣看也不看一眼。因为在他们眼中，这两件防弹衣本来就不在一个档次上：左边挂着的是大名鼎鼎的"凯芙拉"防弹衣，来自素有"防弹衣王国"之称的美国；右边挂着的是当时人们听也没有听说过的"护神"牌防弹衣，来自中国军队的总后军需装备研究所。一阵急促的枪声过后，在场的宾客一块儿跑向这两件设台打擂的防弹衣，结果却大出意料："凯芙拉"被5发子弹打了两个洞；然而"护神"牌防弹衣却只留下几个弹头亲吻过的痕迹，一切完好无损。

时隔半年后，在擂台上输了的对手不服气，特别是听说美国两家公司要从中国大量进口"护神"牌防弹衣，他们更咽不下这口气："在中国打两次靶不能说明什么问题，应当按国际惯例和通行的标准进行检测。"然而，几天之后，由国际权威机构组织的检测结果再一次申明："护神"牌防弹衣无论是防弹性能，还是质量，都显著优于美国"凯芙拉"，而且防护面积还比"凯芙拉"大70%。就这样，曾经被美国列为防弹衣禁运对象的中国，生产出更优异的"护神"牌防弹衣销往美国。"护神"牌防弹衣一跃成为新"宠儿"。

"护神"牌防弹衣在擂台上打出国威之后，有人说："子弹的力量那么大，就是打不穿，人也震得差不多了吧？"为了打消大家的疑虑，"护神"牌防弹衣的主要研制者又带着"护神"牌防弹衣上了试验场。一只训练有素的狗穿上了"护神"牌防弹衣开始测验：20米，狗挨了一枪，没事；10米，那只狗再挨一枪，停顿了一下回头看了看，仍然没事，便接着往前走；2米，那只狗又挨了一枪，只是本能地蹦了一下，依旧无事地往前走。专家们对狗进行了严格检查，结果发现，狗在2米处挨的一枪，仅导致表皮略微红肿。这一下，"护神"牌防弹衣更神了。

中国的"护神"牌防弹衣之所以这么"神"，是因为设计者瞄准了世界顶尖技术，采用高科技材料及先进生产工艺，由高强聚乙烯纤维防弹织物与911型防弹钢片组成防弹衣的防弹层，而且使用的这种超强聚乙烯纤维，是目前世界上强度最高的纤维，它的强度甚至比最好的芳纶纤维还高一倍，比最好的钢丝强度要高出10倍。拿3根这种比头发还细得多的超强聚乙烯纤维，人使劲也拉不断，真是结实极了。轻型的防弹背心使用这种新材料，在不降低防弹等级的情况下，重量能够减轻将近一半。

乙烯

超强聚乙烯纤维，其制造原料为乙烯。乙烯是一种不饱和烃，其分子式为 C_2H_4，结构式为

$$\overset{\displaystyle H}{\underset{}{|}}\ \overset{\displaystyle H}{\underset{}{|}}$$
$$H-C=C-H$$

乙烯是没有颜色的气体，稍有气味，比空气的密度稍小，难溶于水。工业上所用的乙烯，主要是从石油炼制工厂及石油化工厂所生产的气体里分离出来的。实验室里是把酒精与浓硫酸混合加热，使酒精分解制得乙烯。

尼龙的发明

在尼龙未发明之前，人们的衣服仅有两种质地：一种是丝做的，一种是棉做的。长久以来，人们希望有一种新的面料可以代替天然的丝和棉，历史的契机给了美国的科学家华莱士·卡罗瑟斯。

卡罗瑟斯于1896年4月27日出生在美国的柏灵顿。1914年，他中学毕业后，到了得梅因商学院学习会计，他对这一专业并不感兴趣，而是对化学等自然科学情有独钟。鉴于此，一年后他进入一所规模较小的学院学习化学。1924年，他获得伊利诺伊大学的化学博士学位，后来来到哈佛大学教授有机化学，但性格内向的卡罗瑟斯并不适合从事教学，1928年，卡罗瑟斯接受美国最大的化学工业公司——杜邦公司的聘请，在那里进行基础科学研究。

卡罗瑟斯来到杜邦公司的时候，正是国际上对德国有机化学家施陶丁格提出的高分子理论展开激烈争论的时候。卡罗瑟斯赞同并且支持施陶丁格的观点，他决心通过实验证实这一理论的正确性。所以，一到杜邦公司，卡罗瑟斯就将对高分子的探索作为有机化学部的主要研究方向。

卡罗瑟斯

1931年，卡罗瑟斯和他的研究小组发现，当某种物质的分子聚合度超过一定数值后，它可以纺成丝，冷却后可得到有一定韧性的能够拉长好几倍的纤维状细丝，这种发现启迪了卡罗瑟斯的思路：纤维丝能否替代蚕丝等天然纤维来纺织呢？卡罗瑟斯和他的助手们通过两年的努力，合成了上百种尼龙纤维。1935年，他们终于制成了一种柔韧性能好、拉伸强度高的合成纤维，这就是被命名为尼龙66的产品。

因为尼龙66是利用易从空气、水、煤或石油中提炼的化学元素碳、氢、氮、氧来合成的，所以它的生产成本比较低。为了将尼龙变成产品，杜邦公司投入了大量的人力、物力，世界上第一种尼龙制品——长筒女袜于1940年问世了。

尼龙制成的袜子颜色亮丽、结实并且有弹性，一上市就受到了女性消费者的青睐。人们曾经用"像蛛丝一样细，像钢丝一样强，像绢丝一样美"的词句来赞誉这种纤维。之后，尼龙热潮席卷全球，其他以尼龙为原料的产品层出不穷，从丝袜、衣着到地毯、渔网等，以不同的方式出现在人们面前。特别是第二次世界大战之后，尼龙因其特性和广泛的用途，作为最重要的合成纤维制品，得到了迅猛的发展。

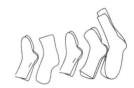

3.8 生物化学的进一步发展

3.8.1　生理化学的形成

18世纪末～19世纪初，由于近代化学已逐渐形成比较完整的体系，生理学也发展为独立的学科，于是便开始了把生理问题与化学结合起来，用化学观点解释生理现象，作为现代生物化学的起步阶段——生理化学开始形成。

（1）从化学的观点研究植物、动物及人类生理

18世纪末～19世纪初，许多著名的化学家如普里斯特利、舍勒、拉瓦锡等都研究过动物及人类呼吸与空气组成的关系。

1782年，塞内比尔作为光合作用的早期研究者，证明植物在阳光作用下吸入二氧化碳。

1845年，德国物理学家迈尔认为植物把太阳的能量储藏起来，提出了能量与光合作用的关系。

1827年，英国医生蒲劳脱发现食物中含有糖、脂肪和蛋白质三种养料。

1838年，荷兰鹿特丹医学校的马尔德首次采用蛋白质一词，来自希腊语"proteios"，意思是"占主要的"。

1842年，李比希出版了其名著《生物化学》，用化学理论阐述了动物生理和人体生理的问题，肯定了蛋白质对生命的意义比碳水化合物及脂肪酸等更为重要。

1861年，俄国化学家布特列洛夫用多聚甲醛与石灰水第一次合成了属于糖类的物质。

1852年，两名德国生理学家比德和施密特仔细分析后，证明胃酸确实是盐酸。

1836年，德国生理学家施旺用氯化汞处理胃腺提取物，证明了胃液中含有能分解食物的胃蛋白酶。

1845年，米尔赫从唾液中发现唾液淀粉酶。

库恩和齐廷顿获得蛋白质分解的大量中间产物，揭示了消化过程的一些本质。

🔍 导图

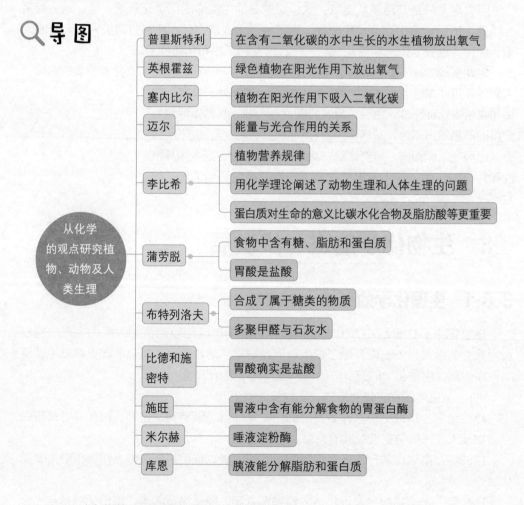

（2）对生物体中重要化学物质的发现与认识

1857年，法国生理学家伯纳德发现在哺乳动物的肝脏中存在一种淀粉样物质，他称之为糖原。

1967年，阿根廷籍法国生物化学家勒洛伊尔及其同事发现了糖原合成的另一种机理：在一种特殊的酶和一种引物存在时，尿苷二磷酸葡萄糖（UDPG）会产生尿苷二磷酸（UDP），并将葡萄糖转移到增长的糖原链上。在三磷酸腺苷（ATP）存在时，尿苷二磷酸（UDP）转变为苷二磷酸（UTP）的同时反应将继续进行。这项成就使勒洛伊尔荣获1970年诺贝尔化学奖。

1833年，法国化学家佩恩从麦芽的萃取物中分离出一种具有加速淀粉转化为糖的物质，他称之为淀粉酶，这是第一个制备成功的浓缩酶。

酶这一名词是1878年由德国化学家库恩从希腊文引进的，意思是"在酵母中"。

1896年，德国化学家布赫内通过无细胞酵母液的发酵实验证实了细胞间的发酵和生命不是不可分的，此前认为的两种酵素，即所谓的"形成体"与"非形成体"实质上是没有区别的，并称之为"酿酶"，它是有机体内某些化学反应的催化剂。

1906年，英国生物化学家哈登等证明"酿酶"至少是由两种不同的物质组成，一种具有热敏感性，另一种则具有热稳定性，他称之为辅酶。

1910年，瑞典生物化学家尤勒-切尔平证明辅酶是二磷酸吡啶核苷酸（DPN）。

20世纪30年代，美国生物化学家斯廷、斯坦福德和安芬森等阐明了胰核糖核酸酶的结构和催化功能。

1886年，荷兰医生艾克曼意外发现用糙米喂小鸡，小鸡就不会患像脚气病状的疾病，但他当时认为是米粒中的某种霉素被米壳里另外的某种成分抵消了。

1906年，英国生物学家霍普金斯在一次讲演中提出：佝偻病和坏血病可能就是由于缺乏必不可少的痕量物质而引起的。

1915年，美国生物化学家麦科勒姆证明鼠类食物至少需要"脂溶素A"和"水溶素B"。德拉孟特将这种命名与维生素结合起来，称为维生素A和维生素B，将抗坏血病的物质称为维生素C，抗佝偻病的物质称为维生素D。

1922年，麦科勒姆又发现了维生素E。

1849年，依据已有的对动物体内腺体的粗浅认识，柏托尔德将公鸡的睾丸移植到阉鸡体内，证明可使阉鸡重新变成外表正常的公鸡，即可以防止性机能衰退。

40年后，布朗-赛卡德按照这一见解，将睾丸素注入各种动物体内，甚至包括他自己在内，发展了控制生理机能的实验。

1895年，英国生理学家夏皮-谢弗从肾上腺中提取的一种物质可以升高血压。

1901年，日裔美国化学家高峰让吉等分别独立提取出肾上腺素，产生了近代的激素概念。

1902年，两位英国生理学家贝利斯和斯塔林发现在胃酸的影响下，小肠壁分泌一种物质可刺激胰液分泌，他称之为"促胰液素"。

1905年，W.B.哈迪提议使用"激素"一词，源于希腊语，意思是"激起活动"。

1921年，加拿大生理学家班廷和其学生贝斯特析出了胰岛素。

1929年，德国化学家布特南特和美国生物化学家多伊西各自独立分离出结晶雌素酮。

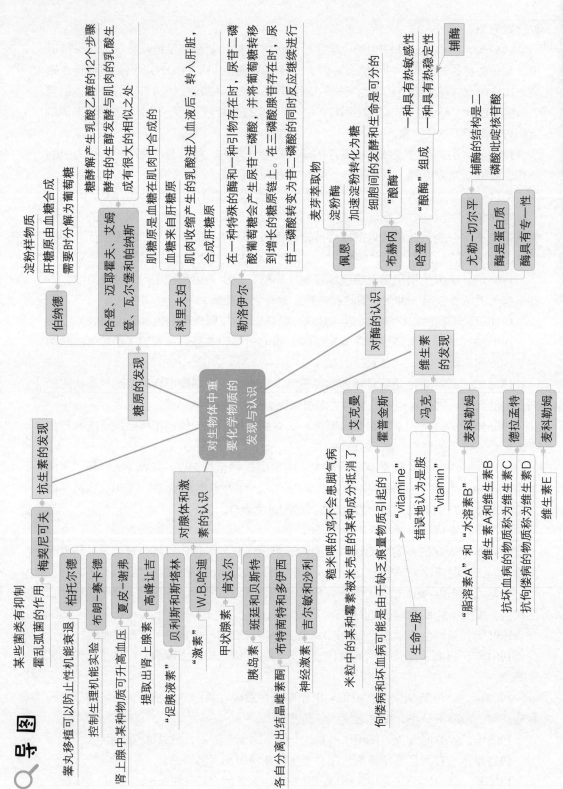

1931年，布特南特从15000升尿中分离出15毫克的结晶激素雄甾酮，并提出了其结构。

此后，瑞士化学家卢齐卡用胆固醇合成了雄甾酮并证实了布特南特提出的结构。他们还合成了睾丸素并确立了其结构。他们二人因性激素的研究成果而荣获1939年诺贝尔化学奖。

法国-美国生物化学家吉尔敏和波兰-美国生物化学家沙利经过14年的研究，于1968～1969年提取分离并化学分析了丘脑分泌的神经激素。

1888年，俄裔法国细菌学家梅契尼可夫在研究霍乱弧菌在肠道感染的情况时，发现某些菌类有抑制霍乱弧菌的作用。1817～1877年，一些抗生素在临床上取得效果。

人物小史与趣事

布特南特（1903—1995），布特南特在马尔堡大学学习，其后在哥廷根大学温道斯的指导下工作，并于1927年获得化学博士学位。布特南特突出的工作是分离性激素和鉴定其结构。第一个被分离出来的性激素是雌酮，这是布特南特在1929年从怀孕妇女的尿中得到的。1931年布特南特分离出雄性甾酮，这是睾丸细胞产生的一种重要的男性激素，它对男人所起的作用如同雌酮对妇女所起的作用一样。1934年布特南特分离了另外一种对于妊娠过程中的化学机理具有十分重要作用的女性激素——孕甾酮。1939年他与卢齐卡分享了诺贝尔化学奖。

布特南特

知识链接

雌 酮

$C_{18}H_{22}O_2$，3-羟雌甾-1,3,5（10）-三烯-17-酮，是一种性激素，可以从妊娠马或妊妇尿中检出，亦存在于其他妊娠动物的卵巢或其卵泡液、人的胎盘中。在17-β-羟甾类脱氢酶的作用下由17-β-雌二醇制成。性激素的作用比17-β-雌二醇弱。往往用雌酮硫酸酯作为止血剂。

维生素的发现

1886年，一个名叫艾克曼的荷兰医生被抓到东印度（现在的印度尼西亚）去工作。那里当时流行着严重的脚气病，每年大约有十几万人因患该病而死亡。人们称这种脚气病为"妖魔"，对其束手无策，只有祈求神灵保护。那时日本的海军官兵中也有不少人患有脚气病，大约每10名海军官兵中就有4人得此病。此外，在一艘环球航行的日本轮船上，共有376人，其中有169人患有脚气病，还有25人因患此病而死亡。

艾克曼

　　为解除脚气病对人们的折磨，艾克曼到东印度后就开始了对脚气病的研究。开始，他认为患病的原因可能是由于某种细菌引起的，于是，他就用一些鸡来试验，在饲养过程中，大部分鸡患有一种多发性神经炎，病状和人患脚气病时十分相似。为了寻找病因，艾克曼医生继续进行观察和研究。大约过了4个月后，他发现了一件奇怪的事：大部分得病的鸡不但没有死亡，而且还逐渐病愈健康了。为解开这个谜，他又继续进行深入研究，但是没有找到答案。他突然想到，会不会是饲料的问题？于是，他转而研究鸡饲料，并从中得知，原来之前的饲养人员是用军队医院食堂吃剩的白米饭来代替鸡饲料进行喂养的，而将本来的鸡饲料偷偷地拿回家里。后来换了饲养员，这位新饲养员又用普通的鸡饲料进行喂养。据此，他经分析后得出结论：这些鸡患病是因为吃米饭所致，而普通的鸡饲料又使鸡康复，问题是出在喂养饲料上。

　　接着，艾克曼医生做了一组对照试验，即将一批鸡采用精白大米饭喂养，另一批采用普通的鸡饲料喂养。结果那些用饲料喂养的鸡，健康无病，而用精白大米饭喂养的鸡，快速得了脚气病。据此，他就用"米糠"为药，给一些患脚气病的人服用，不久，这些人的脚气病都痊愈了。这时，艾克曼医生断定，脚气病和食物有关，是食物中缺少某种东西而造成的，而米糠中就包含有一种可治脚气病的"药"。为找出这种"药"，艾克曼又继续进行研究试验，他将米糠放到水里浸泡后过滤，用其滤液给患脚气病的人服用，也能够治好脚气病。因此，他又得出这种"药"可溶于水的结论。但是这种"药"究竟是什么物质呢？他始终没有找出来。

　　到20世纪初，波兰化学家汤克和日本化学家铃木等从米糠里提取出了这种可以防止某些疾病发生、维持人体健康的物质，并称之为"维生素"。

知识链接

维　生　素

　　维生素是一系列有机化合物的统称。它们是生物体所必需的微量营养成分，而往往又无法由生物体自己生产，需要通过饮食等手段获得。维生素无法像糖类、蛋白质及脂肪那样产生能量，组成细胞，但是它们对于生物体的新陈代谢起调节作用。

　　人体的生化反应与酶的催化作用有密切关系。酶要产生活性，必须有辅酶参加。已知很多维生素是酶的辅酶或者是辅酶的组成分子。所以，维生素是维持和调节机体正常代谢的重要物质。可以认为，最好的维生素是以"生物活性物质"的形式，存在于人体组织中。

3.8.2　生命组成成分及其结构的研究

　　进入20世纪以后，生物化学逐渐从整体水平上发展到细胞和亚细胞水平。同时化学方法的进步和各种物理方法的应用，使确定生物体的化学成分、性质、结构及其合成成为生物化学不断取得进展的重要标志。

（1）关于氨基酸和蛋白质的组成与结构的研究

1806年，法国化学家沃克兰从天门冬的浆汁中离析出天冬氨酸的结晶，后来法国化学家佩卢兹确定其中含氮。

1810年，英国化学家武拉斯顿在尿结石中发现了胱氨酸，命名为"cystic oxide"，贝采里乌斯则将其命名为"cystlne"（胱氨酸）。

1820年，法国化学家布雷孔诺从肌肉纤维和羊毛中也离析出这种物质。他还从明胶中取得了甘氨酸，但由于当时没有检出氮而将其误认为是一种糖，命名为"sucrede gélatine"。

1858年，法国化学家卡奥尔斯确定了甘氨酸的结构式。

1833年，荷兰化学家马尔德从明胶和鲜肉的碱水解产物中提取出了赖氨酸。

1846年，德国化学家李比希离析出酪氨酸。谷氨酸则是他的学生里陶逊于1866年得到的。

德国化学家费歇尔对蛋白质分子结构的研究成果卓著。

1902年，费歇尔提出了蛋白质的多肽结构学说，即蛋白质分子是许多氨基酸通过肽键结合而成的长链高分子化合物。

同年，费歇尔由于在糖类和蛋白质合成方面的卓越成果而荣获1902年诺贝尔化学奖。

1917年，丹麦化学家索伦森通过对蛋白质溶液进行的一系列渗透压研究，得出某些蛋白质的分子量大于34000（目前公认的值大约为45000）。

1925年，瑞典物理化学家斯维德伯格发明了超速离心机，革新了确定生物大分子分子量的方法。

1926年，美国生物化学家萨姆纳成功地从刀豆中提取出脲酶（可以将尿素转化为二氧化碳和氨）的结晶体，证明这个结晶是蛋白质。

1930年，美国生物化学家诺思罗普又得到胃蛋白酶和胰蛋白酶结晶，并发现它们也是蛋白质，从而结束了关于酶的化学性质的争论。

1935年，另一位美国生物化学家斯坦利使菸草花叶病毒（TMV）结晶，并证明其是蛋白质及核酸聚集体，且为杆状结构。

1932年，德国化学家伯格曼和泽尔瓦斯发展了用各种氨基酸随意合成人工多肽的技术，使合成大小和形态更接近于天然蛋白质的多肽成为可能。

20世纪40年代初，两位英国蛋白质化学家马丁和辛格将色谱技术应用于天然蛋白质水解产物的分离，使分离任一蛋白质所含的各种蛋白质并定量地加以分析成为可能。

1945年，英国化学家桑格发明了测定蛋白质分子中多肽链氨基酸顺序的化学实验方法，并着手研究最小的蛋白质分子之一——胰岛素的结构。

　　1948年，美国纽约洛克菲勒医学研究所生物化学家安芬森、穆尔和斯坦利用淀粉柱，1951年又利用离子交换树脂进行蛋白质的定量分离工作，进一步推进了蛋白质结构的研究工作。

　　桑格领导的研究小组在1954年测出了牛胰岛素中全部氨基酸的顺序，即一级结构。

　　20世纪40年代，鲍林等的研究已确认了蛋白质有三维立体结构。

　　1960年，英国分子生物学家肯德鲁首先测定出鲸肌红蛋白的精细空间结构；随后另一位英国分子生物学家佩鲁茨也成功地测定了更为复杂的马血红蛋白的精细空间结构。

　　1958年，我国科学工作者确定了人工合成胰岛素的方法，将其简化为先行分别组合二十一肽和三十肽。

　　1965年9月17日，我国化学家邹承鲁、邢其毅和汪猷等领导的研究室经过7年的协同努力，获得了世界上首批人工方法合成的、结晶形状和生物活性与天然相同的结晶牛胰岛素。

　　①氨基酸

🔍导图

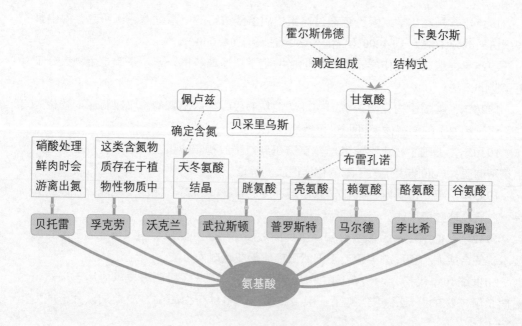

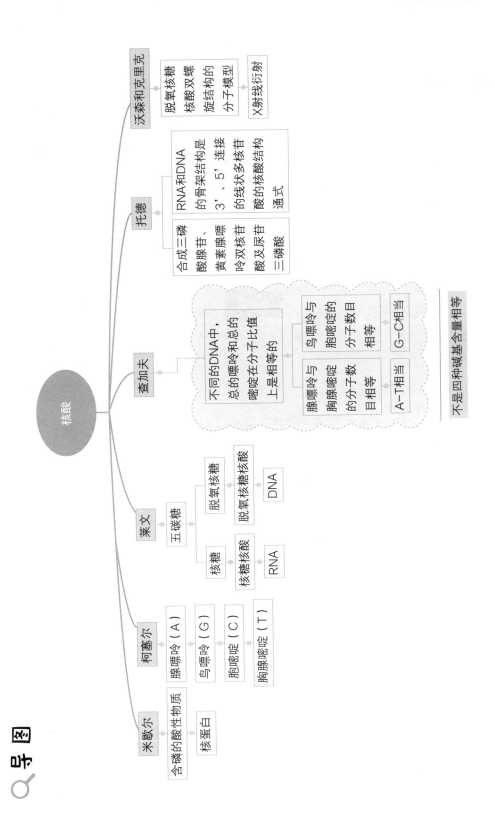

②蛋白质

导图

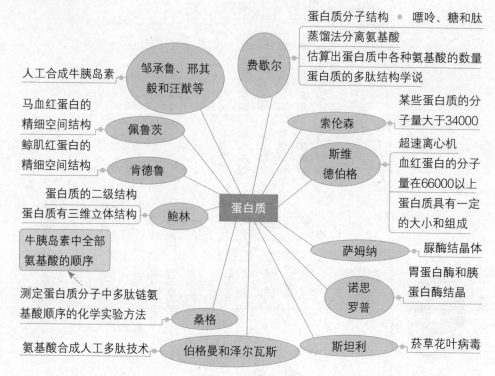

（2）关于核酸组成及结构的研究

1869年，瑞士生物化学家米歇尔从化脓细胞中分离出一种含磷的酸性物质，他当时称之为"核素"，后来证实是核酸与蛋白质的复合体——核蛋白。

1929年，莱文从胸腺核酸中得到另一种核糖，其分子中失去了一个氧原子，他称之为"脱氧核糖"。

1949～1954年，英国生物化学家托德先后合成了生物机体维持生命必需的三磷酸腺苷（ATP）、黄素腺嘌呤双核苷酸（FAD）及尿苷三磷酸，是了解基因极为重要的一类化合物。

1953年4月25日，英国《自然》杂志刊登了美国化学家沃森和克里克利用X射线衍射方法测定的脱氧核糖核酸（DNA）双螺旋结构的分子模型。

人物小史与趣事

费歇尔（1852—1919），1882年，费歇尔接受了艾尔兰根大学的聘书，出任化学教授，两年后又转到维尔茨堡大学，在维尔茨堡大学的10年中，他在糖类和嘌呤类化合物的研究方面取得了突破性的成就。

从1899年开始，费歇尔选择了对氨基酸、多肽及蛋白质进行研究。为了认识所有的氨基酸，他发展和改进了许多分析方法，将各种氨基酸分离出来进行鉴别。由于他的辛勤劳动，人们认识了19种氨基酸，自然界中有几十万种蛋白质，而它们都是由20种氨基酸以不同数量比例和不同排列方式结合而成的。在进一步探索蛋白质的组成和结构及合成方法时，他发现将氨基酸合成，首先得到的不是蛋白质，而是他命名为多肽的一类化合物。将蛋白质进行分解首先得到的也是多肽一类化合物。随后他合成了100多种多肽化合物，由简单到复杂，开始只采用同一氨基酸使其链逐步增长，发展到采用多种氨基酸使其增长。1907年，他制取了由18种氨基酸分子组成的多肽，成为当时的重要科学新闻。

费歇尔

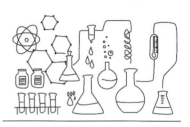

蛋白质

蛋白质是一类复杂的有机化合物。氨基酸是组成蛋白质的基本单位，氨基酸通过脱水缩合形成肽链。蛋白质是由一条或多条多肽链组成的生物大分子，每一条多肽链包括二十至数百个氨基酸残基（—R）；各种氨基酸残基按照一定的顺序排列。除了遗传密码所编码的20种基本氨基酸，在蛋白质中，某些氨基酸残基还能够被翻译后修饰而发生化学结构的变化，从而对蛋白质进行激活或调控。多个蛋白质连接在一起形成稳定的蛋白质复合物，折叠或螺旋构成一定的空间结构，从而具有某一特定功能。合成多肽的细胞器是细胞质中糙面型内质网上的核糖体。蛋白质的不同在于其氨基酸的种类、数目、排列顺序以及肽链空间结构的不同。

知识链接

托德

托德，英国生物化学家，1907年10月2日出生于格拉斯哥，中学毕业后入格拉斯哥大学学习，1928年获学士学位，经短期科学研究训练后转入德国的法兰克福大学，1931年获博士学位，论文题目为《胆汁酸化学》；回英国后，1931～1934年跟随诺贝尔化学奖获得者罗宾森做花色素及其他有色物质的研究，1933年获牛津大学博士学位。

1934年他到苏格兰爱丁堡任教，两年后又转往李斯特预防医学研究所工作，1937年任伦敦大学化学系高级讲师，1938年在曼彻斯特大学任化学实验室主任，1944年任剑桥大学有机化学教授。

托德最大贡献是对核酸、核苷酸及核苷酸辅酶的研究，建立其连接方式。他指出：在核酸里，一个核苷酸核糖与另一个核苷酸核糖由一个磷酸连接起来，核酸就是用这种方式把许多核苷酸连成一个长链结构的。

托德还发现了维生素B₁、维生素E的化学结构，证明大麻植物可用于生产麻醉剂，研究了磷酸盐生物反应机理及生物颜料等问题。

托德因核苷酸与核苷酸辅酶结构的研究成果，荣获1957年诺贝尔化学奖。他曾担任过纯粹化学与应用化学国际联合会主席；1952年被选为英国政府科学政策顾问委员会主席。

核　酸

不同的核酸，其化学组成、核苷酸排列顺序等不同。按照化学组成不同，核酸可分为核糖核酸（简称RNA）与脱氧核糖核酸（简称DNA）。

在强酸和高温条件下，核酸完全水解为碱基、核糖或脱氧核糖和磷酸。在浓度略稀的无机酸中，最易水解的化学键选择性断裂，通常为连接嘌呤和核糖的糖苷键，从而产生脱嘌呤核酸。

一些化学物质可以使DNA/RNA在中性pH下变性。由堆积的疏水碱基形成的核酸二级结构在能量上的稳定性被削弱，则核酸变性。

3.8.3　生物化学过程研究

（1）对生物化学过程中能量转换的认识

1929年，菲斯克、萨巴-罗研究小组和迈耶霍夫小组分别独立在肌肉中发现了三磷酸腺苷（ATP）。

1937年，英国生物化学家克雷布斯发现了著名的三羧酸循环，揭示了生物体内糖经酵解途径变为三碳物质后，进一步氧化为二氧化碳和水的途径以及代谢能的主要来源，过程中伴随着大量的ATP生成。

20世纪30年代末，苏联生物化学家恩格尔哈特等发现肌球蛋白（肌肉中的一种长纤维）有催化ATP水解的作用，肌肉收缩的能量就直接来源于这个反应。

ATP是生物特有的、利用效率极高的、储存和传递化学能的分子。因此ATP的发现被称为"肌肉生理研究的革命"。

（2）光合作用的研究进展

1727年，英国植物学家黑尔斯发现植物生长需要空气作营养。

1771年，英国化学家普里斯特利证明绿色植物可以改善空气质量。

1782年，瑞士牧师塞内比尔发现植物利用溶于水的"固定空气"（二氧化碳），恢复空气的活性。

1845年，德国物理学家迈尔指出植物可以将太阳能转变为化学能储存起来，成为能量的供给者，对光合作用的认识又进了一步。

导图

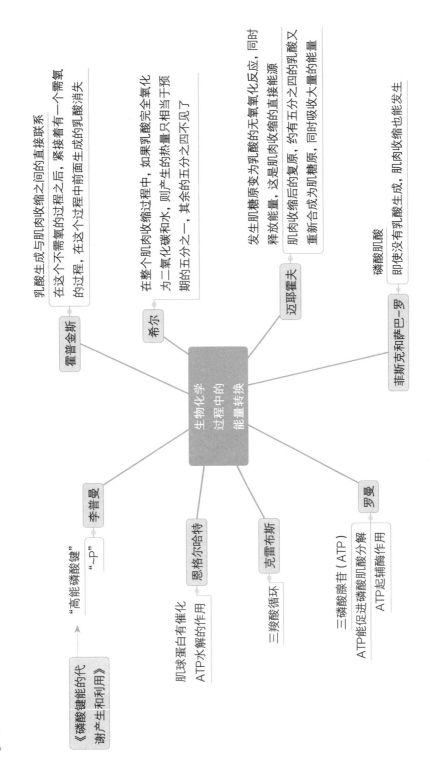

生物化学
过程中的
能量转换

霍普金斯

乳酸生成与肌肉收缩之间的直接联系

在这个不需氧的过程之后，紧接着有一个需氧的过程，在这个过程中前面生成的乳酸消失

希尔

在整个肌肉收缩过程中，如果乳酸完全氧化为二氧化碳和水，则产生的热量只相当于预期的五分之一，其余的五分之四不见了

迈耶霍夫

发生肌糖原变为乳酸的无氧氧化反应，同时释放能量，这是肌肉收缩的直接能源

肌肉收缩后的复原，约有五分之四的乳酸又重新合成为肌糖原，同时吸收大量的能量

菲斯克和萨巴一罗

磷酸肌酸

即使没有乳酸生成，肌肉收缩也能发生

李普曼

《磷酸键能的代谢产生和利用》

"高能磷酸键"

"~P"

恩格尔哈特

肌球蛋白有催化ATP水解的作用

克雷布斯

三羧酸循环

罗曼

三磷酸腺苷（ATP）

ATP能促进磷酸肌酸分解
ATP起辅酶作用

19世纪中叶，下式表示的光合作用已被广泛接受：

二氧化碳+水+光 $\xrightarrow{\text{绿色植物}}$ 氧气+有机物+化学能

广义的光合作用过程可表示为：

二氧化碳+供氢体（H_2A）$\xrightarrow{\text{光，色素}}$ 有机物+水+化学能

这一十分重要的发现改变了光合作用必须有氧气参加的概念，对后来的光合作用的研究具有深刻的影响。

1905年，英国植物生理学家布莱克曼发现光合作用速率随光照强度增加到一定程度后便保持不变，继续提高光强度速率反而下降的现象。

1919年，德国生物化学家瓦尔堡进一步证明这个观点，根据间歇光照比连续光照得到更高的光合产量，确认光反应只受光强度影响，暗反应则不需要光，只受温度的影响。

1958年，在通过电子显微镜发现叶绿体的基粒结构后，才由阿侬证明光反应在基粒中的囊状体片层中进行，暗反应则在叶绿体的基质中进行。

首先把光量子引进光合作用研究的是瓦尔堡。1923～1950年，他通过自己富有独创性的光能测定技术——辐射热测定法，使光合作用中发生的气体交换能快速、灵敏、准确地得到测定。

1937年，美国植物生理学家希尔成功获得开创性的突破：证明离体叶绿体在光照下仍能进行光合作用。

1943年，埃默森等发现红藻在长波红光（＞680纳米）中光合效率低，即产生"红降"（埃默森）效应。

1957～1959年，美国生物学家布林克斯等发现用波长不同的光交替照射植物，光合效率在交替的瞬间会出现突增或突降，即瞬间效应。

1960年，希尔等在以上研究工作的基础上，提出两个光反应系统。

1961年，荷兰的迪伊森等在测量红藻细胞色素的氧化还原变化时，进一步明确了光合作用包括两种连续进行的光反应，即系统Ⅰ由远红光（约700纳米）激发，系统Ⅱ依赖于较高能的红光（约650纳米）。

1968年，美国生物物理学家里德和克莱顿首先从光合细菌中提取出含有四个细菌叶绿素分子、两个去镁细菌叶绿素分子、一个泛醌分子和一个镁原子以非共价键与三条多肽组成的蛋白相结合的作用中心复合物。

1982年，德国生物化学家米歇尔、戴森霍菲尔和结晶化学家胡贝尔三人成功地解析了细菌光合作用反应中心的立体结构。他们三人也因这一杰出成就而荣获1988年诺贝尔化学奖。

（3）模拟生命化学起源实验的成功

1860年，法国微生物学家、化学家巴斯德认为：空气中的尘埃含有活的有机孢子，是它们使肉汤长满有机体。

1924年，苏联著名科学家奥巴林提出生命起源的化学进化学说。他认为生命是物质运动的一种形式，是在物质发展过程中产生的，共经历三个阶段。

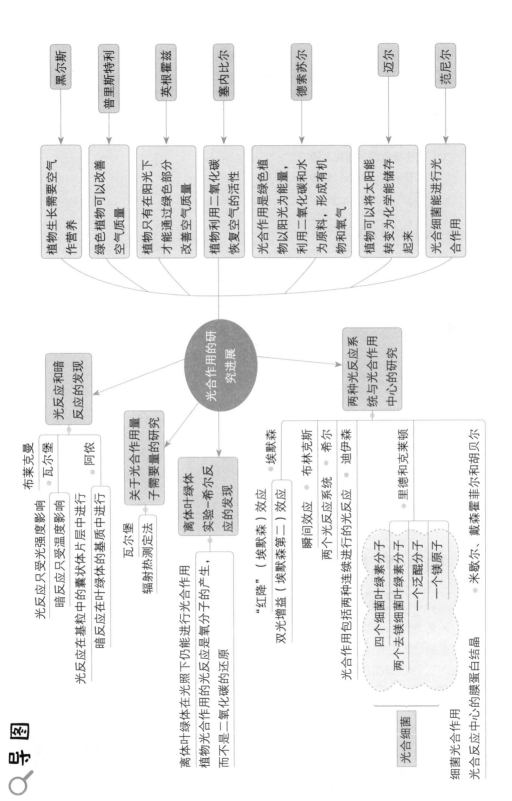

导图

光合作用的研究进展

植物生长需要空气作营养 —— 黑尔斯

绿色植物可以改善空气质量 —— 普里斯特利

植物只有在阳光下才能通过绿色部分改善空气质量 —— 英根霍兹

植物利用二氧化碳恢复空气的活性 —— 塞内比尔

光合作用是绿色植物以阳光为能量，利用二氧化碳和水为原料，形成有机物和氧气 —— 德素尔

植物可以将太阳能转变为化学能储存起来 —— 迈尔

光合细菌能进行光合作用 —— 范尼尔

光反应和暗反应的发现
- 布莱克曼 光反应只受光强度影响；暗反应只受温度影响
- 瓦尔堡 光反应在基粒中的囊状体片层中进行；暗反应在叶绿体的基质中进行
- 阿侬

关于光合作用量子需要量的研究
- 瓦尔堡 辐射热测定法

离体叶绿体实验—希尔反应的发现
离体叶绿体在光照下仍能进行光合作用
植物光合作用中的光反应是氧分子的产生，而不是二氧化碳的还原

"红降"（埃默森）效应 —— 埃默森

双光增益（埃默森第二）效应
瞬间效应 —— 布林克斯

两个光反应系统—— 希尔
光合作用包括两种连续进行的光反应 —— 迪伊森

两种光反应系统与光合作用中心的研究
里德和克莱顿

四个细菌叶绿素分子、两个去镁细菌叶绿素分子、一个泛醌分子、一个镁原子 —— 米歇尔、戴森霍菲尔和胡贝尔

光合细菌

细菌光合作用
光合反应中心的膜蛋白结晶

　　1952年，美国化学家尤里发表专著《行星·其起源和发展》，认为地球早期的大气类似于现在巨大的外行星的大气，富含氢、氨和甲烷。

　　1953年，美国化学家米勒设计了生命起源的模拟实验，并获得系列有机化合物。

🔍导图

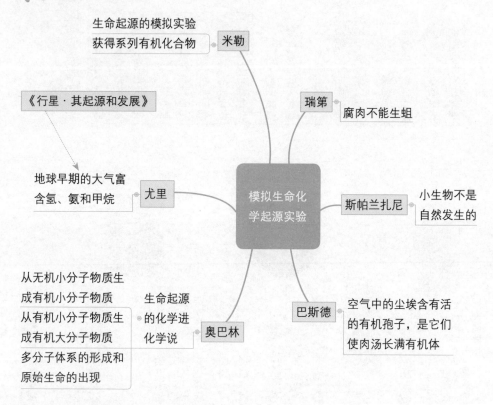

⬡人物小史与趣事

巴斯德与巴氏灭菌法

　　路易·巴斯德，法国微生物学家、化学家。

　　巴氏灭菌法的产生来源于巴斯德解决啤酒变酸问题的努力。当时，法国酿酒业面临着一个令人头疼的问题，那就是啤酒在酿出后会变酸，根本无法饮用。而且这种变酸现象还时常发生。经过长时间的观察，巴斯德发现啤酒变酸的罪魁祸首是乳酸杆菌。营养丰富的啤酒简直就是乳酸杆菌生长的天堂。采取简单的煮沸的方法是可以杀死乳酸杆菌的，但是，这样一来啤酒也就被煮坏了。巴斯德尝试使用不同的温度来杀死乳酸杆菌，而又不会破坏啤酒本身。最后，巴斯德的研究结果是以50～60℃的温度加热啤

巴斯德

酒半小时，就可以杀死啤酒里的乳酸杆菌和芽孢，而不必煮沸。
这种灭菌法也就被称为"巴氏灭菌法"。

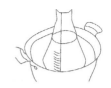

3.8.4　分子生物学的诞生与发展

分子生物学的诞生以美国化学家沃森和克里克测定脱氧核糖核酸分子的双螺旋结构为标志。此后，围绕着DNA碱基序列和蛋白质的氨基酸序列之间的相互关系展开的研究工作，即遗传密码的破译，成为分子生物学发展的热门课题。

（1）遗传密码的破译

遗传密码这一术语最先出现在薛定谔于1944年发表的《生命是什么》的小册子中。

伽莫夫在1955~1956年发表文章，根据排列组合计算$4^3=64$，认为三个碱基组成密码，即三联密码已足够DNA中组成蛋白质的所有20种氨基酸合成需要，并令人信服地证明这种密码是不重复的。

1961年，克里克和英国分子生物学家布伦纳以噬菌体为材料进行的研究实验证明了伽莫夫的设想。

首先通过实验破译DNA三联体与氨基酸的对应关系，给出遗传密码确切结果的是美国生物化学家尼伦伯格。

美籍印度化学家柯拉纳、美籍西班牙生物化学家奥乔亚等测定出20种氨基酸的密码，至1969年完成了全部64种密码的破译。于是，遗传密码"辞典"诞生了。

遗传密码的成功破译发展了传统的基因概念，它表明基因的功能单位是DNA大分子上一段多核苷酸序列，突变和重组是在核苷酸碱基上的变化。

🔍 导图

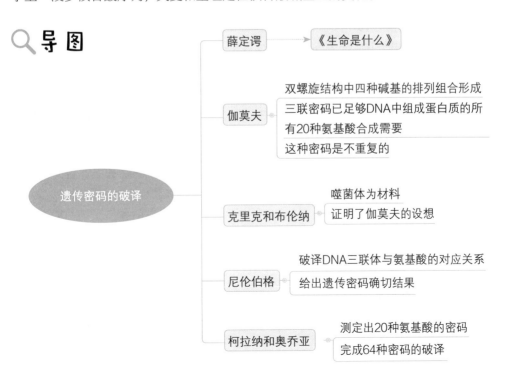

（2）生命体系的合成

1953年，美国生物化学家迪维尼奥以8个氨基酸合成一种激素。这一成果使他获得1955年诺贝尔化学奖。

1969年，美国生物化学家梅里菲尔德领导的研究小组在活细胞外，利用其发明的固相多肽合成法，从单个氨基酸合成了第一个酶——核糖核酸酶。

1956年，美国生物化学家科恩伯格合成一个DNA型的多核苷酸，并发现了一种能用来在试管中合成短DNA分子的酶，他命名为DNA聚合酶。

1958年，克里克的"中心法则"是指DNA将信息转给RNA，RNA通过中间体的"受体"用信息指导氨基酸进行蛋白质合成，这个过程一般情况下是不可逆的。

1970年，美国生物化学家特明和巴尔的摩各自独立发现了逆转录酶，打破了中心法则的不可逆性，作为对中心法则的补充，使其更加完善。

1965年，美国化学家霍利分析确定了酵母丙氨酸tRNA中所含的76个核苷酸序列。

1967年，科恩伯格等合成了更复杂、完全具有传染力的DNA型病毒。

自1958年起，美籍印度生物化学家柯拉纳领导的研究小组就开始了合成DNA的研究工作，他们创造了化学和酶促相结合的方法。

20世纪60年代，他们已用这种方法合成了64种可能的DNA实体，并测试了它们的活性。

1972年，他们成功合成了含有77个核苷酸DNA长链的酵母丙氨酸tRNA基因。

1976年，他们又成功地合成了含有126个核苷酸的大肠杆菌酪氨酸tRNA前体基因。这是第一个具有生物活性的基因。

（3）重组DNA与基因工程

重组DNA是20世纪70年代初，为适应基因的碱基序列分析和调节控制等基本研究的需要而建立起来的一种新的精细的生物技术。

1970年，美国微生物学家史密斯成功证明了阿尔伯用以解释限制性内切酶存在的假设，并从流感嗜血杆菌中提取出第一个限制性内切酶——Hind Ⅱ。

1971年，美国微生物学家内森斯证明引起肿瘤的SV40病毒可劈成11个分离的特殊碎片。次年，他确定了这些碎片的顺序，推进了DNA重组技术的发展。

1978年，已发现80多种限制性内切酶。

美国生物化学家科恩伯格在阿尔伯、史密斯和内森斯工作的基础上，研究在特定部位切割基因以及以不同的方式将其重新组合的方法，建立了DNA的重组技术。

DNA重组技术的建立，向人们昭示着改造生物品种的诱人前景，于是一项人类前所未有的伟大壮举——基因工程便由此展开了。

1976年，首例基因工程案例——利用大肠杆菌产生人脑分泌的生长抑制素在美国斯坦福大学获得成功。

1978年，美国哈佛大学又用类似的方法产生胰岛素。

1987年，意大利国家研究委员会组织了15个（后来发展到30个）实验室开始人类基因组研究。

导图

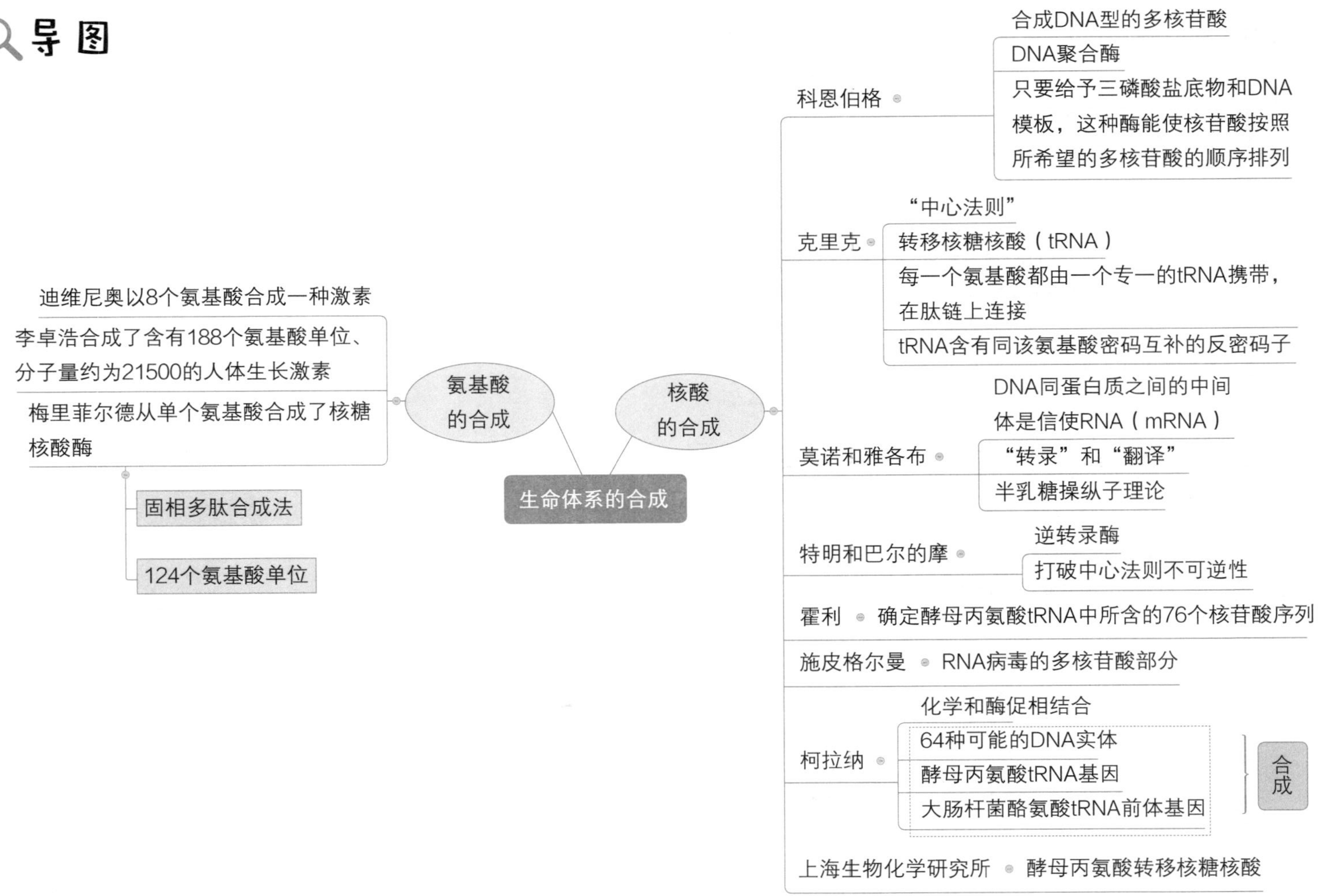

合成DNA型的多核苷酸

DNA聚合酶

只要给予三磷酸盐底物和DNA模板，这种酶能使核苷酸按照所希望的多核苷酸的顺序排列

科恩伯格

"中心法则"

克里克

转移核糖核酸（tRNA）

每一个氨基酸都由一个专一的tRNA携带，在肽链上连接

tRNA含有同该氨基酸密码互补的反密码子

DNA同蛋白质之间的中间体是信使RNA（mRNA）

"转录"和"翻译"

莫诺和雅各布

半乳糖操纵子理论

特明和巴尔的摩

逆转录酶

打破中心法则不可逆性

霍利 · 确定酵母丙氨酸tRNA中所含的76个核苷酸序列

施各格尔曼 · RNA病毒的多核苷酸部分

化学和酶促相结合

64种可能的DNA实体

柯拉纳 · 酵母丙氨酸tRNA基因

大肠杆菌酪氨酸tRNA前体基因

上海生物化学研究所 · 酵母丙氨酸转移核糖核酸

合成

核酸的合成

生命体系的合成

氨基酸的合成

迪维尼奥以8个氨基酸合成一种激素

李卓浩合成了含有188个氨基酸单位、分子量约为21500的人体生长激素

梅里菲尔德从单个氨基酸合成了核糖核酸酶

固相多肽合成法

124个氨基酸单位

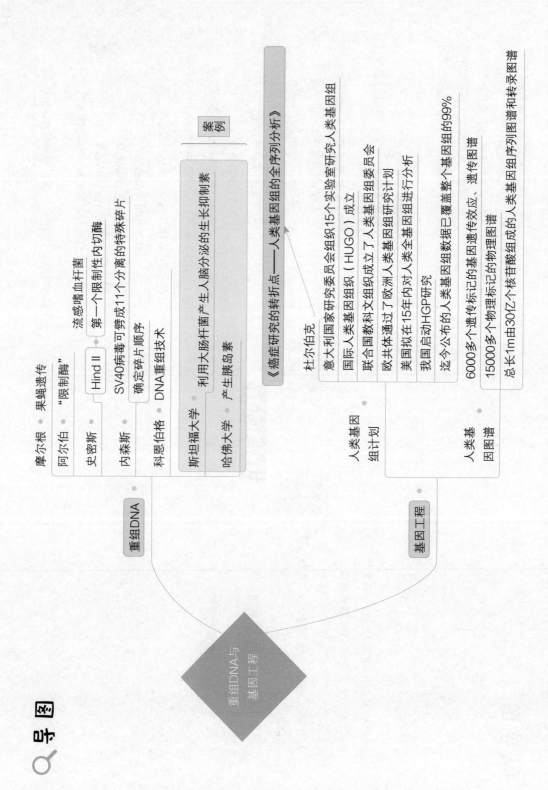

导图

重组DNA与基因工程

重组DNA

摩尔根 · 果蝇遗传

阿尔伯 · "限制酶"

　　　　　　流感嗜血杆菌

史密斯 · Hind II · 第一个限制性内切酶

内森斯 · SV40病毒可劈成11个分离的特殊碎片

　　　　确定碎片顺序

科恩伯格 · DNA重组技术

斯坦福大学 · 利用大肠杆菌产生人脑分泌的生长抑制素

哈佛大学 · 产生胰岛素

基因工程

人类基因组计划

杜尔伯克

　意大利国家研究委员会组织15个实验室研究人类基因组

　国际人类基因组组织（HUGO）成立

　联合国教科文组织成立了人类基因组委员会

　欧共体通过了欧洲人类全基因组研究计划

　美国拟在15年内对人类全基因组进行分析

　我国启动HGP研究

　迄今公布的人类基因组数据已覆盖整个基因组的99%

人类基因图谱

　6000多个遗传标记的基因遗传效应、遗传图谱

　15000多个物理标记的物理图谱

　总长1m由30亿个核苷酸组成的人类基因组序列图谱和转录图谱

案例

《癌症研究的转折点——人类基因组的全序列分析》

1988年4月，国际人类基因组织（HUGO）成立。同年10月，联合国教科文组织（UNESCO）成立了人类基因组委员会。

1990年6月，欧共体通过了欧洲人类基因组研究计划。同年10月1日，美国国会正式批准实施这一计划，拟在15年内至少投入30亿美元进行对人类全基因组的分析。

1994年初，我国启动HGP研究，并分别于1998年和1999年成立国家人类基因组南方研究中心（上海）和北方研究中心（北京）。

2003年4月15日，美、英、日、法、德、中6国联合宣布人类基因组计划提前完成，迄今公布的人类基因组数据已覆盖整个基因组的99%。

人物小史与趣事

迪维尼奥

文森特·迪维尼奥（1901—1978），是美国生物化学家。他是世界上最早用人工方法合成蛋白质激素——催产素和加血压素的生化学家。

1953年迪维尼奥甚至研究出了氨基酸在链中的精确顺序。当时，桑格正对复杂得多的胰岛素分子做类似研究。由于催产素结构简单，因而使迪维尼奥赶在桑格的前面获得了成果。1954年迪维尼奥将八个氨基酸按照他所推断的顺序结合，他发现这样得到的催产素具有天然催产素所具有的全部特性。他第一个合成了蛋白质激素，同时，这次成功也为人工合成更复杂蛋白质指明了道路。由于这一功绩，迪维尼奥荣获了1955年诺贝尔化学奖。

3.9 材料、环境、地球、海洋化学的崛起

3.9.1 材料化学的兴起

20世纪60年代以前，并没有独立的材料科学的概念，当时的几大类材料各有特点，学科基础各不相同，相互之间缺乏联系。金属材料属于冶金学；无机非金属材料属于陶瓷学；高分子材料属于有机化学。

随着科学技术的进步和发展，特别是各种功能材料的研究发展，新型材料不断涌现，使得人们对材料的了解越来越深入，各种材料之间的联系也越密切，支撑各种材料的知识内容，由原来分属不同学科逐渐融为一体，成为一门独立的学科。

20世纪60年代，美国首先提出了材料科学的概念，材料科学主要是研究材料的化学成分（结构）、合成方法（工艺流程）、结构与性能以及它们之间相互关系和变化规律的科学。它是物理、化学、数学、生物以及工程等一级学科交叉形成的新兴科学领域。其中，化学学科的支撑作用尤为突出。

在过去的一个世纪里，正是化学家以结构–功能关系为研究主线，设计、合成了各种功能的分子，推出了许多新型材料，形成了一系列有关新型材料合成的化学理论与实验体系，在促进材料科学发展的同时，兴起了新的化学分支学科——材料化学。

（1）金属材料化学

现代金属材料化学可追溯到18世纪。由于产业革命的兴起，钢铁材料迅速发展并成为产业革命发展的物质基础。

1856年，英国冶金学家贝塞麦（H.Bessemer，1813—1898）发明转炉炼钢，使钢铁的生产成本大幅度下降（降低90%），引发了钢铁产量的迅速提高，人类社会开始从落后的农业经济社会进入文明的工业经济社会。

1868年，德国发明家西门子（W.Siemens，1823—1883）发明平炉炼钢，使全世界钢的总产量从1850年的不足6万吨增加到1900年的2800万吨。

随着炼钢技术的发展，合金钢以及其他有色金属的生产和应用也陆续得到发展，如电解铜（1865年）、含钨钢（1868年）、电解铝（1886年）、高锰耐磨钢（1887年）、含镍钢（1889年），特别是1889年法国人发明电炉炼钢技术后使得优质合金钢得到生产和应用。

19世纪80年代稀土元素开始得到应用，进入20世纪后，高速钢、硅钢、不锈钢和耐热钢、高温合金、精密合金等得到发展。

同时，离子交换和萃取提纯技术的应用，使得稀土元素的纯度提高、价格下降、用途扩大。

20世纪60年代稀土元素开始用于催化剂、荧光粉，70年代用于永磁材料，80年代用于低温超导和光盘材料。

（2）无机非金属材料化学

最早的无机非金属材料可追溯到旧石器时代的天然石材，然后便是陶瓷、玻璃等。

18世纪工业革命以后，伴随着建筑、机械、钢铁等工业的兴起，以水泥为代表的无机非金属材料有了较快的发展。

1824年，英国工程师阿斯普丁发明了波特兰水泥。

此后，出现了化工陶瓷等新品种陶瓷，光学玻璃等新品种玻璃以及炼钢炉用耐火材料和快干早强水泥等一系列现代无机非金属材料。

进入20世纪后，电子技术、航天、能源、计算机、通信、环境保护等新技术的兴起，促进了特种无机非金属材料的进一步发展。

20世纪30～40年代出现了高频绝缘陶瓷、热敏电阻陶瓷等半导体陶瓷，20世纪50～60年代开发了碳化硅、氮化硅等高温结构陶瓷、气敏陶瓷等。

时至今日，在林林总总、形形色色的各种材料中，无机非金属材料占有非常重要的地位，其涉及领域几乎包括现代高科技的各个方面。这些新型固体无机材料的开发，不但带来了材料性质和功能的突破，更重要的是促进了相关理论的发展和创新。

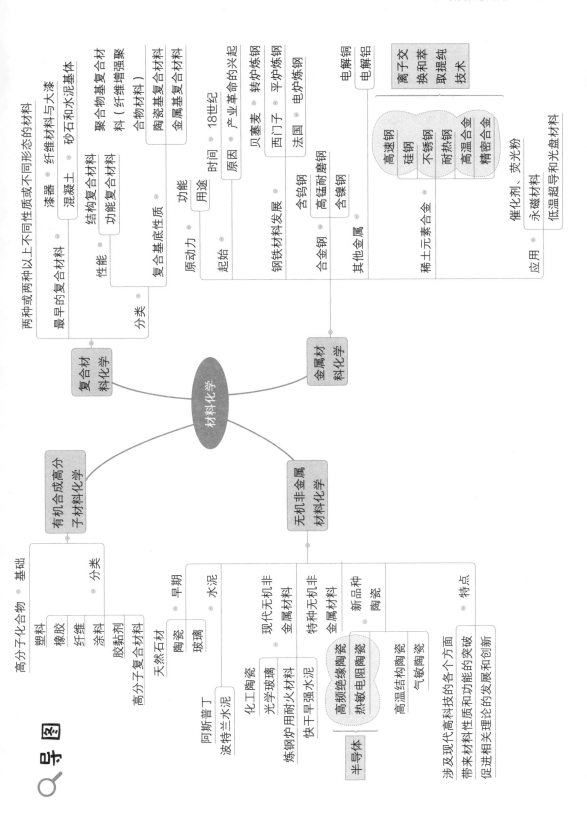

导图

两种或两种以上不同性质或不同形态的材料

材料化学

复合材料化学

最早的复合材料 — 漆器・纤维材料与大漆
　　　　　　　　　　混凝土・砂石和水泥基体
　　　　　　　　　　聚合物基复合材料
性能 — 结构复合材料
　　　功能复合材料
分类 — 复合基底性质 — 聚合物基复合材料（纤维增强聚合材料）
　　　　　　　　　　　陶瓷基复合材料
　　　　　　　　　　　金属基复合材料

金属材料化学

原动力 — 功能
　　　　　用途
起始 — 时间・18世纪
　　　原因・产业革命的兴起
钢铁材料发展 — 贝塞麦・转炉炼钢
　　　　　　　西门子・平炉炼钢
　　　　　　　法国・电炉炼钢
合金钢 — 含钨钢・高速钢　硅钢
　　　　含锰耐磨钢・不锈钢　耐热钢
　　　　含镍钢・高温合金　精密合金
其他金属 — 电解铜
　　　　　电解铝
　　　　　离子交换和萃取提纯技术
稀土元素合金 — 催化剂、荧光粉
　　　　　　　　永磁材料
应用 — 低温超导和光盘材料

有机合成高分子材料化学

高分子化合物・基础
分类 — 塑料
　　　橡胶
　　　纤维
　　　涂料
　　　胶黏剂
　　　高分子复合材料

无机非金属材料化学

早期 — 天然石材
　　　陶瓷
　　　玻璃
水泥 — 阿斯普兰
　　　波特兰三水泥
现代无机非金属材料 — 化工陶瓷
　　　　　　　　　　光学玻璃
　　　　　　　　　　炼钢炉用耐火材料
　　　　　　　　　　快干早强水泥
特种无机非金属材料 — 高频绝缘陶瓷
　　　　　　　　　　热敏电阻陶瓷 — 半导体
新品种陶瓷 — 高温结构陶瓷
　　　　　　气敏陶瓷
特点 — 涉及现代科技的各个方面
　　　带来材料性质和功能的突破
　　　促进相关理论的发展和创新

（3）有机合成高分子材料化学

有机合成高分子材料是以高分子化合物为基础制得的一类新型材料，包括塑料、橡胶、纤维、涂料、胶黏剂和高分子复合材料等。

（4）复合材料化学

复合材料是由两种或两种以上不同性质或不同形态的材料（组分材料）组合而成的一种新型材料。

最早的复合材料可追溯到几千年前。例如，出现在我国商周时代的漆器就是用麻布等纤维材料与大漆复合而成的，使用历史悠久的混凝土实际上是砂石和水泥基体的复合。

20世纪60年代以来，由于高科技的发展，对材料的综合性能要求日益提高，而单一种类的材料难以满足这些要求，于是，复合材料便受到重视，从而迅速发展起来。

复合材料根据使用性能通常分为结构复合材料和功能复合材料，也可根据复合基底性质分为聚合物基复合材料（纤维增强聚合物材料）、陶瓷基复合材料和金属基复合材料。

🔷 人 物 小 史 与 趣 事

▰ 高分子智能材料

目前在新材料领域中，正在形成一门新的分支学科——高分子智能材料，也有人称机敏材料。高分子智能材料是通过有机合成的方法，使无生命的有机材料变得似乎有了"感觉"和"知觉"。这类材料在实际中已有了应用，并正在成为各国科技工作者的崭新的研究课题，预计不远的将来，这些材料将进入到我们生活中。

数千年来，人们建造的建筑物都是模拟动物的壳，天花板和墙壁都是密不透风的，以便把建筑物内外隔开。科学家正在研制一种能自行调温调光的新型建筑材料，这种制品叫云胶，其成分是水和一种聚合物的混合物，这种聚合物的一部分是油质成分，在低温时这种油质成分把水分子以一种冰冻的方式聚集在这种聚合物纤维的周围，就像"一件冰夹克衫"，这种像绳子似的聚合物是成串排列起来的，呈透明状，可以透过90%的光线。当它被加热时，聚合物分子就像"面条在沸水里"那样翻滚，并抛弃它们的像冰似的"冰夹克衫"，使聚合纤维得以聚在一起，此时"云胶"又从清澈透明变成白色，可阻挡90%的光。这一转变大部分情况下在两三度温差范围内就能完成，并且是可逆的。

建筑物如果具有像这样的"皮肤"，就可以适应周围的环境。当天气寒冷时，它就变成透明的，让阳光照射进来。当天气暖和且必须把阳光挡住时，它就变得半透明。一个装有云胶的天窗，当太阳光从天空的一端移向另一端时，能提供比较恒定的进光量。充满云胶的多层玻璃，不仅可作天花板，而且可作墙壁。

把高分子材料和传感器结合起来，已成为智能材料的一个新的特点。意大利在研制有"感觉"功能的"智能皮肤"，已处于世界领先地位。1994年，意大利比萨大学工程专家德·罗西根据人类皮肤有表皮和真皮（外层和内层）组织的特点，为机器人制造了一种由外层和内层构成的人造皮肤，这种皮肤不仅富有弹性，厚度也和真的皮肤差不多，为了使人造皮肤能"感知"物体表面的质感细节，德·罗西的研究小组还研制了一种特殊的表皮，这种表皮由两层橡胶薄膜组成，然后在两层橡胶薄膜之间到处放置只有针尖大小的传感器，这些传感器是由压电陶瓷制成的，在受到压力时，就产生电压，受压越大，产生的电压也就越大。据报道，德·罗西制成的这种针尖大小的压电陶瓷传感器很灵敏，纸张上凸起的斑点也能感觉到，铺上德·罗西研制的人造皮肤的机器人，可以灵敏地感觉到一片胶纸脱离时产生的拉力，或灵敏地感觉到一个加了润滑剂的发动机轴承脱离时摩擦力突然变化的情况，迅速做出握紧反应。

3.9.2　环境化学的形成

自20世纪70年代开始，环境问题被列为人类面临的重大社会问题，同时也成为新兴的重要科学技术课题之一，环境问题主要是指影响人类生活的环境污染和环境的破坏。环境化学是一门运用化学理论和方法研究化学物质在环境介质（大气圈、水圈、土壤–岩石圈和生物圈）中的存在形态、化学特征、效应和行为变化规律，并在此基础上研究其控制的化学原理和方法的科学，是环境科学与化学科学的交叉学科。

在一系列环境问题频频向人类发出警告的同时，现代化学科学也在飞速发展，特别是化学分析方法的革新和仪器化，都为环境化学的兴起提供了充分的学术基础。

环境化学的发展到目前为止，大体可分为三个阶段：孕育阶段（1970年以前）、形成阶段（20世纪70年代）和发展阶段（1980年以后）。

（1）环境分析化学

环境分析化学是运用现代化学分析理论与实验技术分离、识别和定量测定环境中有毒物质的种类、组成、含量、价态结构的一门环境化学分支学科，是环境化学的重要基础学科。

（2）环境污染化学

环境污染化学是研究化学污染物在不同的环境介质中的环境行为，包括迁移、转化过程在化学行为、反应机理、积累和归宿等方面的规律。

早在19世纪中叶，瑞典大气科学家罗斯比（Rossby）和英国化学家史密斯（Smith）就分别对大气颗粒物的扩散和全球循环以及降水的组分进行了研究，开大气化学研究之先河，但一直进展缓慢。

20世纪40年代起连续发生的几起闻名世界的大气污染事件促使人们对大气污染特别是光化学烟雾进行研究。20世纪60年代后，北欧、北美酸雨的出现，导致对SO_2和NO_x等酸化前体物及其氧化成酸的途径和致酸作用的机理进行研究。

20世纪70年代发现南极臭氧空洞后，通过跟踪监测和实验研究，确证其罪魁祸首是氯氟烃（CFCs），同时发现引起温室效应、导致气候变暖的元凶是大气中的CO_2、CH_4、N_2O等痕量气体浓度的增加。

20世纪90年代研究的重点逐渐转向气溶胶。进入21世纪以来，大气环境化学研究的重点已从全球变化转移到地球系统科学，着重关注大气、海洋和陆地生态系统之间的相互作用。

1995年，三位不同国度的大气环境化学家克鲁森（P.Cruzen，荷兰）、莫利纳（M.Molina，墨西哥）和罗兰（F.S.Rowland，美国）因提出平流层臭氧破坏的化学机理而荣获诺贝尔化学奖。

（3）污染控制化学

污染控制化学主要从化学的角度，运用"寿命周期分析"方法，研究评价所有材料、工艺和产品的环境影响，设计研究合适的工艺和产品。

（4）污染生态化学

污染生态化学主要研究化学污染物与生态系统相互作用的微观机制、环境污染的生态毒理效应和污染生态风险评价。

污染生态化学研究化学污染对生态系统的影响，包括环境污染对陆地生态系统的影响、环境污染对水生生态系统的影响、环境污染对大气生态系统的影响等。

（5）环境计算化学

环境计算化学是环境化学与计算机科学交叉应用的产物，它使以经验、实验为基础的环境化学研究更加趋于理论化，解决了一些过去难以进行的数值求解问题，拓展了环境化学研究成果的应用。

人物小史与趣事

环境化学兴起的社会背景

人类活动引起的环境污染最早可追溯到原始人在山洞中燃烧柴草对空气的影响。而早期人类从事的刀耕火种、砍伐森林等活动，就已经造成最初的环境破坏。随着人类社会不断发展，人类活动的范围和强度越来越大，因而带来的环境影响也不断加剧。最早的关于环境污染的报告当属英国人伊夫林（J.Evelyn，1620—1706）于1661年献给英国国王查理二世的《驱逐烟气》一书。他在书中指出了空气污染的危害，并提出了一些防治对策。进入18世纪后，伴随着现代工

业迅速发展，煤炭、冶金、化工和交通运输业排出的大量废弃物不断造成人为灾害。到了19世纪，这种危害不断加剧。1873年12月、1880年1月、1882年2月、1891年12月、1892年12月英国伦敦接连不断发生因煤烟污染造成的可怕的毒雾事件。这一时期

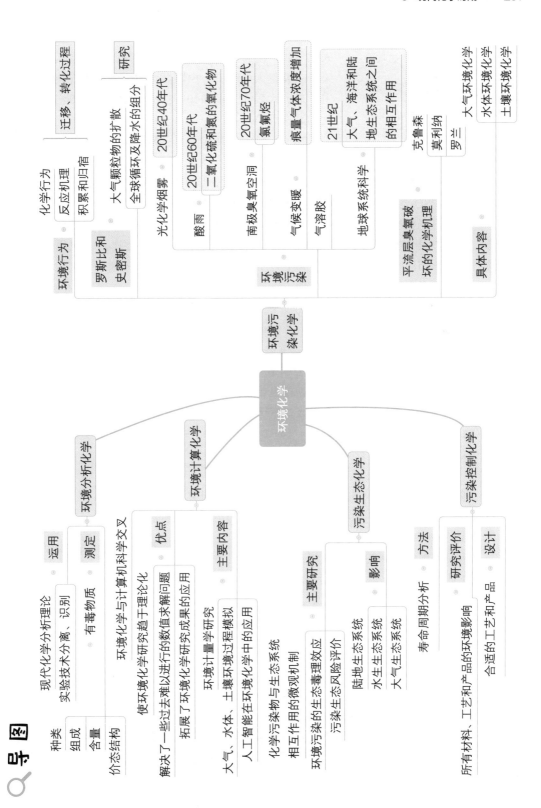

其他国家也有类似的情况发生。20世纪以来，由于石油、天然气生产的急剧增长和各种机动车的广泛使用，环境污染（主要是大气污染）由煤烟毒雾为主转为光化学烟雾为主。最具代表性的是1940～1960年发生在美国洛杉矶的光化学烟雾污染。

20世纪发生的几次因"三废"排放而引起的重大的环境污染事件如下：

马斯河谷烟雾事件：1930年12月1日至5日，比利时马斯河谷重工业区发生烟雾事件，空气中SO_2含量达25～100毫克/米^3，一周内死亡60多人。

洛杉矶光化学烟雾事件：20世纪40年代初期，美国洛杉矶市当时有250多万辆汽车，日耗汽油约1100吨，向大气排放大量碳氢化合物、氮氧化物、一氧化碳等污染物。由于该市区临海依山，处于50平方千米的盆地中，这些排放物不易扩散，在日光下，形成以臭氧为主的光化学烟雾。

知识链接

二氧化硫（SO_2）

二氧化硫又称亚硫酸酐，是最常见的硫氧化物。二氧化硫是无色气体，有强烈刺激性气味，是大气主要污染物之一。火山爆发时会喷出该气体，在许多工业过程中也会产生二氧化硫。由于煤和石油通常都含有硫化合物，因此燃烧时会生成二氧化硫。当二氧化硫溶于水中，会形成亚硫酸（酸雨的主要成分）。若在催化剂（如二氧化氮）的存在下，SO_2进一步氧化，便会生成硫酸（H_2SO_4）。

伦敦烟雾事件：1952年12月英国伦敦发生烟雾事件，SO_2含量达1.34×10^{-6}，为平时的6倍，成千上万的市民感到胸闷，仅4天就有近4000人死亡。

水俣病事件：1953～1956年，日本熊本县水俣市发生甲基汞工业废水污染水体事件，导致283人中毒，60人死亡。

痛痛病事件：1955～1977年，日本富山县神通川流域发生含镉工业废水污染水体事件，致使水稻含镉严重超标，痛痛病在当地流行20多年，造成200多人死亡。

知识链接

臭 氧

臭氧是地球大气中一种微量气体，在常温常压下，稳定性极差，在常温下可自行分解为氧气。臭氧具有强烈的刺激性，吸入过量对人体健康有一定危害。臭氧的氧化能力极强。

印度博帕尔毒气泄漏事件：1984年12月3日凌晨，印度中央邦首府博帕尔市一家农药杀虫剂制造厂发生氰化物泄漏，造成2.5万人直接致死，另有20多万人永久残疾。

除"三废"排放造成的环境污染外，核能和农药在这一时期也逐渐成为威胁性很大的新污染源。1962年，美国女海洋生物学家卡尔松（R.Carson，1907—1964）历经4年深入调查，写成科普著作《寂静的春天》。该书描述了杀虫剂污染带来的严重危害情景，当年就引起强烈反响。尽管其中的某些观点存在争议，但却向人类敲响了警钟，对呼唤专家和公众关注并研究这些问题起到了有力的促进作用。环境化学就是在这样的社会背景下产生的。

3.9.3　地球化学的形成

地球化学是地质学与化学、物理学等基础科学相结合而产生的边缘学科，主要研究地球及有关天体的化学组成、化学作用和化学演化等。

（1）萌芽阶段（19世纪）

地球化学起源于19世纪的系统地质调查和填图、矿产资源开发和利用等。

1838年，德国化学家舍恩拜因首先提出地球化学这一术语。

19世纪中叶，分析化学的发展，特别是元素周期律以及原子结构理论和放射性的发现，为地球化学的形成奠定了基础。

（2）形成阶段（20世纪60年代前）

1907年，美国化学家博尔特伍德发表了第一批化学铀-铅法年龄数据。

1908年，美国地球化学家克拉克（F.W.W.Clarke，1847—1931）出版了汇集大量矿物、岩石和水的分析资料的《地球化学资料》一书，并于1924年出版了修订版第五版，提出了地球化学的研究对象是地球的化学作用和化学演化，标志着地球化学的正式诞生。

1922年，苏联地球化学家费尔斯曼（A.Y.Fersman，1883—1945）出版了《俄罗斯地球化学》一书，论述了俄罗斯各地的地球化学特征，成为首部区域地球化学基础著作。

1924年，另一位苏联地球化学家维尔纳茨基（V.I. Vernadsky，1863—1945）出版了《地球化学概论》，第一次为地球化学提出了研究原子历史的任务。他还首先注意到生物对地壳、生物圈中化学元素迁移、富集和分散的巨大作用。

1927年，他创建了世界上第一个地球化学研究机构——生物地球化学实验室。

20世纪30年代，费尔斯曼出版了四卷本的《地球化学》，多方面分析了地壳中各种原子的迁移规律。

（3）发展阶段（20世纪60年代以后）

从20世纪60年代开始，地球化学在继续研究矿产资源的同时，开辟了地球深部和球外空间、海洋等领域的研究，产生了一系列新的年代测定方法，如铀系法、氩-40/氩-39法、钐-钕法、裂变径迹法和热释光法等。

　　未来的地球化学，除继续为矿产资源、环境保护等领域做贡献外，还将在全球变化、生物圈与生态环境、国际减灾、深海观察、不同比例尺和范围的地球化学填图等研究领域展开新的探索。

人物小史与趣事

微生物对北极气候变化产生不利影响

　　活的生物通常被视作气候变化的无辜受害者。不过，一些生命形式正在演变成"恶棍"，并且在一定程度上要对北极日益升高的温度负责。

　　通过释放来自最新融化土壤的甲烷或者吸收太阳热量并使周围的海洋变暖，微小的微生物和海洋浮游植物在北极环境中留下了明显的印记，并且可能带来全球性影响。

　　来自挪威特罗姆瑟大学的Mette Svenning及其团队发现，一旦周围的土壤融化，土壤微生物群落会变成温室气体制造工厂。他们已经知道，较高的温度导致北极土壤中的微生物以更快的速度释放甲烷，因为它们以存储在地下的碳为食。

甲　烷

　　甲烷（CH₄）俗名沼气，是无色无味气体，密度比空气小，极难溶于水。

　　甲烷在空气中燃烧的反应为：$CH_4+2O_2 \xrightarrow{点燃} CO_2+2H_2O$。反应现象：发出明亮的蓝色火焰，烧杯内壁有水珠，澄清石灰水变浑浊。

　　研究人员未曾考虑的是它们在较低温度下会有多大效力。来自较为温暖气候的微生物在4℃下便陷入实际意义上的生命停滞状态，但它们的北极近亲能继续生产甲烷，只不过速度是27℃下的四分之一。

　　在较长的夏季，达到这些温度越来越容易，因此，会导致更多的甲烷排放。由于北极土壤含有的碳是整个大气层的两倍，一项估测认为，融化的永久冻土造成的影响和全球森林砍伐导致的后果差不多，并且相当于到本世纪末全球升温0.25℃。

　　另一项上周发表的研究显示，随着海冰融化，海洋浮游植物吸收更多的太阳辐射，而会使周围的北极水域比目前气候模型预测的温度升高20%。

　　对于受灾最严重的区域，这可能意味着消失的海冰会增加十分之一，并且夏季无冰期会比之前想象的多出50%左右的时间。除此以外，生活在冰川和雪堆上的植物和细菌正在陆地上干着同样的事情。

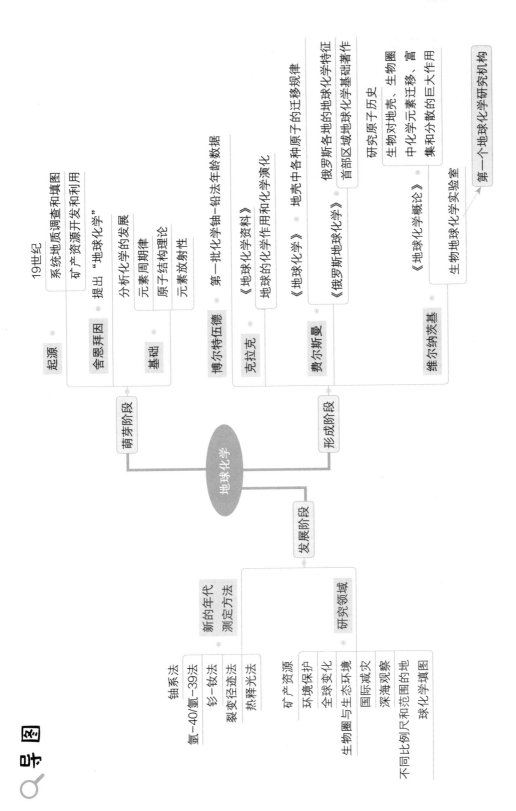

导图

地球化学

萌芽阶段

起源
19世纪
- 系统地质调查和填图
- 矿产资源开发和利用

舍恩拜因 → 提出 "地球化学"

基础 → 分析化学的发展
- 元素周期律
- 原子结构理论
- 元素放射性

形成阶段

博尔特伍德 → 第一批化学铀-铅法年龄数据

克拉克
- 《地球化学资料》
- 地球的化学作用和化学演化

费尔斯曼
- 《地球化学》 地壳中各种原子的迁移规律
- 《俄罗斯地球化学》
  - 俄罗斯各地的地球化学特征
  - 首部区域地球化学基础著作

维尔纳茨基
- 《地球化学概论》
  - 研究原子历史
  - 生物对地壳、生物圈、富化学元素迁移、富集和分散的巨大作用
- 生物地球化学实验室 ┈┈→ 第一个地球化学研究机构

发展阶段

新的年代测定方法
- 铀系法
- 氩-40/氩-39法
- 钐-钕法
- 裂变径迹法
- 热释光法

研究领域
- 矿产资源
- 环境保护
- 全球变化
- 生物圈与生态环境
- 国际减灾
- 深海观察
- 不同比例尺和范围的地球化学填图

3.9.4　海洋化学的出现

海洋化学是研究海洋及其相邻环境中发生的一切化学过程的现象和规律的化学边缘学科，也是海洋科学的一个分支学科。

（1）萌芽阶段（20世纪以前）

1670年前后，波义耳研究了海水的含盐量和海水密度变化的关系，是海洋化学的先声。

1819年，马塞特发现，世界大洋海水中主要成分的含量之间有几乎恒定的比例关系。

1884年，迪特马尔发表了对英国"挑战者"号调查船在1873~1876年所采集的77个海水样品进行分析的结果，进一步证实了世界大洋海水中各主要溶解成分的含量之间的恒比关系。

（2）形成阶段（20世纪初~20世纪70年代）

1895~1896年，丹麦海洋学家克努森（1871—1949）参加丹麦"因格拉夫"号海洋调查时建立了海水氯度测定法。1900年，他领导确定了海水氯度和海水盐度的定义。

1901~1908年，他与瑞典物理海洋学家埃克曼（1874—1954）建立了经典的海水状态方程。

20世纪30年代，芬兰海洋化学家布赫建立了海水中碳酸盐各存在形式的浓度计算方法。

1955年，英国海洋学家哈维出版了《海水的化学与肥度》一书，成为当时关于海洋化学的重要著作。

1958年，戈德褒应用"稳态原理"研究海水中元素的逗留时间及其在海洋化学上的应用。

1959~1962年，瑞典物理化学家西伦和美国地球化学家加勒尔斯等先后运用物理化学原理，对海水中各类化学平衡进行了一些定量的研究。

20世纪60~70年代，布鲁克尔提出了在海洋化学中具有广泛应用的箱式模型，并应用于讨论CO_2和温室效应。

（3）发展阶段（20世纪70年代以后）

自20世纪70~80年代以来，海洋化学进入快速发展阶段，形成了一系列海洋化学理论体系，如海水活度系数理论、海水中胶体粒子与金属和有机物的"液-固界面分级粒子或配位子交换理论"以及海水中元素的物种溶存形式的定量计算等。

同时，国际海洋考察十年（IDOE）、国际地圈–生物圈计划（IGBP）等课题研究弄清了大洋化学特征的全球模式，深入探索了海洋化学的规律。海洋化学的两个重要的分支学科化学海洋学和海洋资源化学逐步形成。

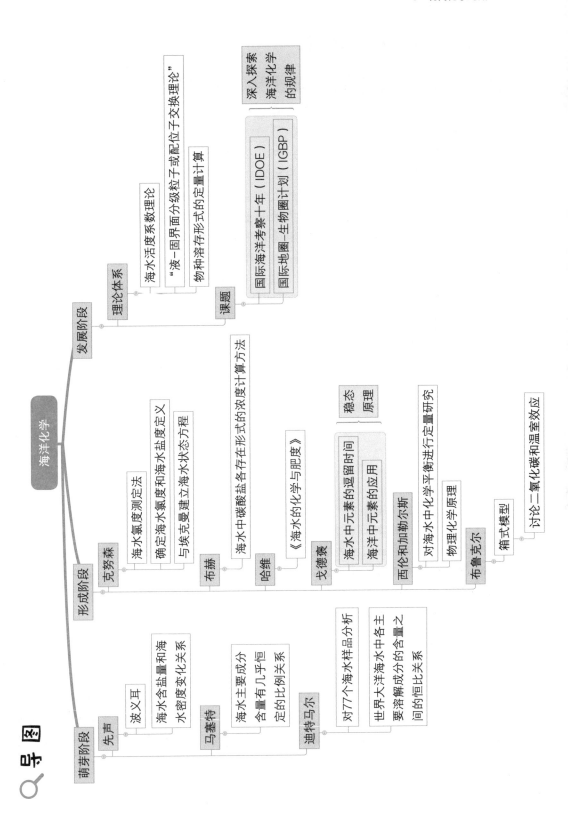

人物小史与趣事

海洋资源——地球上最丰富的宝藏

海水中溶解了大量的气体物质和各种盐类。陆地上已知的100多种元素，可以在海水中找到80多种。

人们早就想到从海洋这个巨大的宝库中去获取不同的元素。传说炎帝时就有凤沙氏教民煮海水为盐的故事。世界上生产海盐的国家已达80多个，制盐工业从最古老的日晒法到先进的塑苫技术，新工艺、新技术迅速发展。利用海盐为原料，已经生产出上万种不同用途的产品，例如烧碱（NaOH）、氯气、氢气和金属钠等；凡是用到氯和钠的产品几乎都离不开海盐。难以提取的钾是植物生长发育所必需的元素，是海洋宝库馈赠给人类的又一种宝物。

溴是一种贵重的药品原料，可以生产许多消毒药品。红药水就是溴与汞的有机化合物，溴还可以制成熏蒸剂、杀虫剂、抗爆剂等。地球上99%以上的溴蕴藏在汪洋大海中，故有"海洋元素"之称。19世纪初，法国化学家就发明了提取溴的传统方法（即以中度卤水和苦卤为原料的空气吹出制溴工艺），这个方法迄今仍为工业规模海水提溴的唯一成熟方法。此外，树脂法、溶剂萃取法和空心纤维法的提溴新工艺正在研究中。随着新方法的出现，已经能从海水、天然卤水和制钾母液中获取溴，大大提高了溴的产量。

知识链接

钾

钾（K）元素原子序数为19，是一种轻而软的低熔点金属。

钾比钠活泼，金属钾与水或冰的反应，即使温度低到−100℃，也非常剧烈；与酸的水溶液反应更为剧烈。金属钾在空气中燃烧，易生成橘红色的超氧化钾。金属钾与氢气反应很慢，但在400℃时反应很快。金属钾与一氧化碳反应能生成一种爆炸性的羰基化合物。含钾的化合物能使火焰呈现紫色。

钾盐是重要的肥料，是植物生长的三大营养元素之一。

镁不仅大量用于火箭、导弹和飞机制造业，还可以用于钢铁工业。近年来镁还作为新型无机阻燃剂应用于多种热塑性树脂与橡胶制品的提取加工。镁还是组成叶绿素的主要元素，可促进作物对磷的吸收。镁在海水中的含量仅次于氯和钠，主要以氯化镁和硫酸镁的形式存在。从海水中提取镁并不复杂，在海水中加入石灰乳液，或电解海水，都能得到金属镁。美国、日本、英国等是生产海水镁砂较多的国家。

> **知识链接**
>
> **镁**
>
> 镁（Mg）是一种轻质具有延展性的银白色金属，化合价为+2，是轻金属之一，能和热水反应放出氢气，燃烧时能产生炫目的白光。金属镁能与大多数非金属以及差不多所有的酸化合。大多数碱，以及包括烃、醛、醇、酚、胺、脂和大多数油类在内的有机化学药品与镁只轻微地或者根本不起反应。
>
> 在空气中，镁的表面会形成一层很薄的氧化膜，使空气很难与它反应。镁和醇、水反应能够生成氢气。在氮气中进行高温加热，生成氮化镁（Mg_3N_2）；镁能够和卤素发生强烈反应；镁也能直接与硫化合。镁的检测可以用EDTA滴定法。

难以提取的钾是植物生长发育所必需的重要元素。钾与钠离子、镁离子和钙离子难以分离。目前多采用硫酸盐复盐法、高氯酸盐汽洗法、氨基三磺酸钠法和氟硅酸盐法从盐卤水中提取钾；一些新方法，如二苦胺法、磷酸盐法、沸石法和新型钾离子富集剂也开始推广使用。

> **知识链接**
>
> **钠**
>
> 钠（Na）是一种化学元素，其原子序数是11。钠单质不会在地球自然界中存在，因为钠在空气中会迅速氧化，并与水产生剧烈反应，所以只能存在于化合物中。
>
> 钠遇水剧烈反应，生成氢氧化钠和氢气并产生大量热量而自燃或爆炸。在空气中，燃烧时发出高黄色火焰。
>
> 钠遇乙醇也会反应，跟乙醇的羟基反应生成氢气和乙醇钠，同时放出热量。钠能与卤素和磷直接化合，能还原许多氧化物成元素状态，也能还原金属氯化物。钠溶于液氨时形成蓝色溶液，在氨中加热生成氨基钠。

> **知识链接**
>
> **钙**
>
> 钙（Ca）是一种金属元素，常温下呈银白色晶体。动物的骨骼、蛤壳、蛋壳都含有碳酸钙。
>
> 钙属银白色的轻金属，质软，化合价为+2，化学性质活泼，能与水、酸反应，有氢气产生。在空气中钙表面会形成一层氧化物和氮化物薄膜，以防止继续受到腐蚀。加热时，钙几乎能还原所有的金属氧化物。

铀是高能量的核燃料，陆地上铀矿的分布极不均匀，海水中含有丰富的铀，约相当于陆地总储量的两千倍。

从20世纪60年代起，日本、英国、联邦德国就先后着手从海水中提取铀，并建立了多种方法。其中以水合氧化钛吸附剂为基础的无机吸附剂的研究进展最快。当今评估海水中提铀可行性的依据之一仍是采用高分子黏合剂和水合氧化钛制成的复合型钛吸附剂。日本已建成年产10千克铀的中试工厂，一些沿海国家亦计划建造百吨级或千吨级工业规模的海水提铀厂。

"能源金属"锂是制造氢弹的重要原料。海洋中每升海水含锂15～20毫克。随着受控核聚变技术的发展，同位素锂-6聚变释放的巨大能量最终将和平服务于人类。锂还是理想的电池原料，含锂的铝合金在航天工业中占有重要地位。锂在玻璃、电子、陶瓷等领域的应用也有较大发展。从卤水中提取锂的方法主要有蒸发结晶法、沉淀法、溶剂萃取法及离子交换法。

重水是原子能反应堆的减速剂和传热介质，也是制造氢弹的原料。人类一旦实现从海水中大规模提取重水，那么海洋就能提供取之不尽、用之不竭的能源。

4

未来化学发展

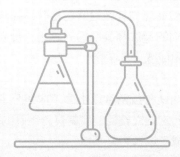

　　人类社会已经伴随着现代科学技术的飞速发展步入了21世纪，在憧憬新世纪科学发展前景的同时，关于化学科学未来发展的一系列问题也自然而然地成为人们所关注的主题。

🔍 导图

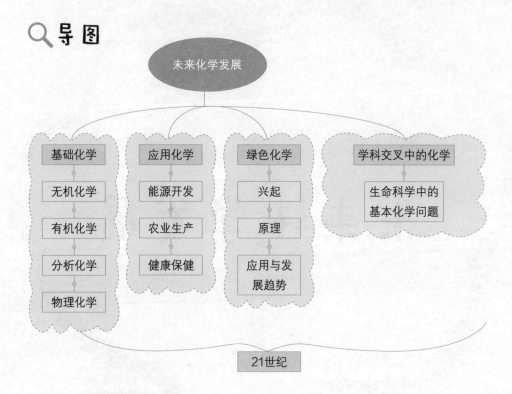

4.1 💡 基础化学

4.1.1 无机化学

　　现代化学键理论的建立和一系列新的物理方法的出现，使得无机化学真正摆脱了其早期仅限于对各种无机化合物的提取、制备、化学性质及应用等宏观规律的研究，进入将物质的宏观性质和反应与其微观结构相联系的深层次领域。特别是二茂铁、富勒碳等新型原子簇化合物的合成及其结构的确定，带来了现代无机化学的"复兴"，进而产生了一些新研究领域或分支学科。

　　（1）超分子化学

　　"超分子"通常指由两种或两种以上分子依靠分子间相互作用组装成复杂的、有组织的聚集体，并保持一定的完整性，使其具有明确的微观结构和宏观特性。

　　1989年，安聂里合成了第一个分子梭。

　　1998年，德国无机化学家缪勒发现了由176个钼金属氧化物组成的纳米大轮子，其内径2.3nm，外径4.1nm，厚1.3nm。

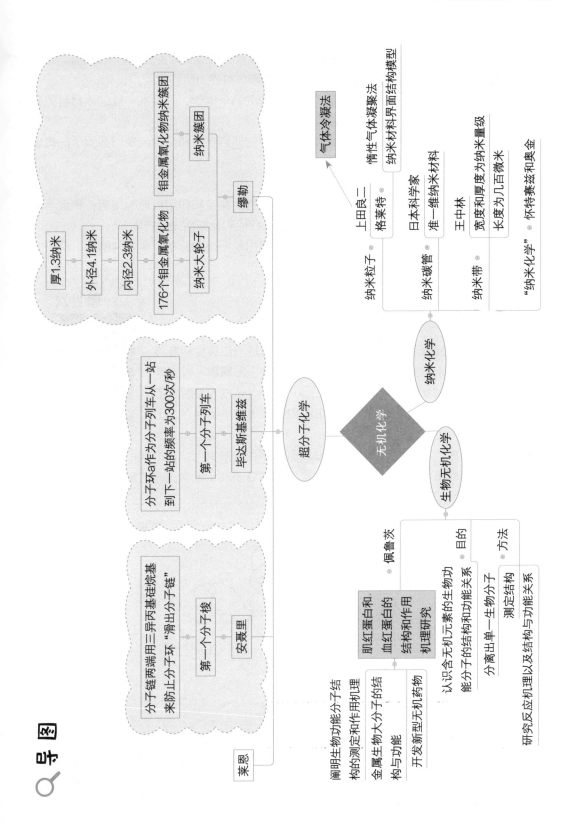

导图

厚1.3纳米

外径4.1纳米

内径2.3纳米

176个钼金属氧化物 ── 钼金属氧化物纳米簇团

纳米大轮子 ── 纳米簇团

缪勒

气体冷凝法

惰性气体凝聚法

纳米材料界面结构模型

上田良二
格来特 ── 纳米粒子

日本科学家
准一维纳米材料

王中林
宽度和厚度为纳米量级
长度为几百微米

纳米碳管

纳米带

"纳米化学" · 怀特赛兹和奥金

分子环a作为分子列车从一站
到下一站的频率为300次/秒

第一个分子列车

毕达斯基维兹

超分子化学

纳米化学

无机化学

生物无机化学

分子链两端用三异丙基丙基硅烷基
来防止分子环"滑出分子链"

第一个分子梭

安裴里

莱恩

佩鲁茨

肌红蛋白和
血红蛋白的
结构和作用
机理研究

认识含无机元素的生物功能

能分子的结构和功能关系 ── 目的

分离出单一生物分子 ── 方法
测定结构

研究反应机理以及结构与功能关系

阐明生物功能分子结
构的测定和作用机理

金属生物大分子的结
构与功能

开发新型无机药物

（2）纳米化学

1963年，日本科学家上田良二首先用气体冷凝法获得清洁表面的纳米粒子。

1984年，德国萨尔大学格莱特等提出了纳米材料界面结构模型。

1991年，日本科学家首先发现了人工合成的纳米碳管，开始准一维纳米材料的研究。随后，纳米线、纳米电缆相继问世。

"纳米化学"一词最早是由美国哈佛大学的怀特赛兹和加拿大多伦多大学的奥金于20世纪90年代初提出的。

（3）生物无机化学

生物无机化学主要包括对生物功能分子结构的测定和作用机理的阐明；探索含金属生物大分子的结构与功能关系；开发新型治疗性和诊断性无机药物等。

生物无机化学使用的研究方法大都是分离出单一生物分子，测定其结构，再研究有关反应机理以及结构与功能关系。

人物小史与趣事

佩鲁茨

马克斯·费迪南·佩鲁茨（1914—2002）是一位奥地利裔英籍分子生物学家。他与英国分子生物学家约翰·考德雷·肯德鲁共同获得了1962年的诺贝尔化学奖。他们利用X光技术绘制出了血红蛋白和肌红蛋白的结构。血红蛋白和肌红蛋白是两种存在于血液中和肌肉中的蛋白质。

佩鲁茨把他大部分工作时间都投在血红蛋白的研究上，详细阐述了血红蛋白是怎样构成的。佩鲁茨的研究帮助生物学家了解了分子在运输血流中的氧气和二氧化碳时所起的作用。

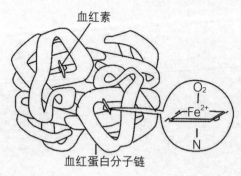
血红素

血红蛋白分子链

4.1.2　有机化学

有机化学是一门极具创新性的学科，建立在现代量子力学和物理化学基础上的有机化学理论在定量研究有机化合物结构、反应性和反应机理等方面所取得的成果，不仅指导着有机合成化学，还对生命科学的发展具有重大意义。同时，有机化学对社会进步以及其他学科的发展也有着巨大的贡献。特别是在对天然产物和生命物质的研究方面，使有机化学得到了充分的发展，产生了许多对于改善人类生活具有重要意义的分支学科，为有机化学的未来发展开拓了更新的领域。

（1）有机合成化学

有机合成的化学效率概念是2003年由贝勒提出来的，他认为有机合成的效率是指包括有机合成的选择性和原子经济性的内在效率以及经济与环境因素构成的外在效率。其中选择性（包括化学选择性、区域选择性和立体选择性）和原子经济性（包括原子利用率、副产物）是由美国斯坦福大学特罗斯特教授分别于1983年和1991年提出来的。

作为化学生物学的倡导者和开拓者，美国哈佛大学施瑞博教授于2000年提出了多样性导向的有机合成概念，以此来区别传统的基于逆合成分析的目标导向有机合成。

自20世纪80年代以来，有机合成研究的主流是探索通过催化不对称方式进行选择性反应的控制。

反应原料主要有两个研究领域，其一是自然界中稳定的碳资源（CO_2、CO）和氮资源（N_2）直接利用于有机合成；其二是少数分子砌块作为合成子与合成砌块在有机合成中的应用。

（2）金属有机化学

金属有机化学是研究金属有机化合物的合成、结构、反应及应用的有机化学分支学科。

（3）物理有机化学

物理有机化学是用物理化学的方法研究化合物的结构和性质关系及有机化学反应原理的有机化学分支学科。其与有机合成化学构成现代有机化学的两大支柱。

20世纪40～70年代是物理有机化学发展的黄金时期，出现了一些新的物理方法，如闪光光解、基体分离技术等的建立和量子化学的发展。

（4）天然产物化学

天然产物化学是在分子水平上认识自然、揭示自然奥秘的重要的有机化学分支学科。

天然产物化学研究内容主要涉及生物样品中有机分子的分离纯化、理化性质、结构表征、生源途径、功能、生物活性、全合成、结构修饰改造和构效关系等诸多研究领域。

（5）药物化学

药物化学是研究药物的结构与活性关系，以及设计生产保护人类和动物、治疗其疾病药物的有机化学分支学科。

（6）农药化学

农药化学是有机化学与生物学交叉形成的以研发防治农业病虫害药物为主要内容的有机化学分支学科。

我国古代（公元前1500～公元前1000年）就用燃烧艾菊、烟草等方法防治害虫。

自20世纪40年代以来，特别是瑞士科学家缪勒发现DDT的生理活性以后，世界农

导图

有机化学与生物学交叉形成

燃烧艾菊、烟草防治害虫

波尔多液防治葡萄霜霉菌

缪勒发现DDT的生理活性

"绿色农药"

· 研究领域

农药化学

绿色农药生物

农药绿色工艺

源于基因组学的新农药、新技术

研究药物的结构与活性关系

设计、生产保护人类和
动物、治疗疾病的药物

获得活性化合物

体外细胞水平筛选

动物水平筛选

体外毒性评价

非线性
（并行）
模式

将候选物的Pk和ADME
信息研究提前到先导化
合物的优化阶段

点击化学

虚拟筛选

化学基因组技术

· 研究领域

药物化学

有机化学

分离纯化

理化性质

结构表征

生源途径

功能

生物活性

全合成

结构修饰改造和构效关系

有机分子

研究内容

天然产物化学

以生物活性为导向的天然产
物化学研究

天然产物的分离和结构鉴定

天然产物全合成、结构修饰
改造和构效关系研究

· 趋势

分子水平

认识自然

揭示自然奥秘

· 要点

药迅猛发展，目前已达500多种。

近年来，可持续农业发展战略提出了"绿色农药"的理念，使新农药的研究进入开发超高活性及环境友好产品的时代。

4.1.3　分析化学

分析化学在科学技术和社会发展中的重要作用越来越为人们所认识，现代分析化学作为人们获得物质组成和结构信息的科学，既涵盖了传统领域，更涉及并应用于新兴的前沿交叉学科。

（1）电化学分析与生物传感技术

20世纪70～80年代，电化学生物传感器、化学修饰电极等技术开始应用于电分析化学，使其迅速发展成为一类快速、灵敏、简便的分析方法。

（2）光谱分析与光谱探针技术

近年来，伴随着生命科学与材料科学的发展，光谱分析化学的重要性得到了进一步提高。

（3）色谱分析技术

现代色谱分析将分离和连续测定结合，已成为分析化学中发展最快、应用最广的领域之一。

（4）核磁共振谱分析技术

核磁共振谱（NMR）具有极高的频率分辨率，NMR技术已发展成为研究液态分子的极为重要的手段，是目前研究溶液中蛋白质和DNA构象的唯一方法。

近年来，NMR的硬件、软件及其应用研究取得显著进展，主要有生物分子的液体NMR研究、基于液体NMR的代谢组学研究、固体NMR的研究等。

（5）质谱分析技术

伴随着新型离子源的开发，高灵敏度及高分辨率的质量分析器的应用，质谱分析在生命科学中的应用研究已呈飞跃发展的态势。

（6）化学计量学

化学计量学是计算化学与分析化学形成的交叉学科。

化学计量学可以优化处理分析数据，大幅度提高分析化学的精确度。

（7）未来分析化学的发展趋势

提高灵敏度，使得检测单个分子或原子成为可能。

提高分析方法的选择性，解决了复杂体系的分离问题。

扩展时空多维信息，为认识化学反应历程和生命过程创造条件。

开展微型化及微环境的表征与测定研究，为揭示反应机理、进行分子设计开辟途径。

开展非破坏性检测及遥测研究，为红外制导和反制导系统的设计提供理论和实验依据以及自动化和智能化研究等。

导图

分析化学

电分析化学与电化学分析
- 电化学生物传感器 和 化学修饰电极
  - 电致发光分析
  - DNA电化学分析
  - 超分子电分析
  - 生物膜电分析
  - 生物电化学传感器

光谱分析与光学分析
- 光化学传感器
- 生物大分子光谱探针
- 单分子与单细胞的光谱分析

核磁共振波谱分析与波谱分析
- 非晶和多晶类固体材料及软物质结构分析的有力手段
- 领域
  - 固体NMR的研究
  - 基于液体NMR的代谢组学研究
  - 生物分子的液体NMR研究
- 优点
  - 研究溶液中蛋白质和DNA构象的唯一方法
  - 研究液态分子的重要手段
  - 极高的频率分辨率

生物与合成分析
- 组合化学研究
- 生物大分子化技术
- 新型离子化技术

分离与测定分析
- 领域
  - 毛细管区带电泳
  - 超临界流体色谱
  - 气相色谱
  - 高效液相色谱
- 分离和连续测定结合

痕量与微分析
- 提高灵敏度
- 提高分析方法的选择性
- 扩展时空多维信息
- 微型化及微环境的表征与测定研究
- 非破坏性检测及遥测研究

化学计量学分析
- 领域
  - 化学计量学应用研究
  - 化学计量学基础理论研究
- 大幅度提高分析化学的精确度
- 优化处理分析数据
- 计算化学与分析化学形成

导图

激发态的能量转移和迁移的研究
- 电子交换能量转移和电子转移过程在理论与实践上的异同及区别
- 溶液中扩散对能量转移的影响
- 自猝灭及其有关的荧光浓度去偏振现象

光化学反应中间体及其激发态的研究
- 液体中分子的取向松弛
- 分子的能量转移
- 分子间和分子内的电荷转移电子的分离和重合
- 光离子化和电子溶剂化
- 分子内的质子转移反应
- 光分解反应

微多相体系中的光化学和超分子光化学研究
- 溶液中的笼效应
- 微多相体系中光化学反应的影响因素和反应规律研究
- 对自然界一系列复杂的光化学过程进行模拟研究
- 研究粒子形态、尺寸、分子聚集数及物化性质

光化学

界面电化学
- 构建电化学界面微观结构模型
- 电化学界面吸附现象的研究
- 电化学界面的动力学
- 理论界面电化学

电催化反应
- 电催化基本原理研究
- 电催化反应机理研究
- 电催化反应的分子设计研究

光电化学
- 光电化学原理制造的传感器
- 光电显色材料
- 信息存储材料
- 医学灭菌、杀癌细胞

研究难题

精确测定基本物理量的困难
- 离子水化数的确定问题
- 单种离子的水化热力学函数求算问题
- 单种离子的活度系数测定问题

电极学面临的困难
- 电子导体和离子导体界面的真实图景问题
- 单电极电势的真实数值确定问题
- 电荷通过荷电界面的机理问题

电化学

物理化学

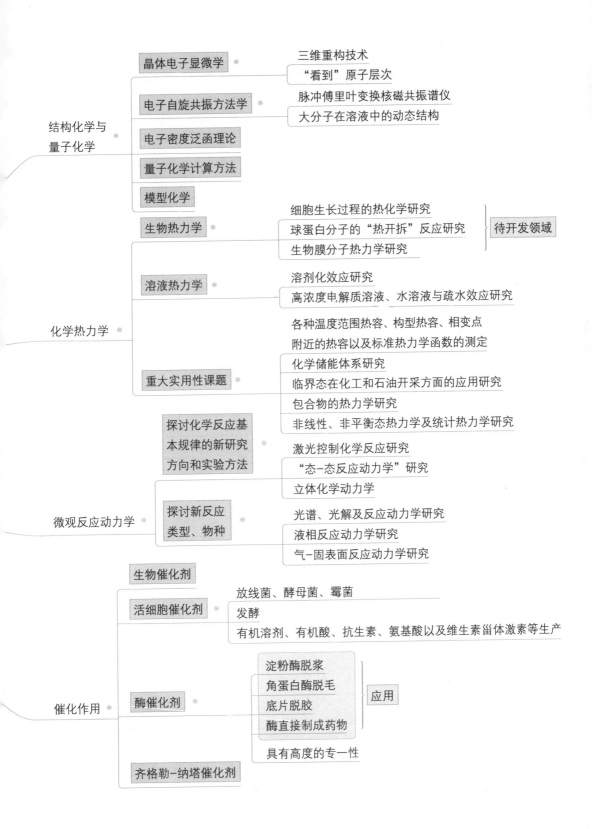

4.1.4　物理化学

物理化学发展到现在，其核心内容经历了从化学热力学、结构与量子化学到反应动力学的不断发展，为在原子和分子的量子微观层次上进行现代化学研究提供了坚实的知识与理论基础和丰富的实验研究方法与手段，其内容使物理化学的原理、方法和手段得到进一步发展。

晶体电子显微学是利用三维重构技术，使电子显微镜的视野从二维空间扩展到三维空间，能"看到"原子的原子层次分辨。

电子自旋共振（ESR）方法学是通过脉冲傅里叶变换核磁共振谱仪（PFTNMR）研究大分子在溶液中的动态结构。

化学热力学是重大实用性课题，包括各种温度范围热容、构型热容、相变点附近的热容以及标准热力学函数的测定；化学储能体系研究；临界态在化工和石油开采方面的应用研究；包合物的热力学研究；非线性、非平衡态热力学及统计热力学研究等。

探讨化学反应基本规律的新研究方向和实验方法，包括以单分子光解和选择振动激发分子的双分子反应为代表的激光控制化学反应研究；利用分子束技术与激光技术结合的"态-态反应动力学"研究；关于反应物分子的相对取向对反应活性以及不同反应物的产率影响的立体化学动力学等。

探讨新反应类型、新反应物种，包括多原子自由基的光谱、光解及反应动力学研究；应用超短激光技术从分子水平观测反应演变的液相反应动力学研究；应用分子束与激光技术动态地研究气体与表面相互作用的气-固表面反应动力学研究等。

齐格勒-纳塔催化剂的发现，使传统催化作用摆脱了高温高压的束缚。

生物催化剂是指由生物生产的并用于其自身的新陈代谢和维持其生物活动的各种催化剂，工业上将其借用过来成为工业用生物催化剂。

现代电化学已从宏观的、唯象的研究深入到电化学界面分子行为的的研究。

光化学过程的核心之一是反应物分子的受光激活，因此有关激发态的研究必然成为光化学的研究前沿，主要有：激发态的能量转移和迁移的研究、光化学反应中间体及其激发态的研究、微多相体系中的光化学和超分子光化学研究。

人物小史与趣事

卡尔·齐格勒

卡尔·齐格勒（1898—1973），联邦德国有机化学家。1920年他获马尔堡大学化学博士学位，1927年在海德堡大学任教授，1936年任哈雷-萨勒大学化学学院院长，1943年任威廉皇家学会（后称马克斯·普朗克学会）煤炭研究所所长，直至逝世。齐格勒在金属有机化学方面的研究工作一直居世界领先地位。1953年他利用铝有机化合物成功地在常温常压下催化乙烯聚合，得到聚合物，从而提出定向聚合的概念（齐格勒–纳塔聚合）。因合成塑料用高分子并研究其结构，与居里奥·纳塔共获1963年诺贝尔化学奖。

> ### 聚合反应
>
> 知识链接
>
> 聚合反应是由单体合成聚合物的反应过程。有聚合能力的低分子原料称为单体，分子量较大的聚合原料称大分子单体。如果单体聚合生成分子量较低的低聚物，则称为齐聚反应，产物称齐聚物。一种单体的聚合称为均聚合反应，产物称均聚物。两种或两种以上单体参加的聚合，则称为共聚合反应，产物称共聚物。

居里奥·纳塔

居里奥·纳塔（1903—1979），意大利化学家。1924年他毕业于米兰工学院并获得工程博士学位，曾在米兰、都灵、帕多瓦和罗马等地大学担任教授，1938年回母校任教授兼工业研究所所长，1978年为退职荣誉教授。

纳塔长期从事合成化学研究，是最早应用X射线和电子衍射技术研究无机物、有机物、催化剂及聚合物结构者之一。1938年他由1-丁烯脱氢制得了丁二烯，进一步发展最早的合成橡胶方法。他更重要的成就是催化分解过程中非均相催化剂的吸附现象和动力学方面的研究。他首先在乙烯-丙烯共聚合上使用的催化体系，被称作齐格勒–纳塔催化剂。他因对塑料领域内的高分子的结构和合成方面的研究而与卡尔·齐格勒共获1963年诺贝尔化学奖。

> ### 催 化 剂
>
> 知识链接
>
> 催化剂在化学反应中引起的作用叫作催化作用。固体催化剂在工业上也称为触媒。
>
> 催化剂自身的组成、化学性质和质量在反应前后不发生改变；它和反应体系的关系就像锁与钥匙的关系一样，具有高度的选择性（或专一性）。一种催化剂并不是对所有的化学反应都有催化作用，比如二氧化锰在氯酸钾受热分解中起催化作用，加快化学反应速率，但是对其他的化学反应就不一定有催化作用。

4.2 应用化学

20世纪以来，化学科学更加广泛地应用于人类的生产和生活，从而形成了现代化学的一个具有鲜活生命力的研究领域——应用化学，并且迅速发展成为与化学科学几乎并驾齐驱的学科分支。

4.2.1　化学应用于能源开发

人类社会自产生就与能源息息相关，而人类最初利用的能源——火又是化学科学的起源。因此，应用化学的重要进展前沿之一表现在能源领域——能源化学。

（1）改造常规能源

20世纪50年代以前，以燃料形式使用的能源主要是煤，20世纪60年代以后，逐步被石油和天然气取代。

20世纪90年代，原油价格猛涨，煤炭重新受到青睐，得到了进一步的深度开发，即煤炭化学研究的新领域——一碳化学。

20世纪末，美国联合碳化物公司用$Rn(CO)_2$作催化剂，乙酸铵作助催化剂在240大气压和560大气压条件下制得乙二醇，产率达73%；英国莫比耳公司利用新型沸石作催化剂，从甲醇制得苯、甲苯、二甲苯或汽油，从而开创了一碳化学发展的新方向。

近年来，新型能源研究领域——煤的拔头提取工艺大有发展前景。

🔍 导图

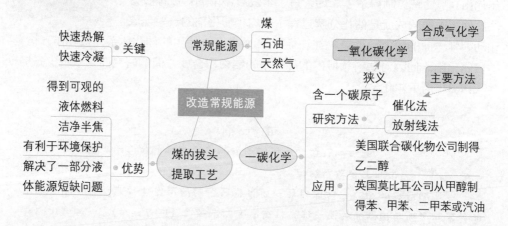

（2）开发新型能源

氢能是未来最理想的能源之一。

早在1839年英国物理学家格罗夫就发明了燃料电池，但是到20世纪60年代美国才将其应用于宇宙飞船中。

2000年11月，以甲醇燃料电池作驱动的电动汽车——梅赛德斯–奔驰A级小轿车NECAR5问世。

光合作用创造的绿色植物是取之不尽的生物资源，也是一种可供人类利用的能源——生物质能源。

太阳能电池是一种能把光能转变为电能的能量转换器。

1954年，单晶硅太阳能电池问世，在目前已制成的各种太阳能电池中，其性能是较好的。

1975年以后发展起来的无定形半导体材料有希望成为比单晶硅更理想的太阳能电池材料。

利用海水盐差能发电是一种获得能源的新途径。

🔍 导图

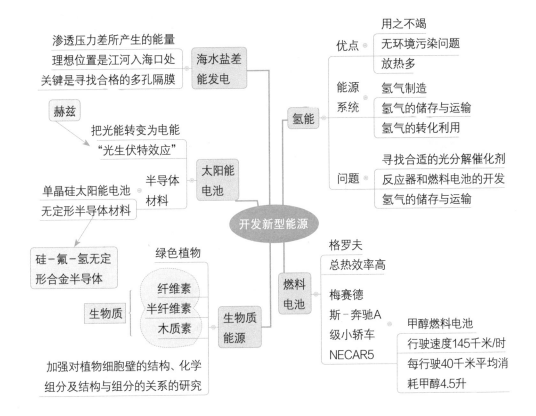

4.2.2 化学应用于农业生产

农业是人类试图用增加食物供给来增强自己生存能力的开始。全世界营养不良的人大多集中在不发达的发展中国家，增加粮食产量是亟待解决的问题之一，而增加粮食产量除了依靠扩大耕地面积外，更为有效的途径是提高单位面积产量。其具体措施一方面是通过改良品种，另一方面则是通过使用肥料、农药，改造土壤结构等，其中有很多化学问题有待研究解决。

导图

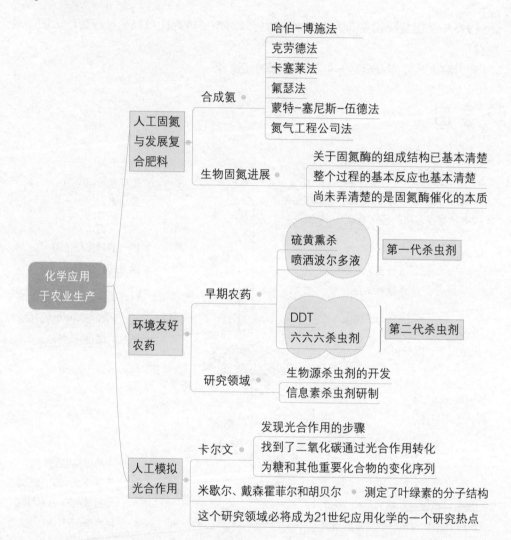

4.2.3 化学应用于健康保健

在当今时代，世界各国政府将公民的健康列为社会发展计划的首位，因为社会发展是由生产力决定的，而生产力的最重要、最活跃的因素是人，只有保证人的健康和安全，才能充分发挥其积极作用，进而推动社会的发展进步。而人类的健康与医药工业的发展密切相关，世界各国在医药工业上均投入大量资金用以发展新药，在新药的开发研制中，应用化学有着极其重要的作用。

🔍 导图

关键

↓

探明中医药药效的物质基础

发展思路
- 中成药生产的成分与质量控制
- 收集和整理民间药方
- 充分挖掘中草药资源

中医药的现代化

化学应用于健康保健

常见病和多发病治疗药物的研究 — 有科学意义是商业驱动的必然结果

酶抑制剂、受体拮抗剂或阻断剂的研究
- 一些特殊的酶对某种疾病的发病具有抑制作用
- 受体是对底物有特异结合能力的蛋白质
- 开发困难的原因
  - 为了保证高选择性并能有效地作用于靶酶的特定部位
  - 使抑制剂或拮抗剂分子的结构与结合部位的结构在空间上匹配
  - 在结合强度上合适

⬡ 人物小史与趣事

钱永健

钱永健与绿色荧光蛋白

　　钱永健1952年2月1日出生在美国纽约，祖籍浙江杭州，是中国导弹之父钱学森的侄子，在美国新泽西利文斯顿长大。儿时患哮喘的钱永健常待在家中，但他丝毫不感觉无趣，而是沉醉于在地下实验室中搞他的化学实验，经常一做就是几个小时。

　　16岁时，钱永健的天赋开始展露，尚在念中学的他获得生平首个重要奖项——西屋科学天才奖第一名，之后，拿到美国国家优等生奖学金进入哈佛大学学习，20岁时，他获得化学物理学士学位从哈佛毕业，随后他前往英国剑桥大学深造，并在1977年获得生理学博士学位。

　　1981年，29岁的钱永健进入加州大学伯克利分校，在该校工作8年，直到升任教授。1989年，钱永健将他的实验室搬到加州大学圣地亚哥分校，目前他是该校的药理学以及化学与生物化学双系教授。1995年，钱永健当选美国医学研究院院士，1998年他当选美国国家科学院院士。

　　钱永健自认，他的成功来自于他对科学的着迷与对色彩的喜爱，他说："科学可以给人带来很多本质的快乐，来度过一些不可避免的挫折，所以我觉得兴趣很重要。一直以来我很喜欢颜色，颜色让我的工作充满趣味，不然我坚持不下来。如果我是一个色盲，我可能都不会进入这个领域。"

钱永健的父亲不幸罹患胰腺癌，在确诊半年后，由于医治无效在美国去世。他的博导也因为癌症去世，钱永健决意将更多精力投入到把他的研究成果应用于癌症的临床治疗中。他与同事一直在努力为未来癌症的治疗寻找更好的化学疗法，目前他们瞄准癌症成像和治疗，已经制造出一种U形的缩氨酸分子，用来承载成像分子或化疗药物。

1994年起，钱永健开始钻研绿色荧光蛋白，改进绿色荧光蛋白的发光强度，发明更多应用方法，解释发光原理。世界上应用的绿色荧光蛋白，多半是他发明的变种。他的专利有很多人在用，也有公司销售。

钱永健的工作，从20世纪80年代开始引人注目。他可能是世界上被邀请做学术报告最多的科学家，因为化学与生物学都要听他的报告，既有技术应用，也包括一些很有趣的现象。所以，钱永健多年被很多人认为会得诺贝尔奖，可以是化学奖，也可以是生理学或医学奖。

瑞典皇家科学院诺贝尔奖委员会在2008年10月8日宣布，将2008年度诺贝尔化学奖颁发给日裔美国科学家下村修、美国科学家查尔菲以及华裔美国科学家钱永健，他们三人在发现绿色荧光蛋白方面做出突出贡献，三人分享诺贝尔化学奖。

瑞典皇家科学院化学奖评选委员会主席说，绿色荧光蛋白是研究当代生物学的重要工具，凭借这一"指路标"，科学家们已经研究出监控脑神经细胞生长过程的方法，这些在从前是不可能实现的。下村修1962年在北美西海岸的水母中首次发现了一种在紫外线下发出绿色荧光的蛋白质；之后，查尔菲在利用绿色荧光蛋白作生物示踪分子方面做出了贡献；钱永健让科学界更全面地了解绿色荧光蛋白的发光机理，他还拓展了绿色以外的其他颜色荧光蛋白，为同时追踪多种生物细胞变化的研究奠定了基础。

4.3 绿色化学

20世纪90年代，人们认识到面对急速发展的化学品生产和日益剧增的废弃物排放，强制控制已经无法解决环境污染问题，必须寻找一种能从根本上解决由废弃物排放带来的环境污染问题，绿色化学就是在这种背景下产生发展起来的。

（1）绿色化学的兴起

1990年，美国国会通过了《污染防治法》（PPA），宣称环境保护的首选对策是在源头防止废物的生成，此后不久便出现了"绿色化学"一词。

1991年，美国环境保护署开始将绿色化学纳入其工作的中心。

1994年8月的第208届美国化学会年会上，举办了"为环境而设计：21世纪的新范例"专题讨论会。

1995年3月6日，美国总统克林顿宣布设立"总统绿色化学挑战奖"，并于1996年7月在华盛顿国家科学院颁发了第一届奖励。

久负盛名的哥顿会议在1996年、1997年两次会议上均以绿色化学的有关内容为主题。

20世纪90年代，提出了"简单化学"的概念，主张为了地球环境而变革现有技术，采用最大限度节约能源、资源和减少排放的简化生产工艺过程来实现未来的化学工业。

1997年，德国政府正式通过了一个名为"为环境而研究"的计划，主要包括三个主题：区域性和全球性环境工程、实施可持续发展的经济和进行环境教育。

1999年1月，由英国皇家化学会主办的国际性杂志《绿色化学》创刊。

2000年，英国开始颁发多方资助的英国绿色化学奖，用以奖励那些在技术、产品或服务方面做出成绩的年轻学者和公司。

1997年，由国家自然科学基金委员会和中国石油化工总公司联合资助的"九五"重大基础研究项目"环境友好石油化工催化化学与化学反应工程"正式启动。

同时，一些绿色化学研究机构也纷纷成立。自1998年起，连续多次召开国际绿色化学高级研讨会。

🔍导图

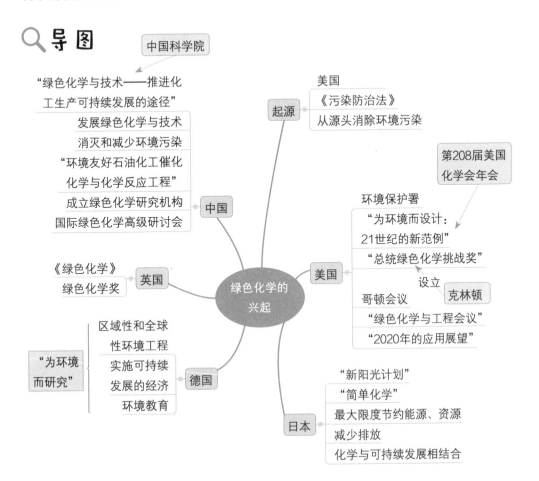

（2）绿色化学的原则

预防原则：防止污染的产生优于治理产生的污染，是不让废弃物产生而不是待其产生后再处理。

原子经济原则：尽可能采用重排反应和加成反应，尽量避免取代反应和消去反应。

最少有害化学合成原则：应尽量采用毒害小的化学合成路线，尽量不使用、不产生对人类健康和环境有毒有害的物质。

产物安全性原则：产品设计应既保留其功效又降低其毒性，尽可能设计功效显著而无毒无害的化学品。

安全辅助物质原则：应尽可能避免使用辅助物质（如溶剂、分离剂等），如用时应是环境友好的（如以水、超临界二氧化碳、离子液体等为反应介质）。

🔍 导 图

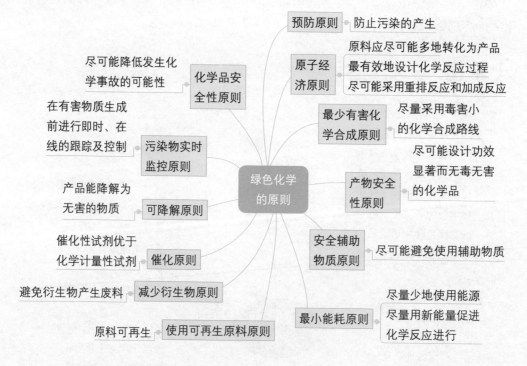

最小能耗原则：应考虑到能源消耗对环境和经济的影响，并尽量少地使用能源（在常温常压下进行合成），尽量使用微波、声呐、光和辐射等新的能量利用方式促进化学反应的进行。

使用可再生原料原则：原料应是可再生的，而不是将耗竭的，如植物原料、二氧化碳、甲烷等可再生资源。

减少衍生物原则：合成过程中避免衍生物废料的产生。

催化原则：催化性试剂（有尽可能好的选择性）优于化学计量性试剂。

可降解原则：产品在完成其使命后，不应残留在环境中，而应能降解为无害的物质。

污染物实时监控原则：能够在有害物质生成前进行即时、在线的跟踪及控制。

化学品安全性原则：在化学转换过程中，所选用的物质和物质的形态应尽可能地降低发生化学事故的可能性。

（3）绿色化学的原理

1991年，美国斯坦福大学著名化学家特罗斯特提出的"原子经济性"这一概念是指反应物中的原子进入产物的比例。

🔍 导 图

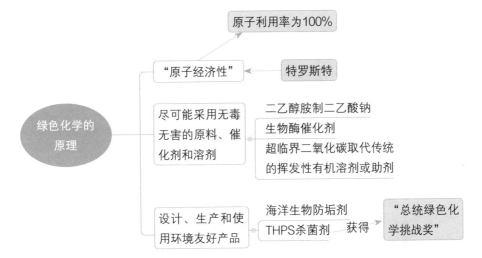

（4）绿色化学的方法手段

全世界聚氨酯（泡沫塑料）总消耗量约为650万吨（1995年）。

由伯胺和CO_2或碳酸二甲酯制造异氰酸酯，解决了原料污染问题。

生物质是由光合作用产生的所有生物有机体的总称，包括植物、农作物、林产物、海产物、城市废弃物（报纸、天然纤维等），生物质可以用来制造燃料（生物质→酒精→燃料）、PDO（1,3-丙二醇）（PDO是生产聚酯PTT的原料，生物质→葡萄糖→PDO）。

传统的均相催化剂腐蚀污染严重。采用无毒无害的固体酸代替液体酸，如钛硅-1分子筛催化丙烯环氧化合成环氧乙烷，分子筛代替三氯化铝催化剂合成乙苯和异丙苯等。

使用无毒无害的溶剂——超临界二氧化碳是实现绿色化学的有效途径。

1999年4月，美国杜邦公司宣布开发和制造在超临界二氧化碳中进行四氟乙烯和其他氟化物单体的聚合设施，建造生产氟化物单体和聚合物的工厂。

美国Los Alamos国家实验室的研究者用超临界二氧化碳作溶剂，代替原来的挥发性有机溶剂，对几个均相催化氢化合成α-氨基酸衍生物以及环己烯相转移催化氧化生成己二酸等。

获1997年美国"总统绿色化学挑战奖"变更合成路线奖的德国BHC公司的异布洛芬生产工艺新方法与Boots公司传统的Brown合成方法的原子经济性相比较有相当大的提高。

导图

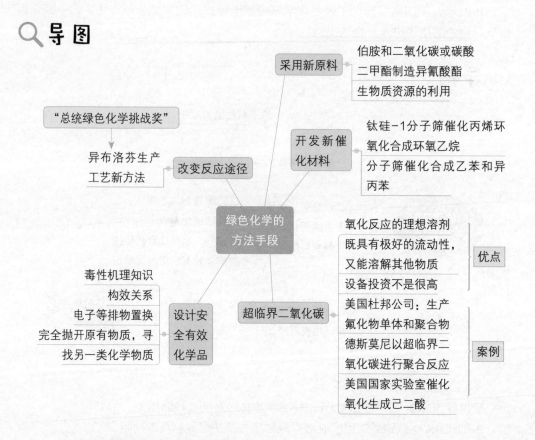

（5）绿色化学的应用与发展趋势

绿色化学的新化学反应过程就是在原子经济性和可持续发展的基础上，研究合成化学问题，主要包括：酶催化、不对称催化合成。

自然界的资源有限，因此，回收、再生和循环使用各种化学品是绿色化学未来发展的一个重要领域。

三"R"原则，即降低（reduce）使用量、推行再利用（reuse）和再资源化（recycle）。其中再资源化就是开发废弃塑料再生或再生产其他化学品的途径。

目前可再生生物资源利用主要是利用谷物淀粉类，作为植物重要组成部分的木质素利用将成为另一个重要开发利用领域。

由于木质素极其稳定，降解十分困难，现已发现一些细菌和真菌含有可使其降解的酶（如木质素过氧化酶、锰过氧化酶、漆酶等），所以木质素酶解研究将成为可再生资源利用技术研究的热点。

🔍 导 图

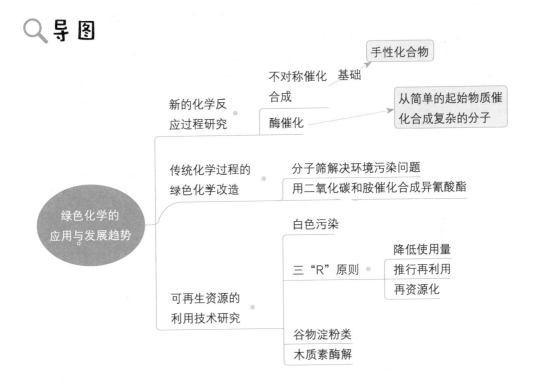

⬡ 人物小史与趣事

▶ 生活中的绿色化学

①绿色化学在洗涤剂中的应用　开发和使用性能优越、对人体温和、生态友好的新型"绿色"表面活性剂已成为表面活性剂和洗涤剂生产商的生态责任。温和型表面活性剂，如烷基多苷（APG）、醇醚羧酸盐（AEC）、脂肪酸甲酯磺酸钠（MES）、脂肪酸甲酯乙氧基化物（FMEE）和葡糖酰胺（AGA）等的用量将增大。

②绿色化学在水处理中的应用　从绿色化学的角度考虑，新型缓蚀剂是用钼酸盐替代原来的铬酸盐和重铬酸盐，由脂肪胺替代芳香胺，其毒性和污染性都显著降低，如用绿色产品聚天冬氨酸替代原来的有机磷酸铬和磷酸盐类。中水是生活污水和工业污水经绿色化学技术处理以后，可用于工农业生产的非饮用水。近年来淡水资源日趋紧张，中水的生产越来越得到人们的重视，我国在北京、上海等地先后建成了具有一定规模的中水生产装置。

铬 酸 盐

铬酸盐矿物是金属元素阳离子与铬酸根（CrO_4^{2-}）相化合而成的盐类。铬是一种变价元素，在自然界以不同价态出现并且形成不同矿物。由于在自然界，大部分的铬参与了氧化物及含铬硅酸盐的组成，且组成的铬酸盐矿物的数量和种数都不多，就目前资料尚未超过十种。铬酸盐矿物最显著的特点是具有鲜明的颜色，一般为黄色、橘红色或褐红色，在含铜时则为绿色。铬酸盐矿物通常是风化条件下形成的产物，见于矿床的氧化带。

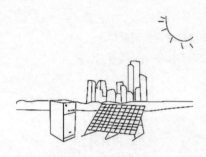

③绿色化学在能源中的应用　TexasA&M大学的 Holtzapple M教授利用废弃的生物物质经石灰消化处理，然后进行发酵，生产出有机化学品和燃料。此外，太阳能、水力能、海洋能、风力能、生物物质能均属于清洁能源。我国水力能资源丰富，水力能实际可利用2.5亿千瓦时；全国陆地表面每年接受太阳能相当于1.7亿吨标准煤的能量。如果能够合理开发和利用这些清洁能源，既可以替代相当部分的矿物能源，又可减少环境污染。

石 灰

石灰是生石灰的俗称，主要成分为氧化钙（CaO）。把生石灰和水混合发生化学反应，就会生成熟石灰，又名消石灰，学名是氢氧化钙[Ca(OH)₂]。熟石灰在1升水中溶解1.56克，它的饱和溶液称为饱和石灰水，呈碱性，与二氧化碳产生化学反应后，生成碳酸钙（$CaCO_3$）。

④绿色化学在轻化工业中的应用　THP盐（四羟甲基磷盐）是近年来比较受到关注的一种无铬化鞣剂，由于它本身还具有阻燃、杀菌、防腐和助染等性能，可以在鞣制的同时赋予皮革更多的功能性，被认为是一种极具前途的有机鞣剂。蒋岚等利用丙烯酸树脂和THP盐结合鞣制，得到皮革的收缩温度可达到85℃。

⑤绿色化学在农药中的应用　在众多的新型农药中，生物农药可以说是绿色农药的首选。近年来，我国已经生产了一些植物源农药，用于绿色食品生产中，如苦楝素、鱼藤酮、苦参碱、藜芦碱等，绝大部分植物源杀虫剂都具有对人畜安全、不污染环境、不易使害虫产生抗药性等优点。开发单一活性异构体农药或降低产品中无效、低效性异构体的比例是当代农药生产的发展方向之一，如顺式戊氰菊酯、顺式氯氰菊酯的药效分别是戊氰菊酯、氯氰菊酯的4倍和2~3倍。模拟天然物质结构合成、开发新剂型以及采用绿色合成技术生产低毒无害的绿色化学农药，将是未来农药的重要发展方向。

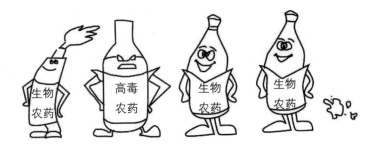

4.4 学科交叉中的化学

学科交叉是科学知识体系的整体化本质特征，已经成为现代科学的重要发展趋势之一。

（1）生命科学中的基本化学问题

进化观点是现代生命科学的最基本观点之一，进化分子生物学是介于进化生物学、分子生物学与微生物学之间的交叉学科，主要解决与原核细胞的产生直接相关的一系列问题。

🔍 导 图

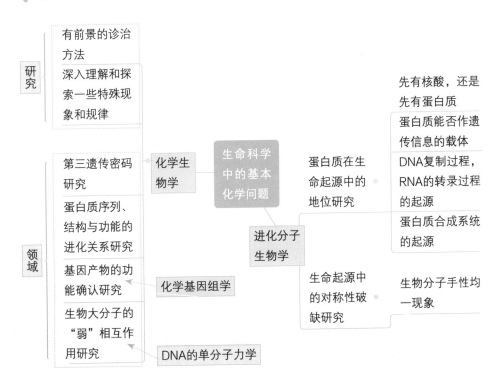

围绕这一问题未来的研究领域主要有：蛋白质在生命起源中的地位研究、生命起源中的对称性破缺研究。

化学生物学是利用化学的理论、研究方法和手段来探索生物医学问题的科学。

化学生物学结合传统的天然产物化学、生物化学、药物化学、计算化学、晶体化学等学科，从两方面开展研究，其一是通过对生物功能机理特别是对人类疾病机理的理解与操控，为医学研究提供严格的证据，并使之发展成为有前景的诊治方法；其二是通过分离的、微型化的模拟手段，深入理解和探索生物医学科学中的一些特殊现象和规律。

（2）材料科学中的基本化学问题

鉴于材料的性能主要取决于其内部的微观结构，因此，未来材料科学中的基本化学问题主要是研究如何优化这几类材料的微观结构。

解决陶瓷材料脆性的关键是在其微观结构中造就一些弱的界面结构，进而通过它们的解离来吸收外来能量以达到不损害整个材料的目的。

软凝聚态物质包括液晶、胶体、生物膜、泡沫、生物大分子（蛋白质和DNA）等。由于这类物质处于固体和理想流体之间，其具有的奇异特性和一般运动规律尚未得到很好的认识，因而成为材料科学中的一个重要的基本化学问题。

新型结构的功能材料是指通过改造材料的微观结构，使传统材料具有新的特殊功能。

🔍 导图

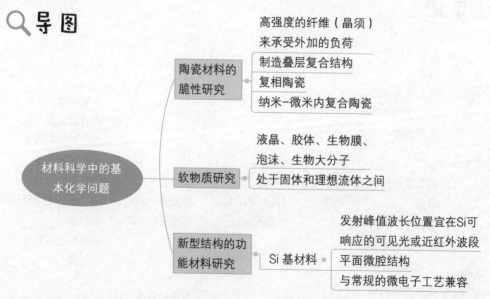

⬡ 人物小史与趣事

纳米陶瓷

随着纳米技术的广泛应用，纳米陶瓷随之产生，希望以此来克服陶瓷材料的脆性，使陶瓷具有像金属一样的柔韧性和可加工性。利用纳米技术开发的纳米陶瓷材料是利用纳米粉体对现有陶瓷进行改性，通过往陶瓷中加入或生成纳米级颗粒、晶须、晶片纤维等，使晶粒、晶界以及他们之间的结合都达到纳米水平，使材料的强度、韧性和超塑性大幅度提高。它克服了工程陶瓷的许多不足，并对材料的力学、电学、热学、磁光学等性能产生重要影响，为代替工程陶瓷的应用开拓了新领域。英国材料学家Cahn指出，纳米陶瓷是解决陶瓷脆性的战略途径。

纳米陶瓷优良的室温和高温力学性能、抗弯强度、断裂韧性，使其在切削刀具、轴承、汽车发动机部件等诸多方面都有广泛的应用，并在许多超高温、强腐蚀等苛刻的环境下起着其他材料不可替代的作用，具有广阔的应用前景。

知识链接

硅

硅（Si）具有较高的熔点和密度，化学性质比较稳定，常温下很难和其他物质（除氟化氢和碱液以外）发生反应；硅晶体中没有明显的自由电子，能导电，但电导率不如金属，且随温度升高而增大，具有半导体性质。

硅加热下能同单质的卤素、氢、碳等非金属作用，也可以同某些金属如Mg、Ca、Fe、Pt等作用，生成硅化物。硅不溶于一般无机酸中，可以溶于碱溶液中，并有氢气放出，形成相应的碱金属硅酸盐溶液。

科学名家索引

[1] 托马斯·汤姆逊. 化学史. 刘辉，译. 北京：中国大地出版社，2016.

[2] 张礼和. 化学学科进展. 北京：化学工业出版社，2005.

[3] 冯涌. 近代化学史风云人物榜. 济南：山东教育出版社，2008.

[4] 赵匡华. 中国科学技术史：化学卷. 北京：科学出版社，2016.

[5] 丁绪贤. 化学史通考. 北京：中国大百科全书出版社，2011.

[6] 白建娥，刘聪明. 化学史点亮新课程. 北京：清华大学出版社，2012.

[7] 赵匡华. 中国读本：中国古代化学. 北京：中国国际广播出版社，2010.

[8] 徐东梅. 物质构成的化学：化学的发展历程. 北京：现代出版社，2012.